"高考数学试题背景（第一辑）"丛书

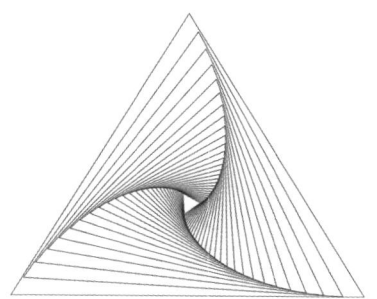

从一道日本东京大学的入学试题谈起
——兼谈 π 的方方面面

刘培杰数学工作室 编

哈尔滨工业大学出版社
HARBIN INSTITUTE OF TECHNOLOGY PRESS

内容简介

本书从一道日本东京大学的入学试题谈起,详细介绍了 π 的相关知识。全书共分为 5 编,主要包括从教学的视角看 π、从数学文化的视角看 π、从超越数论的视角看 π、从数学研究的视角看 π、从物理研究的视角看 π 等内容。

本书适合高等学校数学专业学生、教师及相关领域研究人员和数学爱好者参考阅读。

图书在版编目(CIP)数据

从一道日本东京大学的入学试题谈起:兼谈 π 的方方面面/刘培杰数学工作室编. —哈尔滨:哈尔滨工业大学出版社,2025.1. —ISBN 978-7-5767-1756-3

Ⅰ.O123.6-49

中国国家版本馆 CIP 数据核字第 2024GA2273 号

CONG YIDAO RIBEN DONGJING DAXUE DE RUXUE SHITI TANQI:JIANTAN π DE FANGFANGMIANMIAN

策划编辑	刘培杰　张永芹
责任编辑	李广鑫
封面设计	孙茵艾
出版发行	哈尔滨工业大学出版社
社　　址	哈尔滨市南岗区复华四道街 10 号　邮编 150006
传　　真	0451-86414749
网　　址	http://hitpress.hit.edu.cn
印　　刷	辽宁新华印务有限公司
开　　本	787 mm×1 092 mm　1/16　印张 14　字数 229 千字
版　　次	2025 年 1 月第 1 版　2025 年 1 月第 1 次印刷
书　　号	ISBN 978-7-5767-1756-3
定　　价	68.00 元

(如因印装质量问题影响阅读,我社负责调换)

目 录

第1编　从数学的视角看 π

第 0 章　引言:从一道日本东京大学的入学试题谈起 …………… 3
第 1 章　π 的由来探究 ……………………………………………… 11
　§1　设疑导入,引出史料 ……………………………………… 11
　§2　圆的周长与直径的倍数关系 …………………………… 12
　§3　总结提升,思考深入 ……………………………………… 13
第 2 章　e 和 π 是无理数的一个统一证法 ……………………… 14

第2编　从数学文化的视角看 π

第 3 章　π 之今昔与在数学中的重要地位 ……………………… 19
　§1　引言 ………………………………………………………… 19
　§2　古代中国的圆周率 ………………………………………… 19
　§3　古代外国的圆周率 ………………………………………… 21
　§4　计算 π 值的分析方法 ……………………………………… 22
　§5　计算 π 值的 Monte-Casto 方法 …………………………… 24
　§6　π 在数学中的重要地位 …………………………………… 26
第 4 章　π 的历史 ………………………………………………… 29
　§1　关于"π"的不同用法 ……………………………………… 29
　§2　关于 π 值的表达式 ………………………………………… 30
　§3　关于 π 是无理数和超越数的证明 ………………………… 34
第 5 章　数学文化史中的"π" …………………………………… 36
　§1　"π":其妙无穷 ……………………………………………… 36
　§2　早期的"π":实验法与几何法 ……………………………… 38
　§3　中期的"π":分析法 ………………………………………… 40
　§4　晚期的"π":计算机的介入 ………………………………… 43

第 6 章　关于缀术求 π 的另外一种推测 ············ 45
　§1　方程法与缀术 ············ 45
　§2　割圆术与缀术 ············ 47
　§3　缀术求 π 蠡测 ············ 48

第 7 章　浅谈 π 的历史与应用 ············ 50
　§1　经验性获得时期 ············ 50
　§2　几何推算时期 ············ 50
　§3　解析计算时期 ············ 51
　§4　计算机时代 ············ 53

第 3 编　从超越数论的视角看 π

第 8 章　指数函数 ············ 63
　§1　e 的无理性 ············ 63
　§2　运算子 $f(D)$ ············ 65
　§3　用有理函数逼近 e^x ············ 66
　§4　对于有理数 $a \neq 0$，数 e^a 的无理性 ············ 67
　§5　π 的无理性 ············ 68
　§6　对于有理数 $a \neq 0$，数 $\tan a$ 的无理性 ············ 68
　§7　函数 $P_1 e^{\rho_1 x} + \cdots + P_m e^{\rho_m x}$ ············ 70
　§8　$R(1)$ 的估值 ············ 72
　§9　$P_k(1)$ 及其分母的估值 ············ 72
　§10　对于实代数数 $a \neq 0$，数 e^a 的超越性 ············ 73
　§11　m 个渐近式的行列式 ············ 74
　§12　代数无关 ············ 74
　§13　余项 $R(x)$ 的另一表达式 ············ 77
　§14　插值公式 ············ 79
　§15　结束语 ············ 80

第 9 章　线性微分方程的解 ············ 82
　§1　E 型函数 ············ 83
　§2　算术的引理 ············ 84
　§3　渐近式 ············ 86
　§4　正规系 ············ 87
　§5　渐近式的系数矩阵 ············ 89

§6	R_k 及 P_{kl} 的估值	91
§7	$E_1(\alpha), \cdots, E_m(\alpha)$ 的秩	93
§8	代数无关	94
§9	超几何 $E-$ 函数	95
§10	贝塞尔微分方程	98
§11	例外情况的确定	100
§12	含有不同的贝塞尔函数的代数关系式	102
§13	贝塞尔函数的正规性条件	104
§14	注记	107

第 10 章　对于代数无理数 b 及代数数 $a \neq 0,1$，数 a^b 的超越性 …… 109
  §1　Schneider 的证明 …… 110
  §2　Гельфонд 的证明 …… 112
  §3　注记 …… 113

第 11 章　椭圆函数 …… 115
  §1　阿贝尔微分 …… 115
  §2　椭圆积分 …… 116
  §3　渐近式 …… 118
  §4　结论的证明 …… 119
  §5　另外的一些结果 …… 121

第 4 编　从数学研究的视角看 π

第 12 章　高精度 π 值计算的若干问题 …… 127
  §1　π 值计算的现状与意义 …… 127
  §2　π 值计算公式 …… 131
  §3　对算法的优化 …… 132

第 13 章　从 π 值到无理数值的猜想 …… 135
  §1　引言 …… 135
  §2　相关约定 …… 136
  §3　π 值"等可能"猜想验证 …… 136
  §4　E 和 $\sqrt{2}$ 值"等可能"猜想的验证 …… 139
  §5　命题的推广：关于无理数值的"等可能"猜想的验证 …… 143

第 14 章　关于 π 有理逼近的注记 …… 145
  §1　引言 …… 145

§2　引理 ………………………………………………………… 146
　　§3　主要结论 …………………………………………………… 146

第15章　常数 π 的一个级数表示式的余项的渐近结果 ……………… 149
　　§1　引言 ………………………………………………………… 149
　　§2　余项 R_n 的渐近展开式 …………………………………… 152
　　§3　余项 R_n 的不等式及其应用 ……………………………… 155
　　附录　公式(14)的一个导出 …………………………………… 157

第5编　从物理研究的视角看 π

第16章　对 2020 年高考全国 Ⅲ 卷第 20 题的深入探讨 ……………… 161
　　§1　原题再现 …………………………………………………… 161
　　§2　解析与思考 ………………………………………………… 161
　　§3　碰撞次数中的 π …………………………………………… 162

第17章　碰撞出来的圆周率 —— 两球与墙壁三者间的碰撞次数与圆周率 π 间关系的讨论 …………………………………………… 166
　　§1　问题的提出 ………………………………………………… 166
　　§2　分析与论证 ………………………………………………… 167
　　§3　结论与启示 ………………………………………………… 173

第18章　《力学与实践》《小问题》2020－3 解答 …………………… 174

第19章　滑块碰撞动力学与圆周率的关联 …………………………… 177
　　§1　问题来源 …………………………………………………… 177
　　§2　理论证明 …………………………………………………… 179
　　§3　结语 ………………………………………………………… 182

第20章　用矩阵研究一维弹性碰撞与圆周率的关系 ………………… 183
　　§1　重构模型 …………………………………………………… 184
　　§2　一维弹性碰撞完全解 ……………………………………… 184
　　§3　碰撞总次数与 π 的关系 …………………………………… 186
　　§4　验证计算 …………………………………………………… 190
　　§5　碰撞次数与圆周率 π 关系的进一步分析 ………………… 193
　　§6　结论 ………………………………………………………… 195
　　§7　讨论 ………………………………………………………… 196

参考文献 …………………………………………………………………… 197

第 1 编
从数学的视角看 π

第0章 引言:从一道日本东京大学的入学试题谈起

世界著名数学家 E. C. 蒂奇马什(E. C. Titchmarsh)曾指出

知道 π 是无理数,可能并无实际价值,但若我们已能知道这一点,就不允许装作不知道了.纯数学家搞数学,是因为数学给了他们一种美的满足,而这是可以与其他数学家共享的.他们搞数学,因为数学对他们是一种乐趣,也许就像人们爬山是为了乐趣一样.它可能是极其艰巨的甚至是有生命危险的消遣,但仍然是一种乐趣.数学家们自我欣赏,因为他们所做的是要登上他们心目中的山顶,无论如何都是值得努力攀登的.

最近看到一篇网文(作者:七君),标题为《日本减负后,东京大学传奇入学题成了知名话题:证明 π＞3.05》.

考入著名学府是大多数中学生的梦想,日本的小朋友也不例外.

在日本人的心中,国内最好的大学是东京大学.东京大学在 2022 年 QS 世界大学排名中是第 23 位(图 1)(清华大学和北京大学分别为第 17 位和第 18 位),是日本上榜学府中的第一名,地位类似清北之于我国.

东京大学的入学测试也和其他大学不一样,国考的占比只有 20%(日本的高考制度和我国不太一样,他们除了全国性的统一考试,也就是全国共同学力第一次考试(UECE)外,每个公立学校还有各自的入学测试,其他日本公立大学规定的国考占比是 40%～60%),校考的占比达到 80%,因此也是日本最难考入的高等学府.

在 2003 年的入学测试中,东京大学理学院入学考试的第六题是一道看起来非常简单的题,但是这道题却把日本中学生难倒了,被日本人称为"传说中的东大入学题".

The University of Tokyo

7-3-1,Hongo,Tokyo,JP,Tokyo Japan

QS World University Rankings

=23

Status	Research Output	Student/Faculty Ratio	International Students	Size	Total Faculty
Public	Very High	6	3 983	L	4 473

图 1　东京大学在 2022 年 QS 世界大学排放榜中的排名

这道题就是,证明圆周率大于 3.05.

其实,要证明圆周率大于 3.05 并不是那么困难.日本的学生证不出来,和他们的教育体制有些关系.我们先来看怎么证.

在回答这个问题之前,首先需要了解一下什么是圆周率.

圆周率就是 π,π 就是 3.141 592 6…

圆周率的定义是圆周与直径的比(图2).利用这个定义就可以证明圆周率大于 3 了.

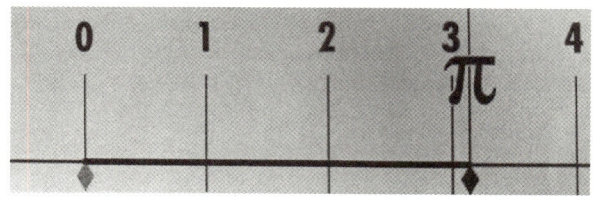

图 2　圆周率的定义:圆周和直径的比

如图 3,在一个半径为 1 的圆里面作一个正六边形,可知圆的周长大于正六边形的周长,也就是

$$2\pi > 6$$

因此

$$\pi > 3$$

很容易就能证明圆周率大于 3.

那么,怎么证明圆周率大于 3.05 呢?

最简单的方法就是作一个半径为 1 的圆,然后在圆里作一个正八边形(图 4).显然,圆周长大于正八边形的周长,所以只要求出正八边形的周长就可以证明圆周率大于 3.05 了.

那么怎么计算正八边形的周长呢?算每条边长就可以了.

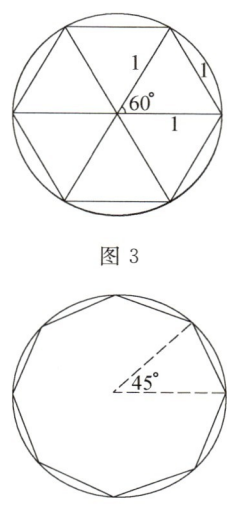

图 3

图 4

正八边形可以分成 8 个等腰三角形,每个三角形的顶角为 45°.

根据余弦定理(勾股定理的普适版本,描述三角形中三边长度与一个角的余弦值关系的定理),这个正八边形的边长是

$$\sqrt{1+1-2\cos 45°}=\sqrt{2-\sqrt{2}}$$

因为圆周长大于这个正八边形的周长,所以

$$2\pi > 8\sqrt{2-\sqrt{2}}$$

因此

$$\pi > 4\sqrt{2-\sqrt{2}}$$

把上式右边算一下,就可以证明圆周率大于 3.05.

另外一个方法是把圆十等分(图 5).

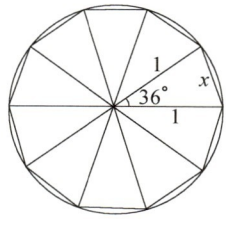

图 5

十等分后,每个三角形的顶角是 36°,那么根据余弦定理,设底边边长为 x,就有

$$x^2 = 1 + 1 - 2\cos 36°$$

据中学数学内容可知，顶角是 36° 的等腰三角形和黄金分割有关

$$2\cos 36° = \phi = \frac{1+\sqrt{5}}{2}$$

因此正十边形的边长为

$$x = 0.618\cdots > 0.61$$

又因为圆周长大于正十边形的周长

$$2\pi > 10x$$

可知

$$\pi > 5x > 5 \times 0.61 = 3.05$$

上面说的是这道题的两种破题法，但是，这道题走红的真正原因与日本政府的减负政策有关.

从 20 世纪 70 年代开始，日本政府逐渐缩短了小学生的上课时间，减少了课程内容、降低了强度，并进行了几次重要的改革. 比如，面对日本社会对"填鸭式教育"的质疑，1985 年日本内阁设置了临时教育审议会，提出了重视个性原则、终身学习、教育国际化接轨等改革方针，这就是日本的第一次减负. 在 1992 年，日本政府又再次为学生减负.

寺胁研表示，第三次重大改革是从 2002 年 4 月开始的. 当时，日本教职员组合（日教组）提出了"有宽裕的学校"的教育理念后，日本内阁提出了"公共教育民营化、自由化".

接着，日本文部科学省与中央教育审议会出台了重视"宽裕"的《学习指导要领》，该政策在 2002 年起正式实施，后来这种新的减负教育就被称为"宽裕教育".

2002 年宽裕教育的主要改革内容包括删减学习内容和授课时长，全面实行每周 5 天的学制. 也就是说，在 2002 年的改革后，日本的小学生除了作业变少、课堂内容变简单之外，终于不用在周六上学了，之前日本小学生在周六也是要上学的.

但是，2002 年的宽裕教育也饱受争议，日本社会认为宽裕教育培养了一批学习能力低下的学生，而这个年龄段的学生也被称为"宽松世代".

原来，日本政府在 2002 年修改了小学的教材，将圆周率取值为近似值 3，引起了轩然大波. 日本最大的课外培训机构之一的日能研在东京的电车里张贴了大量的吐槽广告. 新闻媒体和周刊杂志也对这个事件进行了大量报道.

东京大学在改革次年出的这道入学测试题在日本迅速走红，就是这个原因.

其实历史上出现过不少类似的尝试用行政或法律手段强迫常数变节的事件.

比如在 1897 年的美国印第安纳州议会上，业余数学家 Edward J. Goodwin 坚信自己提出的化圆为方的方法是对的，因此把自己的这个错误方法作为法案提出.

按照Goodwin的算法,圆周率就会变成3.2,而不是3.14⋯.

那天,幸好普渡大学的数学家C. A. Waldo在场,他及时否定了这个提案,阻止其成为法律.但是这个事件后来闹得沸沸扬扬,《芝加哥论坛报》等主流报纸也开始跟进报道,因此这个法案后来也被称为"圆周率法案".

说到π,它恐怕是我们在小学甚至中学阶段所能接触到的最重要的一个数学常数了.圆周率π是三大数学常数之一,在数学和自然科学以及建筑科学中无处不在.数学家陈省身曾感慨道"π这个数渗透了整个数学",可见π的地位非凡.说到圆周率,自然就会想到割圆术,无论是从发展历程还是从其本身内涵来看,割圆术都有极高的教育价值,其背后蕴含着丰富的数学思想(如极限思想、化曲为直的思想),是古代数学家们智慧的结晶和求知精神的体现.作为重要的中国数学文化,"割圆术"也成为高考命题的重要素材.2020年北京高考卷第10题考查了圆周率的求值方法,该题如下:

2020年3月14日是全球首个国际圆周率日(π Day).历史上,求圆周率π的方法有很多种,与中国传统数学中的"割圆术"相似,数学家阿尔·卡西(Al—Kashi)的方法是:当正整数n充分大时,计算单位圆的内接正$6n$边形的周长和外切正$6n$边形(各边均与圆相切的正多边形)的周长,将它们的算术平均数作为2π的近似值.按照阿尔·卡西的方法,π的近似值的表达方式是( ).

A. $3n\left(\sin\dfrac{30°}{n}+\tan\dfrac{30°}{n}\right)$ B. $6n\left(\sin\dfrac{30°}{n}+\tan\dfrac{30°}{n}\right)$

C. $3n\left(\sin\dfrac{60°}{n}+\tan\dfrac{60°}{n}\right)$ D. $6n\left(\sin\dfrac{60°}{n}+\tan\dfrac{60°}{n}\right)$

解析 如图6,设内接正$6n$边形的边长为a,外切正$6n$边形的边长为b,即$AB=a$,$CD=b$.由此可得

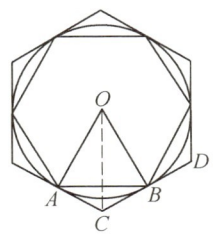

图6

$$a=2\sin\dfrac{360°}{2\times 6n}=2\sin\dfrac{30°}{n}$$

$$b=2\tan\dfrac{360°}{2\times 6n}=2\tan\dfrac{30°}{n}$$

$$2\pi \approx \frac{6na+6nb}{2} = 6n\left(\sin\frac{30°}{n} + \tan\frac{30°}{n}\right)$$

即 $\pi \approx 3n\left(\sin\dfrac{30°}{n} + \tan\dfrac{30°}{n}\right)$，故选 A.

从知识点考查角度来看,本题以"圆周率""割圆术"为背景,选取了著名数学家阿尔·卡西在代表作《论圆周》中给出的求圆周率近似值的方法,考查了正六边形的性质,以及解三角形、近似和计算等知识点,其中蕴含了高等数学的极限思想,旨在考查学生的逻辑推理、空间想象能力.

从思想渗透角度来看,一个图形隐含两次极限思想.虽然本题考查的知识只涉及初中平面几何,但是结论的探索过程可以激发学生理性思考:为什么可以这样求 π 的近似值呢? 这里也涉及蕴含极限思想的两个知识点:① 如图 6 所示,当 n 无限大,即 $n\to\infty$ 时,内外正多边形之间的缝隙越来越小,它们的周长无限接近,然后取二者的平均值尽可能减小误差;② 如图 7,当 α 无限小(接近于 0)时,有 $\sin\alpha \approx \dfrac{l}{R} = \dfrac{\alpha R}{R} = \alpha$,同样地有 $\tan\alpha \approx \alpha$.

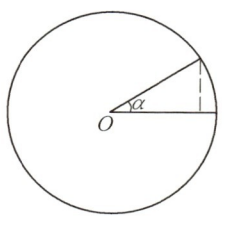

图 7

从试题内涵角度来看,短短几行背景介绍隐含了丰富的信息,发人深省.第一,3 月 14 日是国际圆周率日,体现了趣味性,让学生带着好玩的心态继续审题;第二,求圆周率的方法有很多种,指导学生去发现都有哪些不同的方法,并且这些方法与中外名题有关,背景涉及古今中外,学生探索的同时可以开阔视野,比较分析不同方法之间的区别;第三,阿尔·卡西的方法与中国传统数学中的"割圆术"相似,激发民族自豪感和认同感,同时激发民族求知探索欲:哪里相似? 又有哪里不同? 谁的方法比较好? 在这个过程中接受数学文化的熏陶,感受数学思想和方法的魅力.

胡海昌①院士曾回忆说：

> 在插班进入小学五年级以前，我读的是私塾，基本上没有学过算术，仅有的一点算术知识是我的两个姐姐教我的．进了学校以后，特别是上了中学以后，我遇到不少出色的数学老师，使我爱上了数学．记得那时，商务印书馆出版的《东方杂志》上常出一些很费思量的几何题，当时大同大学数学系的学生也常在他们所出的墙报上登出一些类似的几何题，这类几何题都是能磨炼人的逻辑思维的．我们的几何老师吴在渊老先生，曾在课堂上分析了这些题并带领学生做各种不同的答案．吴老先生当时年老多病，有一段时间由他儿子吴学蔺代课．这位小吴先生更是喜欢给学生出课外难题，这类难题引得少年时期的我几乎废寝忘食，真有不解出答案誓不罢休的劲头．吴学蔺先生教了一段几何课后就出国留学去了，新中国成立后在冶金部门工作．给我印象很深的还有一位年轻的代数老师，可惜忘记了他的名字．那时这位代数老师大学毕业不久，他教的代数也是别开生面，例如讲对数时，不仅教我们如何应用及如何查对数表，还告诉我们对数表是如何计算出来的，并告诉我们如何用心算的方法估计其结果．讲圆周率 π 时，也讲圆周率的计算方法，并绘声绘色地述说了古今中外计算圆周率的故事，如我国古代东晋时的科学家祖冲之用算盘加竹签就算出了圆周率小数点后十三位．在这些尊敬的中学老师的影响下，我一生都喜欢做难题，喜欢心算，不但可以心算两位数的平方，还能在脑子里解几何题；不管在多么困难的环境下，我都能坚持不懈地思考科学问题，不但赢得了时间，而且增添了生活的乐趣．②

确实 π 这个数在中国历史上也是最著名的常数之一，它在中国古代历法中起到了非常重要的作用，并且有人举例说明最早认识小数的是中国人．据著名编辑俞晓群在一篇写郭书春先生的文章中回忆说：

---

① 胡海昌，弹性力学家，1928 年 4 月 25 日出生于浙江杭州，1950 年毕业于浙江大学，曾任航天工业总公司空间技术研究院研究员，1980 年当选为中国科学院院士（学部委员）．

他主要从事弹性力学（包括平衡、稳定和振动）的研究工作，也稍涉及塑性力学与流体力学．1956 年，他在弹性力学和塑性力学中首次建立了三类变量的广义变分原理，并首次指导学友和学生把这类原理用于求近似解．日本人鹫津久一郎则晚一年独立地重建了上述原理．该原理在有限元法和其他近似解法中有重要应用，后受到美、日、英、苏、德、法等多国的学术文献、专著、教科书的广泛介绍和引用，并称之为"胡－鹫津原理"．

② 摘自：卢嘉锡，等．院士思维（卷二）[M]．合肥：安徽教育出版社，2003．

其一,我在编辑工作之余,一直从事中国古代数术研究.对此郭先生也曾经给我许多指点与帮助.比如1991年,那时我正在为三联书店撰写《数术探秘》,围绕着这个主题,曾经发表几篇论文.1990年10月写成《数在中国传统文化中的意义》一文,寄给郭先生指导.郭先生回信写道:"讨论非计算意义的'中国数'非常有意义,你的许多论点也有创见,别开生面.但文中有几处不太准确,我用铅笔勾了一下.一是哲学界到宋代仍有'周三径一'的说法,我勾掉了'哲学界',实际上,在数学与天文历法中也常使用周三径一,郭守敬制定授时历,便用周三径一.此句之前,中国人很早就认识到圆周率是一个小数,我改成了'不是整数',小数的认识应在宋金时代.历法自汉至元停止了一千多年,提法不妥.迟迟没产生小数的问题,各个民族数学史中,都是先认识分数,很久之后才认识小数,尚未见到例外情况,这可能是一个规律,与'中国数'关系不大.中国人认识并使用小数在各民族中是最早的,小数的使用在唐中叶之后已屡见,宋秦九韶《数书九章》(1247年),元李冶《测圆海镜》(1248年)中已有完整的小数表示."我的文章,后来发表在《自然辩证法研究》上.(《中华读书报》,2021年8月11日)

第1章　π的由来探究

集美大学的黄丽兰教授2018年撰文指出：圆是最简单又是最美丽的几何图形，常数π即圆周率，它将圆的周长、面积和半径紧密联系在一起，成为解决有关问题的关键．学生通过观察、推理和动手实验认识π的产生和发展过程，验证圆的周长和直径的关系，能够加深学生的理解和认知，从而培养学生的探究能力．

【教学内容】人教版《数学　六年级　上册》第五单元第二课时"圆的周长"．

【教材分析】圆的周长是人教版《数学　六年级　上册》第五单元"圆"的第二课时内容．这部分内容是学生在三年级上学期学习了周长的一般概念以及长方形、正方形周长计算，并初步认识了圆的基础上进行教学的．它是学生初步研究曲线图形的基本方法的开始，也是后面学习圆的面积以及圆柱、圆锥等知识的基础．本节教学内容主要选取自课本"你知道吗"有关π的产生与发展这个微知识，为学生介绍数学史料，从而激发学生的学习兴趣．教师通过给学生介绍π的产生与发展，让学生了解π的魅力，并让学生通过观察、推理、动手实践重走π的产生之路，进而培养学生的推理能力和科学严谨的研究精神．

【教学目标】①借助数学史料了解π的由来．②在观察、推理、动手实践过程中发现圆的周长与直径的关系，发展推理能力．③培养学生科学严谨的研究精神．

【教学重点与难点】探究圆的周长与直径的关系．

【学具准备】三个大小不同的圆片、直尺、三角板、绳子．

§1　设疑导入,引出史料

(1) 设疑导入，激发好奇心理．师：π是什么呢？（出示π和问号）生：圆周率、圆的周长和直径的比值、3.141 592 6…师：π到底是什么呢？π是怎么产生的呢？别着急，我们一起来看看古人的研究．

(2) 再现史料，揭示π的由来．师：早在两千多年前，《周髀算经》中就说到"周三径一"，意思就是圆的周长约是它的直径的3倍．1 600多年前，有一位数学家叫刘徽，看到这个图形（出示圆内接正六边形）受到了启发，他割啊割，从正六边形到正八边形，正十六边形……边数逐次加倍，内接正多边形就越来越接近圆，于是有了："割之弥细，所失弥少，割之又割，以至于不可割，则与圆周合体而无所失矣．"这就是著名的割圆术,刘徽通过割圆术发现圆的周长和直径的比值约是 3.14.数学家们割了整整六百多年,后来到了公元前 460 年左右,又有一位非常厉害的数学家——祖冲之,他精确地计算出了圆的周长与直径的比值在 3.141 592 6 与 3.141 592 7 之间.这是世界上第一个把位数精确到 7 位小数的人,这个发现比国外的数学家早了一千多年.可是到这里人们并没有停止研究的脚步,后人经过不断研究,证明了圆的周长与直径的比值是一个固定的数,它叫作圆周率,用字母 π 表示. π 是一个无限不循环小数.为了计算方便,人们把 π 近似成 3.14.随着社会的发展进步,圆周率已经计算到小数点后 2 000 亿位了.那究竟是什么力量,吸引着一代又一代的数学家为此付出毕生的心血,而乐此不疲呢?师:对,不仅是圆周率的魅力,更是人们对数学的热爱和追求.同学们,你们想一起来感受圆周率的魅力吗?就让我们一起来经历 π 的产生过程吧.

§2 圆的周长与直径的倍数关系

(1) 初步感知,寻找关系.师:刚刚有同学说到 π 是圆的周长与直径的比值,也就是说圆的周长与直径有关,真的有关系吗? 出示 3 个圆.师:请看(学生静静地观察),我把直径延长,再延长,圆的周长会发生怎样的变化,你能用一句话来描述这个变化过程吗? 生:圆的直径越长,圆的周长越长.看来直径和周长关系密切.师:圆的周长和直径到底有怎样的关系呢? 师:我们知道正方形的周长是边长的 4 倍,你觉得圆的周长与直径有倍数关系吗? 可能是几倍呢? 生:2 倍、3 倍、4 倍.师:这只是你们的猜想.数学讲究有理有据,圆的周长究竟是直径的多少倍呢? 我们一起来看下面的动画(教师演示动画).

(2) 数形结合,体验推理.师:大家观察,我把直径向上、向下、向右、向左移,能形成一个正方形.正方形的周长和圆的直径之间有着怎样的关系? 与圆的周长呢? (通过线段平移) 生:正方形的周长是直径的 4 倍.生:圆的周长比正方形的周长短一些,比 2 条直径长.师:也就是说圆的周长比直径的 2 倍多,比 4 倍少.师:那是不是 3 倍呢? 我们再从另一个角度观察.请看,等边三角形经过旋转得到正六边形.师:正六边形的周长和圆的半径、直径有什么关系? 生:正六边形的周长是半径的 6 倍.生:正六边形的周长是直径的 3 倍.师:想想这个圆的周长和六边形的周长有怎样的关系? 生:圆的周长比正六边形的大.生:也就是说圆的周长比它直径的 3 倍还多一些.师:说得真好.(出示圆外接正方形) 师:通过观察和推理,发现圆的周长应该大于它的直径的 3 倍而小于直径的 4 倍.师:那到底是 3 倍多多少呢? 为了得到更准确的答案,下面我们来动手实践.

(3) 动手实践,验证猜想.教师让学生量一量准备好的 3 个大小不同的圆.师:老师也测量了 3 个大小不同的圆,请看在这 3 个圆中,不管是大圆还是小圆,每一个圆的周长都是它直径的 3 倍多一些.如要再换成其他的圆来测量,同学们还会发现,每一个圆的周长还是它直径的 3 倍多一些.师:问题来了,不是说圆的周长和直径的比值是一个固定的数吗?可测量出来的结果各不相同,这是怎么回事呢?师:首先因为我们的测量存在误差,还有测量的次数太少,如果我们像那些伟大的数学家们一样进行成千上万次的测量和计算,我们也能获得较固定的数.师:现在的我们是踩在巨人的肩膀上,所以圆的周长是直径的 3 倍多一些,统一用字母 π 表示.也就是:圆的周长与直径的比值为 π.

§3　总结提升,思考深入

师:通过今天的学习,我们已经对 π 不陌生了,但是 π 还有很多的奥秘等着我们去继续发现.

【设计思路】

(1) 设疑导入,激发好奇心理.本课从一个问题开始,"π 是什么"为 π 蒙上一层神秘的面纱,激发学生对 π 的好奇心理和探究欲望.从心理学的角度看,学生对一些比较神秘的事物容易产生好奇心,想把它弄清楚,这样能激发学生的求知欲.而教师正是抓住学生的这种心理反应,设置疑问以激起学生对 π 深入了解的欲望.

(2) 史料介绍,突显文化价值.新课程标准指出,在教学活动中要不断地提高学生的数学文化素养.本课充分利用数学史料,以数学史料为线索,揭示 π 的发展过程.波利亚(Pólya)指出:"只有理解人类如何获得某些事实或概念的知识,我们才能对人类的孩子应该如何获得这样的知识做出更好的判断."在本课的教学中,教师不仅渗透相关的数学史,更是基于数学史的材料,再现圆周率产生和发展的历史轨迹,让学生感受古人对数学的热爱与执着追求的精神.这不仅能提高学生的数学文化素养,而且能增强学生的民族自豪感,培养学生热爱数学的情感.

(3) 猜想验证,发展推理能力.推理能力是新课程标准提出的十大核心素养之一,也是曹培英教授提出的学科核心素养之一.通过观察、推理和动手实践,学生经历了 π 的产生和发展过程.学生通过观察正方形的周长与边长的关系进行类比推理,得出圆的周长与直径的关系,然后通过猜想、推理、验证发现圆的周长与直径的关系,感受圆周率的产生.这个教学过程以学生为本,让学生通过动手实践验证圆的周长和直径的关系,加深了理解和记忆.

第 2 章　e 和 π 是无理数的一个统一证法

由于表达 e 的级数有一个较好的形式,因此,通常的《数学分析》里都使用级数理论对 e 的无理性做出证明,而 π 的无理性,由于其证明的复杂性,仅在相关文献[①]中采用定积分理论,另辟一章专门论及,结果是给了一个"公认不可思议"的证明. 安康师专(今安康学院)数学系的高明俊教授 1994 年应用定积分的理论,对 e 和 π 的无理性给一个统一的论法,其证明简单明了,易于理解,便于掌握.

引理 1　设 $f_n(x) = \dfrac{x^n(1-x)^n}{n!}$,则 $f_n^{(k)}(1)$ 和 $f_n^{(k)}(0)$ 对所有的 k 都是整数.

引理 2　$\lim\limits_{n\to\infty}\dfrac{c^n}{n!}=0\,(c>0)$.

定理 1　设 m 是任一正整数,则 e^m 是无理数.

证明　考虑定积分

$$\int_0^1 f_n(x)\mathrm{e}^{-mx}\,\mathrm{d}x$$

对其使用 $2n$ 次分部积分法,有

$$\begin{aligned}
\int_0^1 f_n(x)\mathrm{e}^{-mx}\,\mathrm{d}x =\,& -\frac{1}{m}f_n(x)\mathrm{e}^{-mx}\Big|_0^1 - \frac{1}{m^2}f_n'(x)\mathrm{e}^{-mx}\Big|_0^1 - \cdots - \\
& \frac{1}{m^n}f_n^{(n-1)}(x)\mathrm{e}^{-mx}\Big|_0^1 - \frac{1}{m^{n+1}}f_n^{(n)}(x)\mathrm{e}^{-mx}\Big|_0^1 - \\
& \frac{1}{m^{n+2}}f_n^{(n+1)}(x)\mathrm{e}^{-mx}\Big|_0^1 - \cdots - \\
& \frac{1}{m^{2n+1}}f_n^{(m)}(x)\mathrm{e}^{-mx}\Big|_0^1 \\
=\,& -\frac{1}{m\mathrm{e}^m}\left[f_n(1)+\frac{1}{m}f_n'(1)+\cdots+\frac{1}{m^{2n}}f_n^{(2n)}(1)\right]+ \\
& \frac{1}{m}\left[f_n(0)+\frac{1}{m}f_n'(0)+\cdots+\frac{1}{m^{2n}}f_n^{(2n)}(0)\right]
\end{aligned}$$

若 e^m 是有理数,则可设 $\mathrm{e}^m=\dfrac{b}{a}$,于是有

[①]　斯皮瓦克 迈克尔.微积分(上册)[M].严敦正,张毓贤,译.北京:人民教育出版社,1980.

$$bm^{2n+1}\int_0^1 f_n(x)\mathrm{e}^{-mx}\mathrm{d}x = -a\big[m^{2n}f_n(1)+m^{2n-1}f_n'(1)+\cdots+f_n^{(2n)}(1)\big] +$$
$$b\big[m^{2n}f_n(0)+m^{2n-1}f_n'(0)+\cdots+f_n^{(2n)}(0)\big]$$

由此可见，$bm^{2n+1}\int_0^1 f_n(x)\mathrm{e}^{-mx}\mathrm{d}x$ 是一个整数．

但是，由
$$0 < bm^{2n+1}\int_0^1 f_n(x)\mathrm{e}^{-mx}\mathrm{d}x < \frac{bm(m^2)^n}{n!}$$

可知，当 n 充分大时，有
$$0 < bm^{2n+1}\int_0^1 f_n(x)\mathrm{e}^{-mx}\mathrm{d}x < \frac{bm(m^2)^n}{n!} < 1$$

这与 $bm^{2n+1}\int_0^1 f_n(x)\mathrm{e}^{-mx}\mathrm{d}x$ 是一个整数相矛盾，证毕．

推论 1 e 的非零有理指数幂是无理数．

推论 2 设 r 是任一不等于 1 的正有理数，则 $\ln r$ 是无理数．

如果考虑定积分
$$\int_0^1 f_n(x)\sin\pi x\mathrm{d}x$$

并采用与定理 1 完全相同的证明方法，我们可证得下述结果：

定理 2 π 是无理数．

第 2 编
从数学文化的视角看 π

第3章　π之今昔与在数学中的重要地位

曾有数学家指出：

数学真理具有与地点、个人和权威相独立的有效性．它既与传统无关，也不依赖于国家或宗教的权威．π的数值并不顺从于人的任性．发现一个数学定理可能成为发现者个人生活中的一段浪漫插曲，但并不能期望从这一点看出定理发现者的种族、性别或性格．

宜宾师专（今宜宾学院）数学系的唐林勇教授1992年撰文从古代中国的圆周率，古代外国的圆周率，以及计算π值的分析方法与Monte-Casto方法等几方面来论述，最后介绍π在数学中的重要地位．

§1　引　言

π是众所周知的圆周率的符号，它取自希腊文"周围"的的字头，这是W. Jones(1675—1749)首先采用的（也有人认为，这是大数学家欧拉(Euler)在1737年首先采用的）．历史学家们都非常重视古代数学家对圆周率π的计算所获得的成就，因为π值的精确程度标志着各个历史时期的数学水平，也标志着数学家的才能和贡献．一位德国数学家说："历史上一个国家所得到的圆周率的精确程度，可以作为衡量这个国家当时数学发展水平的一个标志．"在数学科学上，π一直引起人们极大的关注，直到近代仍有新的发现和进展．

§2　古代中国的圆周率

1. 周三径一 —— 古率

这在我国古代出现是很早的．流传至今的一部最早的数学著作《周髀算经》（据考证，它成书的年代大致是公元前1世纪）里记有"周三径一"，也即 π ≈ 3．这称为"古率"．姑且不论当时是如何算的 π ≈ 3，单从能认识到圆的周长和直径之比是一个常数,已是了不起的成就.

2. 割圆术与徽率

刘徽在公元 263 年创立了千古流芳的"割圆术",即用圆内接正多边形的面积去逼近圆的面积,从而求得 π 的近似值.他从圆内接正六边形出发,逐渐倍增至正 192 边形得到

$$3.141\ 031\ 951 < \pi < 3.142\ 713\ 699$$

故刘徽取

$$\pi \approx 3.14$$

刘徽将圆周率从古率 $\pi \approx 3$ 一下提高到 $\pi \approx 3.14$,这是一次重大的飞跃,为了表彰刘徽的功绩,历史上将 3.14 称为"徽率".

刘徽对其割圆术还能指出其深刻意义:"割之弥细,所失弥少,割之又割,以至于不可割,则与圆周合体而无所失矣."这里,他首次在我国数学史上将极限的概念用于近似值的计算.刘徽此论堪称古代极限思想之精彩论述.

从晚于刘徽的何承天所著的《论浑天象体》一书中可推得

$$\pi \approx 3.142\ 8 \approx \frac{22}{7}$$

此 π 值历史上许多国家出现过,而以何承天的为最早.

3. 祖冲之的贡献

在古代数学史上,对圆周率贡献最大的是比刘徽晚了二百多年的另一位著名的数学家祖冲之(429—500,南朝宋、齐时人),这是世界公认的.祖冲之的结果记录在《隋书·律历志》之中,他的结果相当于算得

$$3.141\ 592\ 6 < \pi < 3.141\ 592\ 7$$

这已精确到 10^{-7},祖冲之是世界上第一个计算 π 值达到这样辉煌成就的人.这一记录直到 15 世纪方才被阿拉伯国家的数学家阿尔·卡西所打破.祖冲之的记录保持了将近一千年.按当时计算上的习惯,祖冲之还算得了两个分数值的圆周率:

$$密率 = \frac{355}{113}$$

$$约率 = \frac{22}{7}$$

$\pi = \frac{355}{113}$ 也可精确到小数点后 6 位,是一个很好的分数近似值.在欧洲,直到 16 世纪方才得到,这比祖冲之晚了 1 100 年.也有人称这个值为安东尼宗(Adsiaen Anthoniszoon)率.现在世界上,有些人建议把 $\pi = \frac{355}{113}$ 称为"祖率",以纪念祖冲之的杰出贡献.为了纪念祖冲之的杰出贡献,在月球背面有一个火山口就是用"祖冲

之"命名的.

§3 古代外国的圆周率

(1) 关于 $\pi \approx 3$,很多古代国家都用过,如古埃及、古巴比伦、日本等,印度、阿拉伯等国也都用过 $\pi \approx \sqrt{10}$. 根据 Rhind Papysus 的叙述,在埃及也曾用过 $\pi \approx \left(\frac{4}{3}\right)^4$.

(2) 在公元前 5 世纪,希腊出现过 $\pi \approx 3.1416$,这在世界上是领先的.

(3) 公元前 250 年左右,阿基米德(Archimedes)在《圆的度量》中采用圆周长介于圆内接正多边形和圆外切正多边形周长之间的两面逼近的方法,算到 96 边形,得到

$$3\frac{10}{71} < \pi < 3\frac{1}{7}$$

虽然阿基米德的方法比刘徽早了几百年,但阿基米德的方法并没有运用极限的思想;从计算的结果来说也没有刘徽的结果好;而刘徽的单侧"割圆术"对比阿基米德的"两面逼近法"有事半功倍之效.

(4) 欧洲人对圆周率的认识比较落后. 直到 13 世纪至 15 世纪还在使用

$$\pi \approx \frac{3}{4}(\sqrt{3} + \sqrt{6})$$

或

$$\pi \approx \frac{62\,832}{20\,000}$$

(5) 值得一提的是,法国数学家韦达(Vieta)从圆内接正方形出发,用极限观点得到了数学史上第一个用无穷乘积来准确地表示 π 的公式

$$\frac{2}{\pi} = \sqrt{\frac{1}{2}} \cdot \sqrt{\frac{1}{2} + \frac{1}{2}\sqrt{\frac{1}{2}}} \cdots \sqrt{\frac{1}{2} + \frac{1}{2}\sqrt{\frac{1}{2} + \cdots + \frac{1}{2}\sqrt{\frac{1}{2}}}} \cdots$$

这就是韦达的求 π 公式. 韦达应用上述公式算得了 π 的 9 位有效数字值.

特别是荷兰的鲁道夫(Ludolph)花费毕生的精力,用此法作到 2^{62} 边形而求出 π 的 35 位小数——被称为鲁道夫数,传为"美谈". 他在遗嘱中要求把他的成绩刻在他的墓碑上,可见数学家们是多么重视在圆周率 π 方面做出的成就. 这在用几何方法计算 π 值的历史上是最后的里程碑.

§4　计算 π 值的分析方法

到了 17 世纪,随着微积分的出现,人们运用微积分理论和级数理论发现了不依赖于圆周长或圆面积的又一种计算 π 值的方法 —— 分析方法,使得 π 值的计算进入了一个新阶段.

1. 第一个表示 π 的级数展开式

美国数学家格雷戈里(Gregory)在 1671 年得到

$$\arctan x = \sum_{n=0}^{\infty} (-1)^n \frac{x^{2n+1}}{2n+1} \quad (-1 \leqslant x \leqslant 1)$$

这个级数称为格雷戈里级数.

法国著名数学家莱布尼兹(Leibniz)于 1673 年发现了莱布尼兹级数

$$\frac{\pi}{4} = \sum_{n=0}^{\infty} (-1)^n \frac{1}{2n+1}$$

这是分析史上第一个表示 π 的级数展开式,提供了精确计算 π 的可能性.但是,这只能说在理论上可行,如果使用这个公式进行计算,并不比几何方法容易多少.深究其原因就是这个级数收敛得太慢.譬如,要使结果精确到 10^{-4},需取 $n = 5\,000$ 才行.而且莱布尼兹级数是格雷戈里级数在 x 取边值 $x = 1$ 时的特殊情况.可以猜想,当 $|x|$ 越接近于 0 时,格雷戈里级数的收敛速度会越快.因此,数学家们寻求收敛更快的级数.

2. π 值的计算竞赛

继鲁道夫之后,历史上也进行了一场用级数展开法计算 π 的近似值的竞赛.

伦敦天文学家梅钦(Machin)于 1706 年得到如下的表达式

$$\pi = 16\arctan \frac{1}{5} - 4\arctan \frac{1}{239}$$

把梅钦的表达式与格雷戈里级数结合起来便得到了梅钦公式

$$\pi = 16\left(\frac{1}{5} - \frac{1}{3} \cdot \frac{1}{5^3} + \frac{1}{5} \cdot \frac{1}{5^5} - \cdots\right) - 4\left(\frac{1}{239} - \frac{1}{3} \cdot \frac{1}{239^3} + \frac{1}{5} \cdot \frac{1}{239^5} - \cdots\right)$$

这是计算 π 时经常使用的公式.如仍需要精确到 10^{-7},只需计算公式中的 8 项就够了.梅钦利用这个叕式计算 π 达到小数点后 100 位.

1948 年 1 月,英、美两国有两人发表了 808 位的 π 值,创造了分析法计算 π 值的最高纪录.

由此可见,用级数方法计算 π 值要比几何方法简单快捷得多,而且可以选择收敛较快的级数,其效果更为显著.

电子计算机出现后,完全改变了这种竞赛的局面.1949 年有人用 70 h 计算 π 值达到 2 035 位.1955 年有人用 33 h 计算 π 值达到 10 017 位;1961 年美国应用 IBM7090 机耗时 8 h 43 min,计算 π 值到小数点后 100 265 位;1967 年法国应用 CDC6600 机耗时 28 h 10 min,计算 π 值到小数点后 500 000 位;1973 年 5 月到 9 月法国的纪劳德等人把 π 算到 100 万位,近来已推到 150 万位.

π 值的计算并非单纯为了实际计算的需要,就近代科学需要而言,用到 π 的 10 位小数就足够了.π 值多位数的计算,一方面为研究 π 的性质带来了方便,另一方面便于检验计算机的效率和比较程序设计的优劣.

3. π 的其他表达式

除了用反正切函数的级数形式表达 π 值外,数学家还研究了 π 的其他级数表达式,无穷乘积表达式以及无穷连分式表达式.

数学家欧拉大胆地推广方程的根与系数关系式,创造性地得到公式(证明不十分严格)

$$\frac{\pi^2}{6} = \sum_{n=1}^{\infty} \frac{1}{n^2}$$

$$\frac{\pi^4}{90} = \sum_{n=1}^{\infty} \frac{1}{n^4}$$

这两个公式用来计算 π 值是不大方便的,它们常用于有关无穷级数的运算以及用作检查傅里叶(Fourier)级数正误的参考级数.

1650 年,英国数学家瓦利斯(Wallis)得到 π 的无穷乘积表达式

$$\frac{\pi}{2} = \frac{2}{1} \cdot \frac{2}{3} \cdot \frac{4}{3} \cdot \frac{4}{5} \cdot \frac{6}{5} \cdot \frac{6}{7} \cdots$$

π 还有无穷连分式表达式,如

$$\frac{4}{\pi} = 1 + \cfrac{1}{2 + \cfrac{9}{2 + \cfrac{25}{2 + \cfrac{49}{2 + \cfrac{81}{2 + \cdots}}}}}$$

值得一提的是,我国数学家在这方面也有很多创见.

我国清代数学家明安图积数十年之功于 1774 年成卷,内有"圆径求周"九术,其中有

$$\pi = 3 + \frac{3}{4\cdot 3!} + \frac{3\cdot 3^2}{4^2\cdot 5!} + \frac{3\cdot 3^2\cdot 5^2}{4^3\cdot 7!} + \frac{3\cdot 3^2\cdot 5^2\cdot 7^2}{4^4\cdot 9!} + \cdots$$

若取前 14 项之和,可得

$$\pi \approx 3.141\ 592\ 653$$

项名达的《椭圆求积术》中给出

$$\frac{1}{\pi} = \frac{1}{2}\left(1 - \frac{1}{2^2} - \frac{1^2\cdot 3^2}{2^2\cdot 4^2} - \frac{1^2\cdot 3^2\cdot 5^2}{2^2\cdot 4^2\cdot 6^2} - \cdots\right)$$

项名达本人非常欣赏这一结果,称"此盖奇偶位似,乘除互易,殆有自然之象数寓乎其间",表现出他对数学中的对称、和谐的欣赏与探索自然奥秘之欢欣.

1874 年,曾纪鸿用几何方法证明了

$$\frac{\pi}{4} = \arctan\frac{1}{2} - \arctan\frac{1}{3}$$
$$= \arctan\frac{1}{4} + \arctan\frac{1}{5} + \arctan\frac{5}{27} + \arctan\frac{1}{12} + \arctan\frac{1}{13}$$

§5 计算 π 值的 Monte-Casto 方法

上面已经阐述了古代用几何方法(即逼近方法)和近代用分析方法(主要是级数方法)去求 π 值. 现在介绍求 π 值的一个奇妙的方法——Monte-Casto 方法.

1777 年法国科学家蒲丰(Buffon)提出了下述著名问题(称为蒲丰问题或投针问题):

平面上画着一些平行线,它们之间的距离都等于 a,向此平面投掷一长度为 $l(l < a)$ 的针,试求此针与平行线相交的概率.

其解法如下:

设 x 表示针的中点到最近的一条平行线的距离,φ 表示与平行线的交角. 针与平行线的位置关系如图 1 所示.

显然有 $0 \leqslant x \leqslant \frac{a}{2}$,$0 \leqslant \varphi \leqslant \pi$,以 G 表示边长为 $\frac{a}{2}$ 及 π 的长方形. 为使针与平行线相交,必须 $x \leqslant \frac{l}{2}\sin\varphi$,满足这个关系式的区域记为 g,图 2 中用阴影表示,故所求的概率为

$$P = \frac{g\ \text{的面积}}{G\ \text{的面积}} = \frac{\frac{1}{2}\int_0^\pi l\sin\varphi\mathrm{d}\varphi}{\frac{1}{2}a\pi} = \frac{2l}{\pi a}$$

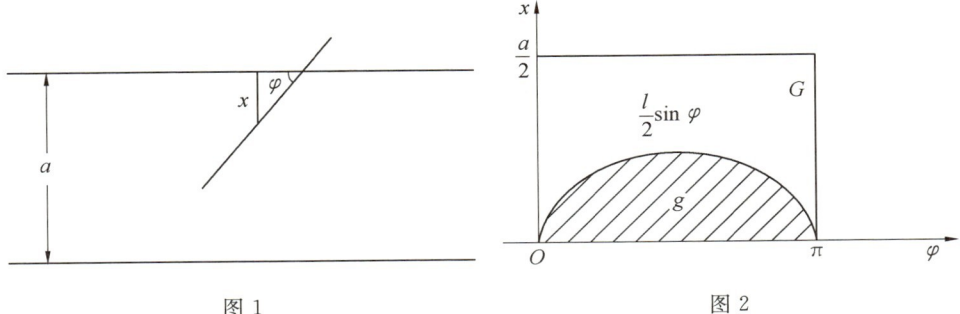

图 1   图 2

由于最后的答案与 π 有关,因此不少人想利用它来计算 π 的数值,其方法是投针 N 次,计算针与线相交的次数 n,再以频率值 $\dfrac{n}{N}$ 作为概率 P 之值代入上式,求得

$$\pi \approx \dfrac{2lN}{an}$$

表 1 给出了这些实验的有关资料(把 a 折算为 1):

表 1

实验者	年份	针长	投掷次数	相交次数	π 的实验值
Molf	1850	0.8	5 000	2 532	3.159 6
Smith	1855	0.6	3 204	1 218.5	3.155 4
De Morgan	1860	1.0	600	382.5	3.137
Fox	1884	0.75	1 030	489	3.159 5
Laggesini	1901	0.83	3 408	1 808	3.141 592 9
Reina	1925	0.541 9	3 520	859	3.179 5

用实验法求 π 值开辟了数学方法的新境界. 利用随机现象去计算一些常量, 这个想法是富有创造性的. 随着电子计算机的发展, 大量的随机实验都可以由电子计算机模拟完成, 所以现在蒲丰这个想法已经发展成为数学上的一个新分支, 这就是 Monte-Casto 方法. 陈省身先生曾指出: 近些年来分析方法在概率中的使用已达一定限度, 反过来分析的问题有的可以借助于概率的思想方法来解决, 为偏微分方程中的某些问题.

现在 Monte-Casto 方法求解线性方程组、微分方程等都有专门的电子计算机程序, 特别是在系统工程的模拟控制计算实验中更有着广泛的应用.

§6 π在数学中的重要地位

π是数学上的一个重要常数. 随着近代数学不断深入的发展, 逐步发现π与许多数学问题、数学公式有关. π还与许多自然现象和理论问题有关. 有位数学家说: "这个奇妙的π溜进了每一扇门, 冲进了每一扇窗, 钻进了每一座烟囱."

1. π与初等数学

π在很多初等数学公式中出现, 例如圆周长 $C=2\pi R$, 圆面积 $A=\pi R^2$, 椭圆面积 $A=\pi ab$, 球体积 $V=\dfrac{4}{3}\pi R^3$ 等. 另外, π或2π构成三角函数的周期.

2. π与无穷乘积

$$\frac{\pi}{2}=\frac{2}{1}\cdot\frac{2}{3}\cdot\frac{4}{3}\cdot\frac{4}{5}\cdot\frac{6}{5}\cdot\frac{6}{7}\cdots\text{(瓦利斯公式)}$$

3. π与无穷连分式

$$\frac{4}{\pi}=1+\cfrac{1}{2+\cfrac{9}{2+\cfrac{25}{2+\cfrac{49}{2+\cfrac{81}{2+\cdots}}}}}$$

4. π与极限

$$\lim_{n\to\infty}\left(\frac{1}{n^2+1^2}+\frac{1}{n^2+2^2}+\cdots+\frac{1}{2n^2}\right)\cdot n=\frac{\pi}{4}$$

5. π与广义积分

(1) $$\int_{-\infty}^{+\infty}\frac{\mathrm{d}x}{1+x^2}=\pi$$

(2) $$\int_{-1}^{1}\frac{\mathrm{d}x}{\sqrt{1-x^2}}=\pi$$

6. π与概率积分(欧拉 — 泊松(Euler-Poisson)积分)

$$\int_0^\infty \mathrm{e}^{-x^2}\mathrm{d}x=\frac{\sqrt{\pi}}{2}$$

7. π与欧拉积分

(1) $$\int_0^{\frac{\pi}{2}}\ln\sin x\,\mathrm{d}x=-\frac{\pi}{2}\ln 2$$

(2) $$B\left(\frac{1}{2},\frac{1}{2}\right)=\int_0^1 x^{-\frac{1}{2}}(1-x)^{-\frac{1}{2}}\mathrm{d}x=\pi$$

$$\Gamma\left(\frac{1}{2}\right) = \int_0^\infty x^{-\frac{1}{2}} e^{-x} dx = \sqrt{\pi}$$

8. π 与著名的积分

$$\int_0^\infty \frac{\sin^2 x}{x^2} dx = \int_0^\infty \frac{\sin x}{x} dx = \frac{\pi}{2}$$

9. π 与费耶尔(Fejer) 积分

$$\frac{1}{n} \int_0^{\frac{\pi}{2}} \left(\frac{\sin nx}{\sin x}\right)^2 dx = \frac{\pi}{2}$$

10. π 与菲涅耳(Fresnel) 积分

$$\int_0^\infty \sin x^2 dx = \int_0^\infty \cos x^2 dx = \frac{1}{2}\sqrt{\frac{\pi}{2}}$$

11. π 与拉普拉斯(Laplace) 积分

(1) $$\int_0^\infty \frac{\cos \beta x}{\alpha^2 + x^2} dx = \frac{\pi}{2\alpha} e^{-\alpha\beta} \quad (\alpha, \beta > 0)$$

(2) $$\int_0^\infty \frac{x \sin \beta x}{\alpha^2 + x^2} dx = \frac{\pi}{2} e^{-\alpha\beta} \quad (\alpha, \beta > 0)$$

12. π 与无穷级数

(1) $$\pi = 4 \sum_{n=0}^\infty \frac{(-1)^n}{2n+1} \text{(莱布尼兹级数)}$$

(2) $$\pi = 4 \sum_{n=0}^\infty \frac{\sin(2n+1)x}{2n+1} \quad (0 < x < \pi) \text{(傅里叶级数)}$$

(3) $$\frac{\pi^2}{6} = \sum_{n=1}^\infty \frac{1}{n^2}$$

(4) $$\frac{\pi^4}{90} = \sum_{n=1}^\infty \frac{1}{n^4}$$

……

随着数学的不断深入发展,对 π 的性质,人们有了进一步了解.1761 年德国物理学家、数学家兰伯特证明了 π 的无理性.1794 年法国数学家勒让德(Legendre)证明了 π^2 的无理性.勒让德最早提出猜想:π 不是有理系数代数方程的根(代数数),从而引起了 π 是代数数还是超越数的研究.1882 年德国数学家林德曼(Lindemann)在埃尔米特(Hermite)证明了自然对数的底 e 是超越数后,利用同样的方法,证明了 π 的超越性.林德曼的证明,因为直接关系到古典几何学的"三大难题"的最终解决(π 的超越性宣告了"化圆为方"问题是不可能的),从而受到整个数学界的极大关注,成为近代数学史上的一件大事.

由于电子计算机可以把 π 的值算出很多位数,人们正在探索 π 的无穷小数序列中的一些性质. 如:0,1,2,…,9 出现的频率大致相同；且以 4.5 水平线为界，上下的数字(点)也大致相同. 还有一些其他统计规律性也正在研究中，可以说，π 是一个丰富的宝藏.

最后，我们以著名的欧拉公式
$$e^{ix} = \cos x + i\sin x$$
来结束本节. 在欧拉公式中，令 $x = \pi$，得到
$$e^{i\pi} = -1$$
或
$$e^{i\pi} + 1 = 0$$
这个等式中出现的 5 个数
$$e, \pi, i, 1, 0$$
都是数学上十分重要的常数. 在法国发现宫中，有一个数学史陈列室，其中古代数学部分与近代数学部分的间墙上就悬挂着这个公式 $e^{i\pi} = -1$，这是非常值得深思的. 因为 e 和 π 是最重要的超越数，负数和虚数又标志着数系发展的两个阶段，它们在这个公式中奇妙地统一起来，这是十分有意义的. 另外欧拉公式又指出了三角函数与指数函数的相互联系，这是数学理论上一个十分重要的公式.

第 4 章　π 的历史

中南大学科学技术与社会发展研究所的张功耀教授 2003 年从 π 的符号、计算方法和实数性质的证明 3 个方面,全景式地勾画了 π 的发展史.

相关文献[1][2][3][4]均不同程度地论及了 π 的历史,但都未触及其思想.它们都将 π 理解为"圆周率".尽管圆周率在表面上是一个可以说得过去的概念,但是,它似乎并没有被国际数学界所接受.至少,在英文版的数学术语辞典中没有圆周率这个术语.另有迹象表明,π 的数学内涵超越了传统所认为的圆周率.为弄清 π 的概念史和计算史,本章的讨论从历史上如何使用"π"这个符号开始.

§1　关于"π"的不同用法

现在我们都使用 π 作为圆周率的默认符号.但是,π 这个符号在历史上却拥有周长、圆周长、圆周率 3 个不同的数学含义.

相传,公元前 255 年,阿基米德就已经使用过 π 表示一个数学实体.但是,至今没有人知道阿基米德的 π 是什么含义.

π 的语源含义,取自希腊文"周围"的第一个字母.第一个在数学中使用这个符号的可能是英国数学家、发明家威廉·奥特雷德(William Oughtred).他最早于 1647 年将 π 用来表示任意一个几何图形的"周长",圆周率则用 π/δ 表示.稍后,英国数学家、神学家、牛顿(Newton)的指导教师伊萨克·巴罗(Issac Barrow)也师从威廉·奥特雷德在"圆的周长"的意义上使用了符号 π.1706 年,英国数学家琼斯(Jones)在他的《最新数学导论》(*Synopsis Palmariorum Matheseos*)一书中用 π 表示 3.141 59….但是,琼斯不是在圆周率的意义上使用这个术语的.

最早把 π 当作圆周率来使用的可能是牛顿.我们已知,用定积分写出的 π,依据

---

[1] 吴文俊.中国数学史大系[M].北京:北京师范大学出版社,1999.
[2] 梁宗巨.世界数学史简编[M].沈阳:辽宁人民出版社,1980.
[3] 堀场芳数.π 的奥秘:从圆周率到统计[M].林玉芬,译.北京:科学出版社,1998.
[4] 王幼军,金之明.著名数学家和他的一个重大发现[M].济南:山东科学技术出版社,1998.

周长是 $\pi = 2\int_0^1 \dfrac{\mathrm{d}x}{\sqrt{1-x^2}} = 2\int_0^1 \sqrt{1+\left(\dfrac{\mathrm{d}}{\mathrm{d}x}\sqrt{1-x^2}\right)^2}\,\mathrm{d}x$;依据面积是 $\pi = 4\int_0^1 \sqrt{1-x^2}\,\mathrm{d}x$. 不过,迄今没有证据证明,牛顿(Newton)是否使用过圆周率这个术语. 此后,J. 伯努利(John Bernoulli)曾经使用过 C 来表示这个数值,欧拉也曾使用过 P(1734年)和 C(1736年)来表示我们今天的 π. 1736年,欧拉在对正弦函数进行级数展开时,使用了 π. 但是,他不是在圆周率的含义上来使用这个符号的. 他从研究正弦函数 $\sin x = x - \dfrac{x^3}{3!} + \dfrac{x^5}{5!} - \dfrac{x^7}{7!} + \cdots + \dfrac{(-1)^{n-1}x^{2n-1}}{(2n-1)!} + \cdots$ 出发,写出了这个级数和的表达式(限于篇幅,演绎过程从略)

$$1 + \dfrac{1}{2^2} + \dfrac{1}{3^2} + \cdots + \dfrac{1}{n^2} + \cdots = \dfrac{\pi^2}{6}$$

这样,π 就有了一个与求级数和相关的数学内涵,而且第一次有了精确的定量表达. 1742年,哥德巴赫(Goldbach)正式将 π 与圆周相关联,其数值大致为 3.141 592 6…. 欧拉的著作公开出版以后,这种用法便被数学界普遍接受了. 但是,即使是欧拉,也没有把 $\pi = 3.141\,592\,6\cdots$ 定义为圆周率.

§2 关于 π 值的表达式

迄今为止,π 值的表示法已经不下 40 种. 其中的数学含义,不外圆周率和级数和两类.

1. 古代关于 π 值的计算方法

显然,古代数学家是有一个朦胧的圆周率概念的. 公元前 2000 年的巴比伦人认为圆周率的值是 3 或 $3\dfrac{1}{8}$. 稍后,埃及人将圆周率的值定义为 $p = 4 \times \left(\dfrac{8}{9}\right)^2$,此公式的原式现在仍可见于《莱因德纸草书》(Rhind Papyrus). 将它写成小数就是 3.160 49.

在古希腊,公元前 5 世纪的阿拿萨哥拉(Anaxagoras)研究了一个有趣的几何学问题:求作与一已知圆面积相等的正方形. 这是古希腊三大数学难题之一. 很明显,要解决这个问题,必须首先解决圆周率的问题. 因此,极有可能阿拿萨哥拉是最先精确地研究圆周率的人. 但是,流传下来的史料尚不足以使我们了解其细节.

公元前 240 年,阿基米德在他的论文《圆的量度》中记载了这样一个方法:从圆内接和外切正六边形开始,每次把边数加倍,用一系列的内接和外切正多边形来穷竭圆周,从而求得圆的周长与其半径之比.阿基米德求得了圆内接与外切正九十六边形的周长,得到 $\frac{220}{70} < \pi < \frac{223}{71}$.

在古印度宗教建筑方法中,有一种"绳子规则",它给出的 π 值是
$$\pi = 4 \times \left(1 - \frac{1}{8} + \frac{1}{8} \times 29 - \frac{1}{8} \times 29 \times 6 + \frac{1}{8} \times 29 \times 6 \times 8\right)^2$$

这个数值等于 3.088,比 π=3 精确不了多少,但在计算方法上明显有着自己的特色.此外,在印度还可以找到另外一个圆周率 $\pi = \sqrt{10} = 3.162$.

我国最早的圆周率是"周三径一"的古率.但是,《九章算术》在计算圆面积时,却不用这个古率,而是按"半周半径相乘得积步"的经验方法来计算[①].此后,数学史家曾经用以今演古的方式研究刘歆时期铸造的律嘉量斛上的铭纹,断定汉代的圆周率是 π=3.154 7[②].这种以今演古的研究方法实不足取.依笔者之见,中国数学史上真正意义上的圆周率是从刘徽开始的.

263 年,刘徽首创了利用圆的内接正多边形的面积接近于圆的面积的方法来计算圆周率,即割圆术.刘徽的割圆方法,概括为一般的几何学问题,实际上就是求解单位圆内接正 n 边形和外切正 n 边形与圆周率的关系.以 A_n, B_n 分别表示单位圆内接正 n 边形和外切正 n 边形的面积,则有下列两式成立

$$A_N = \frac{n}{2} \sin \frac{2\pi}{n}$$

$$B_N = n \tan \frac{\pi}{n}$$

并且,$A_N < \pi < B_N$.

刘徽说:"割之弥细,所失弥少.割之又割,以至于不可割,则与圆周合体而无所失矣."(《九章算术·方田》)他的方法是以 1 尺(1 尺 ≈ 0.333 3 m)为半径作圆,作圆内接正六边形,然后逐渐倍增边数,计算出正十二边形、正二十四边形、正四十八边形和正九十六边形的面积,舍弃了分数部分后得 π=3.14=157/50.后人为纪念刘徽,称这个数值为"徽率".

据《隋书·律历志》记载:"古之九数,圆周率三,圆径率一,其术疏舛.自刘歆、张衡、刘徽、王蕃、皮延宗之徒,各设新率,未臻折中.宋末,南徐州从事史祖冲之更开密法.以圆径一亿为一丈,圆周盈数三丈一尺四寸一分五厘九毫二秒七忽,朒数

---

① 《九章算术》第一章云:"今有圆田,周三十步,径十步,问田几何.答曰:七十五步.术曰:半周半径相乘得积步."其中,没有提到圆周率.它表明,《九章算术》的作者还没有找到圆的面积的严格数学计算方法.

② 钱宝琮.中国数学史[M].北京:科学出版社,1981:66.

三丈一尺四寸一分五厘九毫二秒六忽,正数在盈朒二限之间.密率:圆径一百一十三,圆周三百五十五.约率:圆径七,周二十二.又设开差幂,开差立,兼以正圆参之,指要精密,算氏之最著也.所著之书名为《缀术》,学官莫能究其深奥,是故废而不理."其中,密率 $\pi=355/113$ 是祖冲之独创的.1912 年,日本数学家三上义夫提出将这个数值称为"祖率".

1585 年,荷兰数学家 Adriaen Anthoniszoon 巧合性地重新得出了 π 的"祖率".但是,这个纪录很快就被打破了.1593 年,法国数学家韦达利用

$$\frac{2}{\pi}=\prod_{n=2}^{\infty}=2\cos\frac{\pi}{2^n}=\sqrt{\frac{1}{2}}\times\sqrt{\frac{1}{2}+\frac{1}{2}\sqrt{\frac{1}{2}}}\times\sqrt{\frac{1}{2}+\frac{1}{2}\sqrt{\frac{1}{2}+\frac{1}{2}\sqrt{\frac{1}{2}}}}\cdots$$

计算 π 值精确到了第 9 位.同一年,Adriaen van Rooman 利用 2^{30}(1 073 741 824)边形又计算到了 π 的第 15 位.1610 年,德国的鲁道夫用 2^{62} 边形计算到了其小数点后第 35 位.这一工作几乎耗费了鲁道夫毕生的精力.他去世以后,人们为了纪念他,将这一 π 值铭刻在他的墓碑上,并称为"鲁道夫数".1621 年,Willebrod Snell 使阿基米德求解 π 值更加精确.1630 年,π 值被精确计算到了小数点后 39 位.这是用古老的几何方法计算 π 值的最后的而且是较为重要的尝试.

由以上列举可知,17 世纪以前的 π 值是圆周率.令人遗憾的是,中国历史上关于 π 值的计算发展到公元 5 世纪就停滞不前了.

2. 17 世纪以后的 π 值计算

17 世纪,随着分析学的建立和扩展,人们相继发现了许多有关 π 的表达式.例如 1656 年,英国数学家,微积分学的先驱者瓦利斯发表《无穷代数》,把 π 表达成 $\frac{4}{\pi}=\frac{3}{2}\cdot\frac{3}{4}\cdot\frac{5}{4}\cdot\frac{5}{6}\cdot\frac{7}{6}\cdots$.此后,1671 年格雷戈里发现反正切数列之后,莱布尼兹于 1673 年发现了 $\frac{\pi}{4}=1-\frac{1}{3}+\frac{1}{5}-\frac{1}{7}+\frac{1}{9}-\frac{1}{11}+\cdots$.这个级数通常又被称为 Leibniz-Gregory-Madhava 级数.1737 年,欧拉利用反函数 $\tan^{-1}1=\frac{\pi}{4}$,根据格雷戈里的展开式将右边展开为

$$\frac{\pi}{4}=\left[\frac{1}{2}-\frac{1}{3}\left(\frac{1}{2}\right)^3+\frac{1}{5}\left(\frac{1}{2}\right)^5-\frac{1}{7}\left(\frac{1}{2}\right)^7+\cdots\right]+$$
$$\left[\frac{1}{3}-\frac{1}{3}\left(\frac{1}{3}\right)^3+\frac{1}{5}\left(\frac{1}{3}\right)^5-\frac{1}{7}\left(\frac{1}{3}\right)^7+\cdots\right]$$

这就是有名的欧拉级数.1844 年 L. K. Schulz von Stassnitzky 和 Johann Dase 使用了下面的公式,将 π 的值计算到小数点后 205 位

$$\frac{\pi}{4}=\arctan\frac{1}{2}+\arctan\frac{1}{5}+\arctan\frac{1}{8}$$

1874 年英国数学家 William Shanks 利用梅钦公式

$$L(p) = \arctan \frac{1}{p} = \sum_{k \geq 0} \frac{(-1)^k}{(2k+1)p^{2k+1}}$$

(其实,以上的 Leibniz-Gregory-Madhava 级数就是该式 $L(1)$ 的情形),将 π 算到了 707 位小数.1945 年,D. F. Ferguson 用手工计算机对 William Shanks 的结果进行了核查,他发现 William Shanks 的 π 值在第 528 位错把 5 写成了 4,结果后面的计算全错了.1947 年,Ferguson 用一年的时间计算出了精确到小数点以后 808 位的 π 值.1996 年,加拿大西蒙·富拉泽大学(Simon Fraser University)的 Peter Borwein,Simon Plouffe 和 David H. Bailey 合作共同发现了 π 值另外一种表达式

$$\pi = \sum_{k=0}^{\infty} \frac{1}{16^k} \left(\frac{4}{8k+1} - \frac{2}{8k+4} - \frac{1}{8k+5} - \frac{1}{8k+6} \right)$$

这是目前世界上最新的关于 π 值的表达式,俗称"PBB 数列".值得注意的是,所有这些都写成了级数和的形式,而且它们都不是从古代那种计算圆周率的算法中得出来的.从这里可以看出,正如 e 是数列 $\left(1+\frac{1}{n}\right)^n$ 在 n 趋近于无穷大时的极限一样,π 也是某些数列或级数的极限,其中包括计算圆周率所得的那些极限.这可能是 π 真实的数学意义所在.

3. 计算机时代对 π 值的计算

1946 年,世界上第一台电子计算机问世.从此,π 值的计算速度直线上升,π 值的精确位数也越来越多.详见表 1.

表 1 计算机时代对 π 值的计算一览表

完成者	完成时间	小数点后的精确位数	所使用的计算机
Ferguson	1947 年 1 月	707	Desk calculator
Ferguson,Wrench	1947 年 9 月	808	Desk calculator
Smith,Wrench	1949 年	1 120	Desk calculator
Reitwiesner et al.	1949 年	2 037	ENIAC
Nicholson,Jeenel	1954 年	3 092	NORAC
Felton	1957 年	7 480	PEGASUS
Guilloud	1959 年	16 167	IBM 704
Guilloud,Bouyer	1973 年	1 001 250	CDC 7600
Miyoski,Kanada	1981 年	2 000 036	FACOMM—200
Tamura	1982 年	2 097 144	MELCOM 90011

续表1

完成者	完成时间	小数点后的精确位数	所使用的计算机
Tamura,Kanada	1982 年	8 388 576	HITACHIM—280H
Gosper	1985 年 10 月	17 526 200	SYMBOLICS 3670
Bailey	1986 年 1 月	29 360 111	CRAY—2
Kanada,Tamura Jan	1988 年	201 326 551	HITACHI S—820/80
Chudnovskys	1989 年 6 月	525 229 270	不详
Kanada,Tamura	1995 年 6 月	3 221 225 466	不详
Kanada	1885 年 10 月	6 442 450 938	不详
Kanada,Takahashi	1997 年 8 月	51 539 600 000	HIT A CHISR2201.
Kanada,Takahashi	1999 年 9 月	206 158 430 000	HIT A CHIS R8000

§3 关于 π 是无理数和超越数的证明

1. 关于 π 是无理数的证明

1761 年兰伯特最早证明了 π 是无理数.

详细叙述兰伯特的证明过程是冗长的. 事实上,他首先证明了将 $\tan x$ 写成连分式的展开形式,当 x 是一个非零的正整数时,$\tan x$ 是一个无理数. 因为 $\tan \frac{\pi}{4} = 1$,这就意味着 π 是一个无理数. 此后,还有勒让德(1794 年),埃尔米特(1873 年),Nagell(1941 年),尼文(Niven)(1947 年),斯特鲁伊克(Struik)(1969 年),科尼格斯伯格(Konigsberger)(1990 年),施罗德(Schröder)(1993 年),Stevens(1999 年)给出过"π 是一个无理数"的证明.

值得顺便指出的是,关于 π 是无理数的证明至今并没有被推翻. 国内曾有媒体报道说,π 已经被证明为一个有理数. 这是不负责任的哗众取宠. 读者当细心辨之.

2. 关于 π 是超越数的证明

当一个数可以被写成含有理系数的多项式方程的根的形式时,不管这个数是实数还是复数,这个数都可以被定义为代数数. 否则,就是超越数. 这就是说,如果存在非零的有理数 $a_0, a_1, \cdots, a_n$ 使得方程 $a_0 a^n + a_1 a^{n-1} + a_2 a^{n-2} + \cdots + a_{n-1} a + a_n = 0$ 成立,我们就说式中的 a 是一个代数数. 而当 a 为一个超越数时,这个数就不是任何一个含非零的有理数系数的多项式方程的根.1882 年,德国数学家林德曼证明,圆周率 π 就是这样一个超越数.这个证明回答了古希腊的一个重要的数学难题:在欧几里得空间里面,不可能获得与一个圆的面积完全相等的正方形.

  林德曼的证明是冗长的.即使要对它进行简化表达,也依然十分困难.1955 年,Felix Klein 曾经给出过林德曼证明的简单描述.事实上,早在 1873 年,埃尔米特就已经率先证明了自然对数的底 e 是一个超越数.就是说,不可能存在这样一个有限方程:$ae^m + be^n + ce^p + \cdots = 0$,式中的 m, n, p 和 a, b, c 等各项均为非零的有理数.林德曼把这个定理中的非零系数项推广为代数数的情况,证明在 m, n, p 和 a, b, c 等各项均为代数数的情况下,也不存在 $ae^m + be^n + ce^p + \cdots = 0$ 的方程.由形式如此的欧拉方程 $e^{i\pi} + 1 = 0$ 判断,其中 $a = b = 1, c$ 和其他系数为 0,此时 $n = 0$,均为代数数,所以 $m = i\pi$ 必不为代数数,而应该是一个超越数.但 i 为代数数,故 π 为一超越数.

第 5 章 数学文化史中的"π"

  浙江师范大学数理学院的张维忠教授2004年指出：对于 π 的好奇成为我们文化的重要组成．通过对 π 各个历史时期追求精确值的方法论探讨发现：在人类数学文化史上，对 π 的精确值的追求正是一种智力探索的激励，是人们锲而不舍精神的体现，是一种博大的奋斗之美，也是一种对计算机技术发展的促进．更重要的是在人们的感知中，这种关于 π 数值无穷无尽的探索其妙无穷！

  《全日制义务教育数学课程标准（实验稿）》指出："简要介绍圆周率 π 的历史，使学生领略与 π 有关的方法、数值、公式、性质的历史内涵和现代价值（如 π 值精确计算已成为评价电脑性能的最佳方法之一）；结合有关教学内容介绍古希腊及中国古代的割圆术，使学生初步感受数学的逼近思想以及数学在不同文化背景下的内涵……"[①]事实上，人们过去更多地是从数学的角度认识"π"，而数学文化史中的"π"，从一个侧面揭示了数学的发展是人类文化发展的一个有机构成，并非传统意义上的纯粹理性活动的结果——数学是作为整体的人的活动的结果，而非仅仅是数学家们的独创，有着丰富的人文意蕴，揭示"π"的文化意义，挖掘其蕴含的教育价值，将是推进我国中小学数学课程改革的有效途径之一．

§1 "π"：其妙无穷

  至今许多人都能回想起第一次遇到圆周率 π 的情景．也就是那个非常单调的公式：$C=\pi D, A=\pi R^2$．这里 C 代表圆周长，D 代表直径，A 代表面积，R 代表半径．1706 年英国数学家琼斯首次用 π 代表圆周率，但他的符号并未立刻被采用；1736 年以后，数学家欧拉才开始予以提倡，现在 π 已成为圆周率的专用符号[②]．简单地说，如果你用圆形的周长除以圆周的直径，你得出的数字就是 π．任何圆周的周长都近似于圆形直径的3倍，简单吗？但 π 一直又像一个谜，令人感到神秘不解．数学家们都认为 π 是个无理数，也就是说，如果你用圆周长除以直径，那么你得出的数值肯

---

  ① 中华人民共和国教育部．全日制义务教育数学课程标准（实验稿）[M]．北京：北京师范大学出版社，2001,99.

  ② 梁宗巨．数学历史典故[M]．沈阳：辽宁教育出版社，1995：213-214.

定是十进位的小数,并且这个数字将无休无止地延续下去. π 的前几位数值是 3.141 592 6……这一数字是除不尽的. 在人类数学文化史上 π 更像一首朦胧的诗, 像一曲悠扬的乐章,又像一座入云的高山,让人遐想,让人陶醉,让人奋进,攀登不息!

如果一个数等于除它本身以外的全部因子之和,则称其为完全数. 如 $6(=1+2+3)$, $28(=1+2+4+7+14)$, $496(=1+2+4+8+16+31+62+124+248)$, 8 128(前 8 000 多个正数中才有 4 个)等. 到 1998 年 2 月为止,借助于计算机也只发现了 37 个完全数. 然而,令人感到神奇的是 π 数值取小数点后面 3 位相加恰是第一个完全数 $6(=1+4+1)$,小数点后 7 位相加正好等于第二个完全数 $28(=1+4+1+5+9+2+6)$. 居然能有如此的联系,难道不足以令人惊讶吗? 还有更神奇的 π ≈ 3.141 59,以此为序的 6 个有效数字排成的 6 位数字 314 159 及其倒序 6 位数 951 413 都是素数,二者关于 10^6 的补数 796 951 和 159 697 都是素数. 每隔二分节: 31, 41, 59 都是素数,都是孪生素数的一方,三者和 $31+41+59=131$,三者立方和 $31^3+41^3+59^3=304\ 091$ 也都是素数.

有人用 0,1,2,…,9 这 10 个数码组成一个分数,要求不重不漏,而且分子、分母各 5 个数码凑出 π 的近似值,如:

$$76\ 591/24\ 380 \approx 3.141\ 550\ 451\ 19$$
$$39\ 480/12\ 567 \approx 3.141\ 561\ 231\ 79$$
$$95\ 761/30\ 482 \approx 3.141\ 558\ 952\ 82$$
$$97\ 468/31\ 025 \approx 3.141\ 595\ 487\ 51$$
$$37\ 869/12\ 054 \approx 3.141\ 612\ 742\ 65$$
$$95\ 147/30\ 286 \approx 3.141\ 616\ 588\ 52$$
$$49\ 270/15\ 683 \approx 3.141\ 618\ 312\ 82$$
$$83\ 159/26\ 470 \approx 3.141\ 632\ 036\ 26$$

还能找到更精确的 π 的近似值吗? 人类已经出版过许多以 π 为主题的书籍,例如,《π 的乐趣》《π 的历史》等,此外还有许多网站也以 π 为专题,如最著名的网站中的 www.cecm.sfu.ca/pi 以及 http://www.joyofpie.com.

据说还有一部叫《π》的影片,讲述一位数学天才因为在股市里苦心寻找数字的规律而发疯了. 虽然这部影片是虚构的,但是人类对一些数值无穷无尽的追求却不是虚构的,几千年来,π 已经使许多好求精密的大脑感到痛苦不堪. 1999 年,一位日本计算机科学家将"π"的数值推算至小数点后 2 061 亿位数. π 的数值推算得如此精确,除了用于检验计算机是否精确和数学理论研究之外,并无多少实际用处. 令人意外的是,这位日本科学家却有着不同的观点,他认为 π 和珠穆朗玛峰一样都是客观存在的,他想精确测算出其数值,因为他无法回避它的存在,事实上,就古代数学的发展而言,历史上一个国家所得到的 π 值的精确程度,可以看作衡量这个国家当时数学发展水平的一个标志.

§2 早期的"π":实验法与几何法

西方在阿基米德以前(我国则在刘徽以前)π 的值多是凭直观推测或实物度量而得,其值相当粗略.历史上 π 首次出现于埃及.1858 年,苏格兰一位古董商偶然发现了写在古埃及莎草纸上的 π 的数值,莎草纸的主人从一开始就吹嘘自己发现的重要性,并解释为"将(圆的)直径切除 1/9,用余数建立一个正方形,这个正方形的面积和该圆的面积相等".

古代巴比伦人计算出 π 的数值为 $3\frac{1}{7}$.据记载,为了测量所罗门修建一个圆形容器,使用的 π 的数值为 3.曾有记载:"他制造了一个熔池,从一边到另一边有 10 腕尺;熔池是圆形的,它的周围约有 30 腕尺;高为 5 腕尺."

我们看到,这里圆的直径给出为 10 腕尺(腕尺是肘至中指端之长,长 18～22 英寸(1 英寸=2.54 cm)),它的周长为 30 腕尺,由此求出值 π=3[1].在古代中国,张衡给出 $\pi=\sqrt{10}=3.162\cdots$.但是希腊人还想进一步计算出 π 的精确数值,于是他们在一个圆内绘出一个直线多边形,这个多边形的边越多,其形状也就越接近于圆.希腊人称这种计算方法叫"穷竭法",事实上也确实让不少数学家为此精疲力竭.真正使 π 的计算建立在科学的基础上,首先应归功于阿基米德,他的几何计算结果的寿命要长一些,通过一个正九十六边形估算出 π 的数值在 $3\frac{10}{71}\sim 3\frac{1}{7}$,即 3.140 845… 与 3.142 857… 之间.在以后的 700 年间,这个数值一直都是最精确的 π 数值.没有人能够取得进一步的成就.

在古印度宗教建筑方法中,有一种"绳子规则",它给出的 π 值是

$$\pi=4\times\left(1-\frac{1}{8}+\frac{1}{8}\times 29-\frac{1}{8}\times 29\times 6+\frac{1}{8}\times 29\times 6\times 8\right)^2$$

这个数值等于 3.088,比 π=3 精确不了多少,但在计算方法上明显有着自己的特色.此外,在印度还可以找到另外一个圆周率 $\pi=\sqrt{10}=3.162$.

263 年,我国三国时代魏国人刘徽利用"割圆术"(利用圆的内接正多边形的面

---

[1] 帕帕斯 T.数学趣闻集锦(下)[M].张远南,张昶,译.上海:上海教育出版社,2001:92;34-35;18-19.

积接近于圆的面积的方法来计算圆周率)算出:$3.141\ 024 < \pi < 3.142\ 709$. 刘徽的割圆方法,概括为一般的几何学问题,实际上就是求解单位圆内正 n 边形和外切正 n 边形与圆周率的关系.

刘徽说:"割之弥细,所失弥少,割之又割,以至于不可割,则与圆周合体而无所失矣."(《九章算术·方田》)他的方法是以 1 尺为半径作圆,作圆内接正六边形,然后逐渐倍增边数,计算出正十二边形、正二十四边形、正四十八边形和正九十六边形的面积,舍弃了分数部分后得 $\pi = 3.14 \approx 157/50$. 后人为纪念刘徽,称这个数值为"徽率". 到了公元 5 世纪,我国的数学家、天文学家祖冲之和他的儿子在一个圆形里绘出了有 24 576 条边的多边形,算出圆周率的值为:$3.141\ 592\ 6 < \pi < 3.141\ 592\ 7$,他还主张用 22/7 作为 π 的粗略近似值,即约率;而用 355/113 作为 π 的精确近似值,即密率[①]. 在现代数论中,如果将 π 表示成连分数,其渐近分数是

$$\frac{3}{1}, \frac{22}{7}, \frac{333}{106}, \frac{355}{113}, \frac{103\ 993}{33\ 102}, \frac{104\ 348}{33\ 215}, \cdots$$

第 4 项正是密率,它是分子、分母不超过 1 000 的分数中最接近 π 真实值的分数."密率"也称"祖率". 这样才将 π 的数值又向前推进了一步,同时这一 π 值在世界上保持了 900 多年的最好纪录,直到 1424 年左右数学家卡西才第一次超过它,打破了这个世界纪录.

长期以来,π 困扰了许多聪明的大脑,希腊人将这种测量 π 的方法称为化圆为方(squaring a circle)测量法. 但问题是,如果给你一个直尺和一架圆规,你能绘出面积相等的正方形和圆形吗? π 就是解决这个问题的关键. 希腊科学家、哲学家阿拿萨哥拉由于广泛宣传太阳并不是上帝而身陷囹圄. 为了打发狱中时光,他不断地想将圆形用最近似的方形表示出来. 几个世纪之后,哲学家托马斯·霍布斯(Thomas Hobbes)声称已经解决了这个问题,后来的实践证明是他自己算错了.

达·芬奇(da Vinci)计算 π 值的方法既简单又新颖. 他找来一个圆柱体,其高度约为底面圆的半径的一半(你可以用扁圆罐头盒来做),将它立起来滚动一周,它滚过的区域就是一个长方形,其面积大致与圆柱体的圆形面积相等. 但是这种方法还是太粗略了,因此后人还是继续寻找新的精确方法.

1610 年,荷兰人为 π 建立了一座不可思议的纪念碑. 据说,在莱顿的彼得教堂的墓地里有一块墓碑,上面刻有荷兰数学家卢尔多夫·范·柯伦(Ludolph van Ceulen)所求的带有 35 位小数的 π 值

3.141 562 953 589 793 238 462 443 383 279 502 88

[①] 李迪. 中外数学史教程[M]. 福州:福建教育出版社,1993,82.

每当有人路过墓前,望着质朴无华的碑文,都深深感到这种数学语言的韵律,像是一首无言的颂歌,赞颂着柯伦对 π 的贡献.然而,这位数学家在将 π 的数值计算到第 20 位时,得出结论:"任何愿意精确计算 π 值的人都能将其数值再向前推进一步." 但那个年代愿意继续做下去的人只有他一个;他用自己余生的 14 年将 π 值推进到第 35 位.传说中那块铭记柯伦成就的墓碑早已不存在,他付出的劳动也由于新发明的微积分而黯然失色[①].

§3 中期的"π":分析法

这一时期人们开始摆脱求多边形周长的繁难计算,利用无穷级数或无穷连乘积来计算 π. 1665 年,牛顿在家休学养病.在此期间他发明了微积分,主要用于计算曲线.同时,他还潜心研究 π 的数值,后来他承认说:"这个小数值确实让我着迷,难以自拔,我对 π 的数值进行了无数次计算."当他发明微积分后,终于创造出一种新的计算 π 数值的方法.不久,科学家们就将 π 值不断向前推进. 1579 年,法国数学家韦达利用 $\frac{\pi}{2} = \prod_{n=2}^{\infty} \cos \frac{\pi}{2^n}$ 将 π 表示为

$$\frac{2}{\pi} = \frac{\sqrt{2}}{2} \cdot \frac{\sqrt{2+\sqrt{2}}}{2} \cdot \frac{\sqrt{2+\sqrt{2+\sqrt{2}}}}{2} \cdots$$

此后,1650 年,英国数学家瓦利斯将 π 表示为

$$\frac{\pi}{2} = \frac{2 \times 2 \times 4 \times 4 \times 6 \times 6 \times 8 \times 8 \times 10 \times 10 \cdots}{1 \times 1 \times 3 \times 3 \times 5 \times 5 \times 7 \times 7 \times 9 \times 9 \times 11 \cdots}$$

瓦利斯是最早用解析法研究 π 的英国人,他被称为"代数之父".他毕业于剑桥大学,是牛津大学的教授.那时,笛卡儿(Descartes)出了一本解析几何的书,深奥难懂.为此瓦利斯出版了《无限的算术》,对笛卡儿那本书做了简单系统的阐述.在这本书中首次出现上述的连续乘积的公式.此式是从二项式定理推导出来的,若利用现代的积分公式,它不就和定积分 $\int_0^1 \sqrt{1-x^2} \, dx = \frac{\pi}{4}$ 完全相同了吗?后来,布龙克尔(William Brouncker)把瓦利斯的结果变成如下的连分式:

---

① 梁宗巨.数学历史典故[M].沈阳:辽宁教育出版社,1995:213-214.

$$\pi = \cfrac{4}{1+\cfrac{1^2}{2+\cfrac{3^2}{2+\cfrac{5^2}{2+\cfrac{7^2}{2+\cdots}}}}}$$

然而这两个表达式都没有广泛用于 π 值的计算. 1671 年苏格兰人格雷戈里发现

$$\arctan x = x - \frac{x^3}{3} + \frac{x^5}{5} - \frac{x^7}{7} + \cdots$$

但他当时并未意识到已为计算 π 开辟了新途径. 令 $x=1$ 便得到

$$\frac{\pi}{4} = 1 - \frac{1}{3} + \frac{1}{5} - \frac{1}{7} + \frac{1}{9} - \frac{1}{11} + \cdots$$

这美妙的级数在 1673 年被德国数学家莱布尼兹独立发现. 更妙的是天才数学家欧拉利用有限与无限的类比求得

$$\frac{\pi^2}{6} = 1 + \frac{1}{4} + \frac{1}{9} + \frac{1}{16} + \frac{1}{25} + \frac{1}{36} + \cdots$$

1706 年,π 的数值已经扩展到小数点后 100 位. 也就是在这一年,英国数学家琼斯用希腊字母对圆周率 π 进行了命名. 这样 π 就有了今天的符号. 到 18 世纪后期,将圆形无限变成多边形的方法正式退出了历史舞台.

计算 π 的最为稀奇的方法之一,要数 18 世纪法国的博物学家蒲丰和他的投针实验:在一个平面上,用直尺画一组相距为 d 的平行线;用一些粗细均匀长度小于 d 的针,扔到画了线的平面上,并记录小针与平行线相交的次数;如果针与线相交,则该次扔出被认为是有利的,否则是不利的. 蒲丰惊奇地发现:有利的扔出与不利的扔出两者次数的比,是一个包含 π 的表示式. 如果针的长度等于 d,那么有利扔出的概率为 2π. 扔的次数越多,由此能求出越为精确的 π 的值. 1901 年,意大利数学家拉泽里尼(Lazzerini) 做了 3 408 次投针,给出 π 的值为 3.141 592——准确到小数点后 6 位. 这不但为 π 的研究开辟了一条新路,而且逐渐发展成为一种新的数学方法——统计试验法. 现在这个工作已尽可能全部交由计算机在几秒之内完成. 另外,在用概率方法计算 π 值中还要提到的是:查尔特勒斯(Charties) 在 1904 年发现,两个随意写出的数中,互素的概率为 $6\pi^2$[①].

虽然目前科学家已经计算出 π 的前 2 061 亿位数值,但是我们在做普通计算时,只取 π 的前 3 位数值,即 3.14. 我们使用 π 值的小数点后 10 位数,计算出的地球周长的误差只有 1 英寸. 如此看来,还有必要将 π 值再精确一步吗?这样似乎对 π

---

① 伊夫斯 H. 数学史概论[M]. 欧阳绛,译. 太原:山西人民出版社,1986:109-114.

的纯理论研究没什么用处,例如 π 的超越性纯属抽象的理论探讨.然而正如数学家纽曼(Neumann)所言:"数学最抽象最无用的研究被人们发展了一段时间之后,常常被其他部分所俘获,成了解决问题的工具,我想这不是偶然的,就好像一个人戴了一顶高帽子去参加婚礼,后来在起火时发现它居然可以当水桶用."利用 π 的超越性解决了三大几何问题之一的"化圆为方"问题,完全印证了纽曼的上述观点.

几个世纪以来,关于 π 数值的竞赛一直在继续.这里似乎没有冬天,有的只是一条无尽的探索之路! 为什么人们希望把 π 的值算到小数点后很多位,就像人们今天用超级计算机所做的那样呢? 又为什么 π 的小数值有如此的魅力呢? 这主要是因为:它可以检验超级计算机的硬件和软件的性能;计算的方法和思路可以引发新的概念和思想;π 的数字展开真的没有一定的模式吗? 它的样式含有无穷的变化吗? π 的数字展开中某些数字出现的频率会比另一些高吗? 或许它们并非完全随意?

数学家们对 π 的困惑大约经历了几个世纪.对 π 的探索,他们好比登山运动员一样,正在奋力向上攀登!

在浩瀚的宇宙里,圆形一个接一个,小至结婚戒指,大到星际光环,π 值始终不变.唯独美国的印第安纳州或该州议会要与别人不一样.事情的起因是 1897 年,该州一位名叫古德温(Goodtwin)的乡村医生,于 3 月份的第一个星期里,声称"灵光闪现,有如神授""超自然力量教给他一种测量圆形的最好方法……",也就是说,求得了 π 的"精确值".其实他的所谓好办法只不过仍是将圆形变成无限的多边形.虽然早在 1882 年一位德国数学家已经证明 π 是永远除不尽的,也就是说不论将圆形中的多边形的边长定得多么小,它永远是多边形,不会成为真正的圆形.但古德温偏不信,他开始着手改变这一不可能改变的事实.他确实把他的圆形变成了方形,尽管他不得不采用值为 9.237 6 的 π,这几乎是 π 实际值的 3 倍.古德温将他的计算结果发表在《美国数学月刊》(American Mathematical Monthly)上,并报请政府对他的这个 π 予以批准承认,他甚至说服地方议员在该州下院通过一个法案,将自己的研究成果无偿提供给各个学校使用.由于他的议案里充满了数学术语,把下院的议员全搞懵了,因此议案得以顺利通过.但科学毕竟是科学,即便是政客也无法把一个数字强加给每个人.很快,有一位数学教授戳穿了古德温的荒谬.更令人啼笑皆非的是,严重的官僚主义使该法案拖了很长时间还没有得到上院的批准,算是阴差阳错,少了一个笑话.

如果古德温的故事让你觉得可笑,那么让你感到可笑的事一定不少.看看国内的"古德温"们吧:1938 年,汪联松在《北平晨报》发表文章,声称自己苦心研究 14 载终于解决三等分角问题;1948 年,上海《大陆报》刊登了一则杨嘉如解决三等分角"为国争光"的新闻;1952—1957 年的 6 年间,《数学通报》(初名为《中国数学杂志》)编委会前后三次刊登启事告诫读者,不要再浪费时间去研究三等分角问题,却依然未能阻止源源而来的三等分角稿件;1995年《联谊报》《钱江晚报》刊登了浙江大学某退休教授用初等数学方法成功地证明费马大定理的"感人事迹";2000年6月22日,《联谊报》发表题为"我证明了费马大定理,谁来证明我"的报道,报道的主人公和古德温是同行;近年来,某某用4页纸就证明了费马大定理的事更是常常见诸报端……

事实无情地证明:不了解历史、不尊重历史而盲目地沉湎于数学难题的求解,希冀永远不会来到的奇迹发生,最终势必劳而无获、虚掷光阴、抱憾终生.在科学日益普及、大众科学素养不断提高的今天,印第安纳州的议案闹剧必不会重演了,但是,"古德温"的继承者们却依然层出不穷,这难道不值得我们深思吗?[①]

§4 晚期的"π":计算机的介入

π在令数学家头疼了几个世纪之后,终于在20世纪遇上了强大的对手——计算机.计算机最早出现在第二次世界大战期间,主要用于计算弹道轨迹.当时的计算机重达30 t,工作1 h需缴电费650 \$.

计算机的功能全在作为程序输进去的公式的好坏.首先使计算机计算π值成为可能的是20世纪一位最具非凡头脑的、对数学充满热情的数学家拉马努金(Ramanujan),他1888年出生于南印度的库巴肯南市.他的数学基础全然靠自学而成.这一事实可以解释他那探讨问题的独创的和非正统的方式.他那些富有价值的公式和整页整页的成果,便是有力的证据.当时没有计算机可以帮助他检验自己的想法,他靠的是完全手工的方法进行计算.如果不是他不顾一切地将自己的发现写给英国数学家哈代(Godfrey Hardy),他的成果可能早已散失.哈代慧眼识出了他这个天才,于是邀请他到剑桥大学来.就这样,25岁的他离开了妻子和故土,只身去追求他所热爱和渴望的数学.那时,他对现代欧洲的数学实际上一无所知,这表明了他在某些知识领域上的缺陷.此后7年,他出了很多成果、学习心得和发现,这才逐渐显露出他的真才.由于不知原因的疾病,他的身体逐渐瘦弱下去,然而他自己却总是不注意并在发烧的情况下坚持工作,从而使他的病情不断恶化,终于他在1919年决定返回印度.1920年4月,拉马努金病逝,这时他才32岁,迟至1976年,拉马努金丢失的笔记终于被发现,那是美国宾夕法尼亚的一位数学家安德鲁(George Andrews),在剑桥大学"三一"学院图书馆里一个装信件和票据的箱子里找到的.

拉马努金的工作风格是:用石笔在石板上运算,算完擦掉,一旦取得一个特殊

---

① 汪晓勤.圆周率议案始末[J].中学数学教学参考,2003(9):62-64.

的公式,便把它记在自己的笔记本里.这样一来,那里都是最终的形式,中间步骤全然略去.事实上,在拉马努金的笔记本里包含了大约 4 000 个公式和其他的成果.数学家们目前正在研究并试图证明拉马努金的这些公式.正如哈里发克斯(新斯科半岛)达荷斯大学的数学家博韦因(Jonathan Borwein)评论的那样:"当他把一个惊人的东西带到大庭广众面前时,人们并不把它看成新奇的珍品,只因它是正确的东西.他们困惑于理论的证据,而这种证据却潜藏于某些地方的周围,而这些地方正是人们所无法知道的."① 拉马努金 1914 年给出的关于 π 的计算公式为

$$\frac{1}{\pi} = \frac{\sqrt{8}}{9\ 801} \sum_{n=0}^{\infty} \frac{(4n)!\ [1\ 103 + 26\ 390n]}{(n!)^4 396^{4n}}$$

这里 $n! = n(n-1)\cdots1$,且 $0! = 1$.

事实上,π 根本就是无章可循的一长串数字,但是对 π 感兴趣的人却越来越多.每年的 3 月 14 日是旧金山的 π 节,下午 1:59,人们都要沿着当地的科学博物馆绕行 3.14 圈,同时嘴里还吃着各种饼,因为饼(pie)在英语里与 π 同音.在美国麻省理工学院,每年秋季足球比赛时,足球迷们都要大声欢呼自己最喜爱的数字:"3.141 59!"

加拿大蒙特利尔的少年西蒙·普洛菲现在已经"对数字上瘾了",他决心打破记忆 π 的数值的世界纪录.他在第一天就已经能够记忆 300 位数字了,第二天他将自己独自关在一间黑屋子里,默记着 π 的数值.半年后,他已经能够记住 4 096 位数了.西蒙最终将自己所记数字花 3 h 全部背了出来,他也因此上了法语版《吉尼斯世界纪录》.但这一纪录保持的时间并不长,很快就突破了 5 000 位大关.后来出现了日本的广之后藤,他能够用 9 h 背出 42 195 位数②.在许多国家里都有记忆数值 π 的口诀.据说从前我国南方某处山下有一所小学,校内有一名数学教师经常和山顶上庙内的一名和尚喝酒下棋,一次,他布置学生背诵圆周率 π,要求背到小数点后 22 位,即 3.141 592 653 589 793 238 462 6,背不出就要打手板.谁知,等他喝酒下棋之后回来,学生们都能背诵出来.教师很奇怪,后查得原来是一名聪明的学生把先生喝酒的事用谐音编成了故事.故事情节是:山巅一寺一壶酒(3.141 59),尔乐苦煞吾(265 35),把酒吃(897),酒杀尔(932),杀不死(384),乐尔乐(626)! 记住了情节,就记住了小数点后 22 位 π 的数值.但是这些口诀的文采都无法与诗歌《π》相比.1996 年诺贝尔文学奖得主维斯拉瓦·申博尔斯卡曾为 π 写了一首诗歌,赞美其坚定不移地向着无限延伸.

---

① 帕帕斯 T.数学趣闻集锦(下)[M].张远南,张昶,译.上海:上海教育出版社,2001:92;34-35;18-19.
② 陈龙洋."π"趣史[J].世界博览,2001(5):21-23.

第 6 章 关于缀术求 π 的另外一种推测

祖冲之 π 值的精度领先世界上千年,因而它的求法备受关注.据隋书记载,祖冲之的《缀术》讨论了求 π 的方法,由于"学官莫能究其深奥,是故废而不理".久之,《缀术》既没缀术亦不传,于是,祖冲之缀术求 π 的方法成为中算史上有名的悬案之一.许多学者对此已有种种猜想和论证,有人主张他用的是割圆术,有人主张他用的是插值法(包括内插法和外推法).前者将祖冲之的缀术等同于刘徽的割圆术,因而遇到了困难.后者认为祖冲之用到二次内插法,但史料只能证实一次内插法,而外推法无法解释"开差幂,开差立,……,兼以正圆参之"[①].

根据现存史料,内蒙古师范大学科学史与科技管理系的特古斯教授 2004 年指出:缀术可以是一种形式级数的变换方法,它既能应用于割圆术也能应用于插值法.前者可以求 π 而后者可以推星,两者不必相同,相同之处在于它们都涉及无穷多项式的构造与求和问题,并且都立足于已有线性方程组理论.祖冲之用来求 π 的缀术并非割圆术本身,而是对它的处理办法,这种办法是以刘徽的方程论为基础的.

§1 方程法与缀术

秦九韶的缀术推星表达了插值法与缀术的关系以及缀术与"天象历度"的关系,特别地,它还说明了方程法与缀术的关系.据《数书九章》秦氏自序,他是见过《缀术》的.他强调缀术推星是"以方程法求之",这表明方程法是缀术的关键.

"缀术推星"的推理前提是岁星在给定的时间内做匀减速运动,这样的假设限定了一阶等差数列的构造与求和问题,方程法的作用就在于确定这种等差级数诸要素间的依存关系并解出其中的未知部分.设 s_1, t_1 分别为合伏段所行积度与时间,s_2, t_2 分别为见段所行积度与时间,v_0 为初行率,d 为日差.如果等分时间区间为 $[0, t_1]$,则

$$s_1 = v_0 \frac{t_1}{n} + v_1 \frac{t_1}{n} + \cdots + v_{n-1} \frac{t_1}{n} = t_1 v_0 - \frac{t_1(t_1-1)}{2} d \tag{1}$$

---

① 魏征.隋书(卷十六)[M].北京:中华书局,1987.

其中，$v_k = v_0 - k\dfrac{t_1-1}{n-1}d, 0 \leqslant k \leqslant n-1$. 就是说，岁星在每个子区间 $\left[\dfrac{k}{n}t_1, \dfrac{k+1}{n}t_1\right]$ 上以行率 v_k 做匀速运动. 这与前述假定在分析意义上是一致的，当 n 充分大时尤其如此. 同理

$$s_1 + s_2 = (t_1 + t_2)v_0 - \dfrac{(t_1+t_2)(t_1+t_2-1)}{2}d \tag{2}$$

由于 s_1, t_1, s_2, t_2 均已赋定常值，联立(1)(2)可以解出 d 及 v_0，类似可得其他所求. 由此可见，级数法和方程法都是缀术的重要组成部分，前者确立关系而后者实施变换.

《隋书》所载如果是"开差幂，开差立，……，兼以正圆参之"，而不是"开差幂，开差立，兼以正圆参之"，则缀术或许是形式级数的变换关系，这种关系可由方程法来确立. 考虑

$$y_k = (1+x)^k = 1 + kx + \dfrac{k(k-1)}{2!}x^2 + \cdots + x^k, 0 \leqslant k \leqslant n$$

依方程法可得

$$x^k = (y_1 - 1)^k = y_k - ky^{k-1} + \dfrac{k(k-1)}{2!}y^{k-2} - \cdots + (-1)^k$$

所以 x^k 是"开差幂，开差立，……". 如果 x 为 t 的多项式，则 y_n 亦为 t 的多项式，并且如果它在 $1, t, t^2, \cdots, t^n$ 和 $1, x, x^2, \cdots, x^n$ 上的坐标分别为 **A** 和 **B**，即 $y_n = \boldsymbol{AT}$ 和 $y_n = \boldsymbol{BX}$，则

$$\boldsymbol{AT} = \boldsymbol{BX} = \boldsymbol{BMT}$$

其中 $\boldsymbol{M}$ 为由 $\boldsymbol{T}$ 到 $\boldsymbol{X}$ 的过渡阵，由方程法易得 $\boldsymbol{X} = \boldsymbol{MT}$. 由于 $\boldsymbol{T}$ 的元素线性无关，故

$$\boldsymbol{A} = \boldsymbol{BM} \tag{3}$$

又因 $\boldsymbol{T}$ 的无关性保证了 $\boldsymbol{M}$ 的可逆性，故

$$\boldsymbol{B} = \boldsymbol{AM}^{-1} \tag{4}$$

(3)和(4)这种变换只需用到已有的方程法则，而且并不超过刘徽的方程论知识.

经过刘徽的阐述，方程法则已经相当一般化，特别是行的初等变换已臻于成熟. 祖冲之熟悉《九章算术》及其徽注，掌握方程法应该没有问题. 唯一的问题是需要一套相应的代数表示法，这个问题可以通过率的灵活运用而得到解决. 由于率有分类、排序和对应的功能，它能起到某些数学符号的作用，因而可以用于"开差幂，开差立，……". 事实上，清代中算家实现这种变换，靠的就是率的运用. 通过率的运用，缀术有可能形式化. 祖冲之父子的缀术也许是中国算学史上最出色的形式化尝试之一，沈括和李冶的记载都说明了这一点. 沈说过："求星辰之行、步气朔消长

谓之缀术,谓不可以形察,但以长术缀之而已."[1]李冶也说过:"所谓缀者非实有物,但以数强缀缉之使相联络,可以求得其处所而已."[2]

综上所述,方程法是缀术的重要组成部分,它在形式化方面有可能取得重要进展.这样的方程法不仅可以说明缀术推星的基本思想,而且可以说明形式级数的变换关系.由于这种变换关系,祖冲之只需利用刘徽的割圆术即可使得求 π 归于简易.

§2 割圆术与缀术

据《隋书》记载,祖冲之为了提高 π 值的精度而"更开密法",这样的密法应该与割圆术有关.事实上他只需将(3)(4)引入刘徽的割圆术中,即可确定完全弧弦矢与分弧弦矢的关系,进而可以求 π.

刘徽的割圆术具有典型的二分结构,他在圆田术注中取单位圆周的三分之一不断地平分,然后在弧田术注中将这一手段推广到不大于半周的任一弧上.分割的指导思想是"割之又割,以至于不可割",具体割法为"觚而裁之,每辄自倍",相应的算法为"以 3×2^n 觚之一面 c_n 乘半径 r,因而 $3\times 2^{n-1}$ 之得 $3\times 2^{n+1}$ 觚之幂 S_{n+1}",即

$$S_{n+1} = 3 \times 2^{n-1} r c_n \tag{5}$$

由于刘徽在(5)中取 $r=1$,因而它也表示觚之一面 c_n 与觚之半周 π_n 的关系

$$\pi_n = 3 \times 2^{n-1} c_n \tag{6}$$

显然(5)或(6)的关键在于确定 c_n,它与觚面之外的余径 d_n 有勾股关系

$$c_n = \sqrt{\left(\frac{c_{n-1}}{2}\right)^2 + d_n^2}, \quad d_n = 1 - \sqrt{1 - \left(\frac{c_n}{2}\right)^2}$$

由此即得刘徽的割圆术,它包含以下各种关系

$$c_{n-1}^2 = 4c_n^2 - c_n^4, \quad c_n^2 = 2d_{n-1}, \quad c_{n-1} = 2c_n(1-d_n)$$

其中,$c_0 = \sqrt{3}$,$c_1 = 1$.

由于 $1 : c_n = c_n : 2d_{n-1}$,二分弧法满足割圆连比例的基本关系("一率半径,二率通弦,三率倍矢,……"),因此(3)和(4)适用于刘徽的割圆术.如果对其中的 $c_n^2 = 4c_{n+1}^2 - c_{n+1}^4$ 施行变换(4),则

$$c_{n+1}^2 = \frac{1}{4}c_n^2 + \frac{1}{4^3}c_n^4 + \frac{2}{4^5}c_n^6 + \frac{5}{4^7}c_n^8 + \cdots$$

---

[1] 沈括.丛书集成(初编)[M].上海:商务印书馆,1937.
[2] 李冶.丛书集成(初编)[M].上海:商务印书馆,1935.

将它代入另一关系 $c_{n-1}=c_n(2-c_{n+1}^2)$，则

$$c_{n-1}=2c_n-\frac{1}{4}c_n^3-\frac{1}{4^3}c_n^5-\frac{2}{4^5}c_n^7-\cdots$$

对此施行变换(3)，则

$$c_n=2^k c_{n+k}-\frac{2^k(2^{2k}-1^2)}{4\cdot 3!}c_{n+k}^3+\frac{2^k(2^{2k}-1^2)(2^{2k}-3^2)}{4^2\cdot 5!}c_{n+k}^5-\cdots \qquad (7)$$

这些步骤仅含简单的加减或乘法运算，所需知识也不超过有关线性方程组的已有知识．(7)虽然不是由刘徽给出的，却是由刘徽的二分弧法所限定的．只要足够灵活地用率，祖氏父子完全有可能实现二分弧法的这种潜力．据此可以求 π，可以"求星辰之行，步气朔消长"，然而却"不可以形察，但以算术缀之"，与现存史料相符．

§3 缀术求 π 蠡测

以二分弧法为基础，祖氏父子可以确定弧、矢、弦的级数，包括求 π 的级数．所需一切手续仅为(3)和(4)，它们可以方便地建立在刘徽的方程论之上，实际操作只需有一套相应的代数表示法．祖氏在算法方面不会有任何障碍，因为这样的手续只涉及普通的加法和乘法运算．因此可以推测，缀术有可能全部或部分地实现了上述目标，以下分析表明了这种可能性．

如果对(7)施行变换(4)，则

$$c_{n+k}=\frac{1}{2^k}c_n+\frac{1^2\cdot 2^{2k}-1}{2^{2k+2}\cdot 3!}c_n^3+\frac{(1^2\cdot 2^{2k}-1)(3^2\cdot 2^{2k}-1)}{2^{5k+4}\cdot 5!}c_n^5+\cdots$$

由(6)，$\pi_{n+k}=3\times 2^{n+k-1}c_{n+k}(k\geqslant 0)$，故

$$\frac{\pi_{n+k}}{3}=2^{n-1}c_n+\frac{1^2\cdot 2^{2k}-1}{2^{2k-n+3}\cdot 3!}c_n^3+\frac{(1^2\cdot 2^{2k}-1)(3^2\cdot 2^{2k}-1)}{2^{4k-n+5}\cdot 5!}c_n^5+\cdots$$

如令 $n=1$，则

$$\frac{\pi_{k+1}}{3}=1+\frac{1^2\cdot 2^{2k}-1}{2^{2k+2}\cdot 3!}+\frac{(1^2\cdot 2^{2k}-1)(3^2\cdot 2^{2k}-1)}{2^{4k+4}\cdot 5!}+\cdots$$

π_{k+1} 是 12×2^k 觚之半周，如果"兼以正圆参之"，则 $\pi_{k+1}\to\pi(k\to\infty)$，于是

$$\frac{\pi}{3}=1+\frac{1^2}{2^2\cdot 3!}+\frac{1^2\cdot 3^2}{2^4\cdot 5!}+\frac{1^2\cdot 3^2\cdot 5^2}{2^6\cdot 7!}+\cdots$$

极限方法刘徽早有所用，当为祖氏父子所熟知，故不能排除以某种形式得到类似结果的可能性．事实上，它可表示为率的形式

$$\pi=a_0+a_1+a_2+\cdots$$

这种形式比较容易实现筹算. 其中
$$a_0 = 3, \quad a_k = \frac{(2k-1)^2}{4(2k)(2k+1)}a_{k-1}$$

祖冲之"以圆径一亿为一丈",即精确到小数点后8位数,于是得到近似值
$$\pi^* = a_0 + a_1 + \cdots + a_9 \approx 3.1415926$$

因 $a_9 \approx 0.00000011$,且 $a_k < \frac{1}{4}a_{k-1}$,故
$$0 < \pi - \pi^* < \frac{1}{4}a_9\left(1 + \frac{1}{4} + \frac{1}{4^2} + \cdots\right) < 1 \times 10^{-7}$$

所以
$$3.1415926 < \pi < 3.1415927$$

祖氏也许通过试算发现 $7\pi^* \approx 21.99$,$113\pi^* \approx 354.999$. 于是得到 $\pi \approx \frac{22}{7}$,$\pi \approx \frac{355}{113}$.

上述讨论表明,在祖冲之以前,除了形式化手段外,中算系统已经拥有了处理此类问题所需的一切必要手段.(3)和(4)解释了隋书所载史料,它们也许可以说明缀术求 π 的方法. 因为涉及无穷多项式,缀术具有形式特征,它的失传可能与此有关. 这只是一种推测,祖氏用率虽然可能形式化,但仍缺少足够的证据表明这一点.

第 7 章 浅谈 π 的历史与应用

南京晓庄学院数学系的赵霞教授 2013 年曾撰文指出:圆是最简单又是最美丽的几何图形,常数 π 将圆的周长、面积和半径紧密联系在一起,即"圆周率".圆周率并不是一串随机数字.π 的数学内涵超越了传统认知,其在物理、计算机等相关领域作用显著.

圆周率在各个时期的文明中都像一颗闪耀的明珠.它往往能够在一定程度上折射出该文明的数学发展的水平.π 的发展史也是数学史上计算方法的发展史.

§1 经验性获得时期

最早探求 π 的应该是古代的巴比伦人,公元前 2000 年左右,他们计算出 π 为 $3\frac{1}{8}$.据记载,为了测量所罗门修建的一个圆形容器,使用的 π 数值是 3.《莱因德纸草书》大约产生于公元前 1650 年.据记载,圆的面积的算法为直径减去它的 $\frac{1}{9}$,然后加以平方.按照这个方式计算,圆周率大约是 3.140 69.

§2 几何推算时期

1. 阿基米德的思想

公元前 240 年,阿基米德在他的论文《圆的量度》中记载了这样一个方法:从圆的内接和外切正六边形开始,逐次把边数加倍,用一系列的内接和外切正多边形来穷竭圆周,从而求得圆的周长与其半径之比,得到 $\frac{220}{70} < \pi < \frac{223}{71}$.阿基米德用纯几何的方法推导,他没有使用我们现在使用的小数表示法,因此,他的计算量惊人.数学史上认为,这是计算 π 的第一次科学尝试.

2. 刘徽的割圆术

刘徽用他的割圆术开始了我国数学发展史上对圆周率进行研究的新篇章."割

之弥细,所失弥少,割之又割,以至于不可割,则与圆周合体而无所失矣."这句话,反映了刘徽用极限的方法求圆周率的思想.刘徽算出了圆 内接正 3 072 边形的面积,得到圆周率的近似值为 $\frac{3\,927}{1\,250}$ 约 3.141 6.这个数字比起阿基米德的 3.14 确实就好得多了.刘徽建立的一般公式 $S_{2n} < S < S_n + 2(S_{2n} - S_n)$($S_n$ 为圆内接正 n 边形面积)可以把圆周率计算到任意精度.它比阿基米德用内接和外切双方逼近的方法更为简洁.

3. 祖冲之的伟大成就

在刘徽的基础上继续推算,祖冲之应用刘徽割圆术,求出了精确的 7 位有效数字的圆周率值 $3.141\,592\,6 < \pi < 3.141\,592\,7$.祖冲之提出约率为 $\frac{22}{7}$,密率为 $\frac{355}{113}$.由于十进位小数的概念还没有得到充分的发展,当时的数学家和天文学家都是把大单位化为很小的单位进行计算,以便提高计算精确度.祖冲之通过计算圆内接正 12 288 边形和正 24 576 边形的面积,用两个简单的分数作为 π 的近似值,即约率、密率.

4. 外推算法

外推算法立足于简单的逼近法(并没有将方法复杂化,只是将边数加倍).只用很少的多边形,便可有高精度.利用内接正 n 边形的半周长来逼近 π.$\pi_n = n \sin \frac{\pi}{n}$ 由泰勒(Taylor)公式来展开,$\pi_n \approx \pi - \frac{\pi^3}{3!}\left(\frac{1}{n}\right)^2 + \frac{\pi^5}{5!}\left(\frac{1}{n}\right)^4 - \frac{\pi^7}{7!}\left(\frac{1}{n}\right)^6 + \cdots$.在 π_n 的基础上可以产生更快的算法,即只要将相邻的两个结果作一次外推 $\pi_{2n}^{(1)} \approx \frac{1}{3}(4\pi_{2n} - \pi_n)$.便会很快地逼近 π;若继续将 $\pi_n^{(1)}$ 和 $\pi_{2n}^{(1)}$ 作第二次外推 $\pi_{2n}^{(2)} = \frac{1}{15}(16\pi_{2n}^{(1)} - \pi_n^{(1)})$.则会更快地逼近.用 96,192 边形经逐次外推算出的结果,相当于用 12 288 边形直接算的结果.

§3 解析计算时期

1706 年,梅钦首次将 π 值扩展到小数点后 100 位.1665 年微积分年创建初起,牛顿就用反正弦函数的级数计算了 π 值.可惜他的结果当时并未发表.1672 年格雷戈里,1673 年布莱尼兹分别研究了反正切函数的级数表达式

$$\arctan x = x - \frac{x^3}{3} + \frac{x^5}{5} - \frac{x^7}{7} + \cdots = \lim_{x \to \infty} \sum_{i=1}^{n} (-1)^{i+1} \frac{x^{2i-1}}{2i-1} \qquad (1)$$

莱布尼兹当时就知道,当 $x=1$ 时 $\arctan 1 = \frac{\pi}{4}$,因此由式(1)可得

$$\frac{\pi}{4} = 1 - \frac{1}{3} + \frac{1}{5} - \frac{1}{7} + \cdots = \lim_{x \to \infty} \sum_{i=1}^{n} \frac{(-1)^{i+1}}{2i-1} \qquad (2)$$

但是式(2)收敛极慢. 当 $\pi = 3.14159265$ 时,式(2)的 n 约为 2.8 亿. 这在手工计算时代,式(2)并无实用价值.

提高反正切函数的级数收敛速率的方法有两个:

1. 直接减小 x 的计算法

设函数 $f(x) = \arctan x$. 若取 $f(1) = \frac{\pi}{4}$,则 $\pi = 4f(1)$. 因此只要利用马克劳林 (Maclaurin) 公式计算出 $f(x)$,就可求出 x 的值.

$$f(x) = \arctan x = x - \frac{x^3}{3} + \frac{x^5}{5} + \cdots + (-1)^n \frac{x^{2n+1}}{2n+1} + \cdots, \quad -1 \leqslant x \leqslant 1$$

令 $x = 1$ 和 $x = \frac{\sqrt{3}}{3}$,得

$$\pi = 4f(1) = 8 \lim_{x \to \infty} \sum_{i=1}^{n} \frac{1}{(4i-3)(4i-1)}$$

误差

$$R_n(1) = 8 \lim_{m \to \infty} \sum_{i=n+1}^{m} \frac{1}{(4i-3)(4i-1)}$$

$$\pi = 48\sqrt{3} \lim_{x \to \infty} \sum_{i=1}^{n} \frac{i}{(4i-3)(4i-1)9^i}$$

误差

$$R_n\left(\frac{\sqrt{3}}{3}\right) = 48\sqrt{3} \lim_{m \to \infty} \sum_{i=n+1}^{m} \frac{i}{(4i-3)(4i-1)9^i}$$

显然

$$R_n\left(\frac{\sqrt{3}}{3}\right) < R_n(1)$$

2. 反正切函数分解的计算法

在两角和的正切公式

$$(1 - \tan\alpha \tan\beta) \tan(\alpha + \beta) = (\tan\alpha + \tan\beta) \left((\alpha + \beta) \neq \frac{\pi}{2}\right)$$

中,令 $\tan\alpha = a, \tan\beta = b$,则 $\alpha = \arctan a, \beta = \arctan b$,再取反正切得

$$\arctan a + \arctan b = \arctan \frac{a+b}{1-ab} \qquad (3)$$

设 $a = \dfrac{1}{p+q}, b = \dfrac{q}{p^2+pq+1}$，则式(3)为

$$\arctan \frac{1}{p} = \arctan \frac{1}{p+q} + \arctan \frac{q}{p^2+pq+1} \tag{4}$$

在式(4)中若令 $p = q = 1$，得

$$\frac{\pi}{4} = \arctan \frac{1}{2} + \arctan \frac{1}{3} \tag{5}$$

如此递推下去，可得许多 π 的反正切式. 此外，利用方程 $m\arctan \dfrac{1}{x} + n\arctan \dfrac{1}{y} = k\dfrac{\pi}{4}$ 的解. 这里 m, n, x, y, k 均取整数，也可以求出一些反正切.

若令 $m = n = k = 1$ 时，解得 $x = 2, y = 4$. 方程为

$$\frac{\pi}{4} = \arctan \frac{1}{2} + \arctan \frac{1}{3}$$

令 $m = 4, n = -1, k = 1$ 时，解得 $x = 5, y = 239$. 方程为

$$\frac{\pi}{4} = 4\arctan \frac{1}{5} - \arctan \frac{1}{239}$$

这就是著名的梅钦公式.

§4 计算机时代

计算机的出现，使圆周率的计算进入一个更新的时期. 这也许是它的最后一个时期，由于单纯地通过计算机去追求更高的数位已经毫无意义. 因为计算机运算速度的加快，计算位数越来越多，所以相对使用时间越来越短. 计算的原因主要是检测计算机的可靠性和运算程序和算法的正确性.

在使用计算机计算的时代，圆周率的计算公式和计算方法也不断更新. 借助计算机求解圆周率的方法主要有：数值积分法、泰勒级数法、蒙特·卡罗法. 纵观 π 的计算发展史，在计算机技术高度发达的今天，计算 π 值又被认为对测试计算机的性能具有科学价值.

π 是我们最熟悉的无理数，和我们的生活息息相关. 在初等几何、代数的三角函数、概率统计中都能看到 π 的身影. 如记载于蒲丰1777年出版的著作中的"投针问题"："在平面上画有一组间距为 d 的平行线，将一根长度为 $L(L < d)$ 的针任意掷在这个平面上，求此针与平行线中任一条相交的概率." 蒲丰本人证明了概率 $P = \dfrac{2L}{\pi d}$（其中 L 是针的长度，d 是平行线间的距离，π 为圆周率）. 在物理学科中，比

如单摆周期 T 的公式,库仑研究的两个带电质点的作用力的公式中都有 π. 积分的计算有时也要用到 π. 背诵圆周率还能够锻炼人的记忆力,我国桥梁专家茅以升年轻时就以背诵圆周率锻炼记忆力,晚年时仍能轻松地背出圆周率的 100 位数值. 圆周率的发展史从一个侧面反映了数学的发展史.

第 3 编
从超越数论的视角看 π

本编源自于德国著名数学家西格尔的一篇经典历史文献.

C. L. 西格尔(Carl Ludwig Siegel)1896 年 12 月 31 日生于德国柏林,1981 年 4 月 4 日卒于德国哥廷根.

西格尔的父母来自莱茵省,他是独生子,小时候对数学感兴趣,在柏林接受正规的初等教育,然后读实科中学. 他对中学的数学课无兴趣,只是为了弥补自己数学知识的不足. 他到柏林市立图书馆借阅韦伯(Weber)的名著《代数学》(*Algebra*),这可能是他接触代数数论的开始. 1915 年中学毕业后,第一次世界大战正激烈进行,他对战争很反感,于是便选择了与人间世事最不相干的天文学作为自己的专业. 1915 年秋在柏林大学注册. 他后来研究了天文学中的三体问题,主要是有关三体问题的几何图形渐近地接近拉格朗日特解的图形,而且碰撞方向是确定的,在一般情况下解析开拓是不可能的. 1956 年出版了《天体力学讲义》(*Yorlesungen Über Himmels-Mechanik*). 由于天文课程的延拓,他去听弗罗贝尼乌斯(Frobenius)的数论课. 这一偶然的情况最终把他引向数论的殿堂. 他把弗罗贝尼乌斯作为他学习的模范. 大学第三学期(1916—1917 年),他参加舒尔(Schur)的讨论班. 在这里,他第一次接触他主要的研究课题 —— 丢番图逼近,特别是挪威数学家图埃(Thue)的不太为人所知的工作. 西格尔后来讲,舒尔最早认识到这个只有 4 页的文章的意义,而这也成了他后来论文的出发点. 他说,图埃的符号把他搞糊涂了,不过他还是靠自己的力量改进了图埃的结果,舒尔对此十分高兴. 不久他就被征召入伍,到斯特拉斯堡服役,5 周后退役. 他先当家庭教师,一直到 1919 年夏季学期才继续上学. 这次他到哥廷根大学师从朗道(Landau)学习,并在朗道的指导下于 1920 年 6 月取得博士学位,博士论文的题目为《代数数的逼近》(*Approximation algebraischer zahlen*). 其后,他在 1920—1921 年冬季学期在汉堡大学任海克(Hecke)的助教,然后回哥廷根大学任库朗(Courant)的助教,1921 年底取得讲师资格,1922 年秋被聘为法兰克福大学正教授. 在这两年间,他一共发表了 14 篇论文. 这也许可以解释他异乎寻常快的升迁.

他在法兰克福大学的前 10 多年是他一生最愉快的时期. 他和他的同事德恩(Dehn)教授以及海林格(Hellinger)等副教授相处极好,共同举办数学史讨论班,同时结识了当时的许多数学家,如韦伊(Weil). 其间,他只发表了 5 篇论文.

1935—1936 年,他访问普林斯顿高级研究院,这里优良的环境与欧洲的动荡简直是天壤之别. 这一年他完成二次型的重大突破,发表了 3 篇长文,接着出现新一轮的成果. 1936 年,他到奥斯陆参加国际数学家大会,并报告他关于二次型的工作. 这是他极少参加的两三次学术会议中的一次. 他回到法兰克福后,那里的大学生活让他感到受不了了. 1938 年 1 月,他应聘去哥廷根大学任教授,但那里也好不了多少. 第二次世界大战爆发后,他下定决心离开德国. 他先去挪威访问,在德国占领挪威之前，他及时地乘最后一班船驶向纽约.

从 1940 年初起，他在普林斯顿高级研究院工作，1945 年以后成为终身成员. 1946—1947 年曾回哥廷根大学任教授，1959 年提前退休，但一直讲课到 1967 年. 其间，他曾 4 次去印度孟买塔塔（Tata）研究院讲学，培养出一批印度数学家. 他终生未婚，晚年仍然不断地进行科学研究. 他教学极为出色，尤其重视教师品德. 他的业绩得到普遍承认，被选为法国科学院等科学院的国外院士以及苏黎世理工大学等校的名誉博士. 1978 年荣获首届沃尔夫（Wolf）奖.

西格尔发表了 100 篇论文，5 部专著，另外还有大量的讲义. 西格尔的主要著作收集在四卷《全集》(Gesammelte Abhandlungen，Ⅰ，Ⅱ，Ⅲ，1975；Ⅳ，1979) 中，他的主要工作可分为相互关联的数论、二次型理论、多复变函数及天体力学 4 个方面.

1. 数论

(1) 丢番图逼近. 这是一类研究无理数被有理数逼近的问题，最简单的是实代数数被有理数逼近的问题：如 α 是 n 次实代数数，即 α 满足不可约代数方程

$$a_0 x^n + a_1 x^{n-1} + \cdots + a_n = 0$$

其中 a_i 为整数，$a_0 > 0$. 问题是求最小的 k，使得不等式

$$\left|\alpha - \frac{p}{q}\right| < \frac{1}{q^k}$$

只有有限多个有理数解 $\frac{p}{q}$，$(p,q)=1$. J. 刘维尔（Liouville）开创了这个领域，他证明 $k \geqslant n+\varepsilon$. 图埃在 1908 年证明 $k \geqslant \frac{n}{2}+1+\varepsilon$，在 $n > 2$ 时大大改进了刘维尔的结果. 在西格尔的博士论文中更进一步改进了图埃的结果，他证明 $k \geqslant 2\sqrt{n}+\varepsilon$，后来他改进了这个结果并提出 $k \geqslant 2+\varepsilon$ 的猜想（即 k 与 n 无关）以及联立逼近的方向，这个猜想后来在 1955 年为英国数学家罗斯（Roth）证明，相应的联立逼近也在 1970 年为美国数学家施密特（Schmidt）解决. 西格尔还考虑了代数数被特殊代数数逼近的相应问题.

(2) 丢番图方程. 图埃不仅在丢番图逼近上取得了划时代的进展，更重要的是把丢番图逼近与丢番图方程求解问题联系在一起，西格尔也沿着这个方向继续研究. 特别是他在 1929 年证明了重要定理：如多项式方程组 $f_i(x_1, x_2, \cdots, x_n) = 0$ ($1 \leqslant i \leqslant m$) 在 n 维空间中确定了亏格大于 0 的代数曲线，则不定方程组

$$f_i(x_1, \cdots, x_n) = 0, 1 \leqslant i \leqslant N$$

的有理整数解的个数有限，这个定理被称为西格尔整数点定理，后来，此定理被推广到了定义在整体域中有限型子群上亏格 $g > 0$ 的任意仿射曲线的情况，并因此获

得了各种类型的丢番图方程,但一般情况尚未解决.这个定理只有到1983年才为莫德尔猜想的证明所超过,西格尔在1937年证明,若$(a,b,c)=1$,则$ax^n+by^n=c(n\geqslant 3)$最多只有两个整数解.不过他的方法不是有效的,即不能给出解的上界,一直到1966年贝克(Baker)才发现有效方法.西格尔用的方法是丢番图逼近结合莫德尔(Mordell)及韦伊的方法.

(3) 超越数论.非代数数的数称为超越数,刘维尔在1844年通过丢番图逼近的方式构造了第一种超越数,其后除了证明e及π是超越数外,超越数论几乎没有什么进展.1929年起超越数论开始有所突破,一是希尔伯特第七问题获得解决,其中有他的博士生T.施耐德(Schneider)的贡献,另一个是西格尔提出系统地构造一大批超越数的方法以及证明代数无关性的方法.例如,第一类贝塞尔函数$J_v(z)$即贝塞尔方程

$$z^2\frac{d^2w}{dz^2}+z\frac{dw}{dz}+(z^2-v^2)w=0$$

的解,当v为有理数,z为非零的代数数时,$J_v(z)$均为超越数.特别对任何p次非零整系数多项式$g(x,y)\in z[x,y]$(g的所有系数的绝对值不大于G)及m次代数数ξ,存在只与ξ及p有关的常数C大于0,使得不等式

$$|g(J_0(\xi)),J'_0(\xi)|>CG^{-123p^2m}$$

成立,这表明$J_0(\xi)$与$J'_0(\xi)$在有理数域上代数无关.

对于椭圆函数,西格尔证明,其周期ω_1,ω_2与不变量g_2,g_3不能都是代数数.

西格尔进一步提出E函数理论,E函数是满足以x的有理函数为系数的线性齐次微分方程的函数

$$E(x)=\sum_{n=0}^{\infty}\frac{C_n}{n!}x^n$$

其中C_n属于某代数数域,且满足一定的条件.对于正规E函数组$f_1(x),\cdots,f_m(x)$,西格尔证明,当α属于代数数域时,$f_1(\alpha),\cdots,f_m(\alpha)$是代数无关的超越数.西格尔的方法后来被苏联数学家西德洛夫斯基(Шидловский)推广到满足高阶微分方程的E函数,对超越数论发展产生巨大影响.

(4) 代数数域的加法理论.整数的乘法理论——素因子及唯一分解定理已经推广到代数整数上,但整数的加法理论如四平方和问题及华林(Waring)问题,则首先由西格尔推广到代数数域上.1922年他首先将平方和问题推广到代数数域上,1945年他继而将华林问题进行推广.他的方法是把哈代(Hardy)、李特伍德(Littlewood)的圆法推广.西格尔在推广法雷(Farey)分割及估计劣弧部分中显示出很高的技巧.他证明,数域中的全正数等于数域中4个数的平方和,而且对数域中的华林问题证明了希尔伯特的相应的存在性结果.对于实二次数域他给出全正

数表为 $n(n \geqslant 5)$ 个整数平方的表示数的渐近公式.

(5) 代数数论. 海克在 1917 年引入代数数域的 L 函数,证明它与戴德金 (Dedekind) 在 1877 年引进的代数数域的 ζ 函数有关,从而证明戴德金 ζ 函数的半纯开拓. 西格尔给出另一个证明,他还用它得出二次域的类数. 二次域 $Q(\sqrt{m})$ 的类数 h 早在 1840 年已由狄利克雷(Dirichlet) 得出解析公式,但难算出类数. 当 $m<0$ 时,设判别式为 d 的二次域 k 的类数为 $h(d)$,对此高斯猜想:当 $|d|\to\infty$ 时, $h(d)\to\infty$. 1934 年,海尔布朗(Heilbronn) 证明了这个猜想,1935 年进一步证明了更精确的结果

$$\lim_{|d|\to\infty}\frac{\lg h(d)}{\lg\sqrt{|d|}}=1$$

由此可得出类数一定的虚二次域只有有限多个,特别是后来证明 $h(d)=1$ 的虚二次域只有 9 个. 西格尔在 1935 年也给出一个证明. 当 $m>0$ 时,他证明

$$\lim_{d\to\infty}\frac{\lg h(d)\lg\varepsilon_d}{\lg\sqrt{d}}=1$$

其中 ε_d 为 $Q(\sqrt{m})$ 的基本单元,由于 ε_d 的大小不能确定,所以还不知道是否存在无穷多个 d,使 $h(d)=1$ 成立. 西格尔在证明这个重要结果时用到了海克 L 函数 $L_d(1)$ 与 $h(d)$ 的关系. 其中

$$L_d(s)=\sum_{n=1}^{\infty}\left(\frac{d}{n}\right)n^{-s}$$

这里 $\left(\dfrac{d}{n}\right)$ 是克罗内克记号.

(6) 解析数论. 解析数论的核心是 ζ 函数及 L 函数的黎曼猜想及广义黎曼猜想. 西格尔在 1935 年证明下述西格尔定理:对每个 $\varepsilon>0$,存在正数 $C(\varepsilon)$,使得当 χ 为 $\bmod q$ 实特征但非主特征时,对所有 $s\geqslant 1-C(\varepsilon)q^{-\varepsilon}$,狄利克雷函数 $L(s,\chi)\neq 0$. 前述的类数问题就是靠这个定理证明的. 此定理也被称为西格尔—狄利克雷函数定理.

在此之前,他研究过黎曼的手稿,特别是黎曼关于 ζ 函数的渐近公式,他用新方法证明并给出余项,这个公式后来称为黎曼—西格尔公式. 由此可得出对称形式的函数方程.

2. 二次型理论

整系数二次型理论始于拉格朗日四平方和定理的证明. 但是计算一个整数 t 有多少个表示为 m 个平方和的表示法数 $A(m,t)$ 一直是极困难的问题. 作为这个问题的推广,求 t 被整系数二次型 S 表示的数目 $A(S,t)$,就更不易. 当 S 为正定二次型时,高斯及爱森斯坦(Eisenstein) 考虑三元型的情形,闵科夫斯基(Minkowski) 考

虑过一般情形. 西格尔在 1935—1937 年研究了更一般情形,求一整数对称矩阵 T 被二次型表示的数目 $A(S,T)$,它实际上是求解方程

$$X^\mathrm{T} SX \equiv S[X] = T$$

其中 S 是 $m\times m$ 方阵,T 是 $n\times n$ 方阵 ($m\geqslant n$),X 是 $m\times n$ 矩阵,X^T 是 X 的转置矩阵,当 $S=T$ 时,$A(S,S)$ 记作 $E(S)$. 显然,S 用 S 的等价矩阵(或二次型)S' 置换,$A(S,T)$ 不变. 二次型 S,S' 称为同种(geschlecht),如果对每个 q

$$S[X] \equiv S' \pmod q$$
$$S'[X'] = S \pmod q$$

有解,且两二次型惯性指数相等(当 S,S' 非正定时). 所有同种的二次型可以分成有限多个等价类 $S_1, S_2, \cdots, S_h$. 西格尔证明基本公式

$$\frac{\overline{A}(S,T)}{A_\infty(S,T)} = \prod_p d_p(S,T)$$

其中

$$\overline{A}(S,T) = \sum_{i=1}^h \frac{A(S_i,T)}{E(S_i)} \Big/ \sum_{i=1}^h \frac{1}{E(S)}$$

$$\frac{\overline{A}(S,T)}{A_\infty(S,T)} = \varepsilon \lim_{q\to\infty} \frac{A_q(S,T)}{q^{mn-n(n+1)/2}}$$

$$d_p(S,T) = \lim_{q\to\infty} \frac{A_q(S,T)}{q^{mn-n(n+1)/2}} (q \text{ 为 } p^a)$$

$$\varepsilon = \begin{cases} \dfrac{1}{2}, m=n+1 \text{ 或 } m=n \\ 1, m>n+1 \end{cases}$$

由此可以得出以前的所有公式,特别是 t 表示为 m 个平方和的表示法数. 在以后的论文中西格尔又将其推广到不定二次型情形以及以有限次代数数为系数的二次型的情形.

3. 函数论

西格尔对函数论的研究与二次型理论密切相关,首先他把模函数论从一元推广到多元. 多元模函数论主要有两种,一种是希尔伯特模函数论,一种是西格尔模函数论. 作为上半平面的推广,西格尔引入西格尔上半空间 H_n,它是由 n 阶复对称矩阵 $Z=X+\mathrm{i}Y$ 构成的空间,其中 Z 的虚部 Y 是正定的. 辛群 $S_p(n,R)$ 作用于 H_n 如下

$$M = \begin{pmatrix} A & B \\ C & D \end{pmatrix} \in S_p(n,R)$$

$$M(Z) = (AZ+B)(CZ+D)^{-1}$$

H_n 上的全纯函数 f 称为权 k 的 n 次模形式,如对所有 $M \in S_p(n, \mathbf{Z})$
$$f(\mathbf{M}(\mathbf{Z})) = \det(\mathbf{CZ} + \mathbf{D})^{+k} f(\mathbf{Z})$$
它们构成空间 M_n^k. 西格尔证明:

(1) M_n^k 是 $kn(n+1)/2$ 维向量空间.

(2) 每 $\dfrac{n(n+1)}{2} + 2$ 个模形式都代数相关.

(3) 爱森斯坦级数 $E_n^k(\mathbf{Z}) = \sum\limits_{[C,D]} \det(\mathbf{CZ} + \mathbf{D})^{-k}$ 是权 k 的模形式($\not\equiv 0$).

(4) 他定义模函数为权 k 的两模形式之商,它们构成超越次数为 $\dfrac{n(n+1)}{2}$ 的代数函数域.

(5) 模形式的傅里叶展开 $f(\mathbf{Z}) = \sum\limits_{T \geqslant 0} a(\mathbf{T}) \mathrm{e}^{2\pi \mathrm{i}\, \mathrm{tr}(\mathbf{TZ})}$,系数 $a(\mathbf{T})$ 均为有理数,其中 tr 为迹.

在多复变函数论方面,西格尔在 1935—1950 年间建立了多复变函数的自守函数论. 自守函数论的中心问题是研究自守函数组成的域的代数结构. 西格尔通过不连续群定义 n 变元自守函数,并由此定义基本域. 西格尔对 H_n 定义辛度量 $\mathrm{d}S^2 = \mathrm{tr}(Y^{-1} \mathrm{d}Z Y^{-1} \mathrm{d}\overline{Z})$,以及体积元 $\mathrm{d}V = \dfrac{\mathrm{d}X \mathrm{d}Y}{\det Y^{n+1}}$,由此可得出其几何性质,对于辛群的不连续群,西格尔得出一系列重要结果. 例如,当基本域为紧致时,任 $n+1$ 个自守函数均代数相关,可选择 $n+1$ 个自守函数 $f_0, f_1, \cdots, f_n$,任何自守函数可表示为它们的有理函数. 他还构造了一系列基本域,包括紧致的和非紧致的. 这些例子都与代数群的算术子群有关.

(刘培杰数学工作室改编自胡作玄先生的介绍)

第 8 章　　指数函数

在超越数方面最为著名的结果就是林德曼在 1882 年所证明的 π 的超越性. 他的方法基于埃尔米特先前的工作, 埃尔米特在 1873 年发现了 e 的超越性. 这两个结果都包含在广义的林德曼—魏尔斯特拉斯 (Lindemann-Weierstrass) 定理之中, 这个定理我们将在本章 §12 中证明. 我们先从几个比较简单的问题, 就是先从 e 和 π 的无理性及一些有关的问题开始.

§1　e 的无理性

e 的无理性的常见的证明如下: 分级数

$$e = \sum_{k=0}^{\infty} \frac{1}{k!}$$

为两部分

$$e = s_n + r_n, s_n = \sum_{k=0}^{n} \frac{1}{k!}, r_n = \sum_{k=n+1}^{\infty} \frac{1}{k!}, n = 1, 2, \cdots$$

因为

$$r_n = \frac{1}{(n+1)!}(1 + \frac{1}{n+2} + \frac{1}{(n+2)(n+3)} + \cdots) < \frac{e-1}{(n+1)!}$$

所以我们得到

$$e = s_1 + r_1 < 2 + \frac{e-1}{2}, e < 3$$

因此

$$0 < r_n < \frac{2}{(n+1)!}$$

令

$$n!\, s_n = a_n, n!\, r_n = b_n$$

则 a_n 是整数而

$$0 < b_n < \frac{2}{n+1} \leqslant 1, n = 1, 2, \cdots$$

这证明了 $n!\, e(n!\, e = a_n + b_n)$ 绝不是一个整数, 从而 $n e$ 绝不是一个整数. 换句话说，e 是无理数．

假如我们用 e^{-1} 的级数来代替 e 的级数，则证明就更简单些．此时

$$e^{-1} = \sigma_n + \rho_n, \sigma_n = \sum_{k=0}^{n} \frac{(-1)^k}{k!}, \rho_n = \sum_{k=n+1}^{\infty} \frac{(-1)^k}{k!}$$

及

$$0 < (-1)^{n+1}\rho_n = \frac{1}{(n+1)!} - \frac{1}{(n+2)!} + \cdots < \frac{1}{(n+1)!}$$

令

$$n!\ \sigma_n = \alpha_n, n!\ \rho_n = \beta_n$$

则可知 α_n 是整数及

$$0 < (-1)^{n+1}\beta_n < \frac{1}{n+1} < 1$$

所以 $n!\ e^{-1}(n!\ e^{-1} = \alpha_n + \beta_n)$ 绝不是一个整数，从而 ne^{-1} 绝不是一个整数．

我们还可以证明得更多一点，即证明 e 不是一个二次方程 $ax^2 + bx + c = 0$ 的根，这里 a, b, c 是不全为 0 的整数．考虑式子

$$E_n = n!\ (ae + ce^{-1})$$

其中整数 a 和 c 不同时为 0．把此式的右端展开，便有

$$E_n = S_n + R_n$$
$$S_n = aa_n + c\alpha_n$$
$$R_n = ab_n + c\beta_n$$

其中 S_n 是整数，而绝对值

$$|R_n| \leq |ab_n| + |c\beta_n| < \frac{2|a| + |c|}{n+1}$$

因此对于所有不小于 $2|a| + |c|$ 的 n，都有

$$|R_n| < 1$$

另外从递推公式

$$nR_{n-1} - R_n = a(nb_{n-1} - b_n) + c(n\beta_{n-1} - \beta_n) = a + (-1)^n c$$

可知，3 个数 R_{n-1}, R_n, R_{n+1} 中至少有一个异于 0，否则即得 $a + c = 0, a - c = 0$，即 $a = 0, c = 0$．这证明了存在一个正整数 ν，使得 E_ν 不是整数，因此对于任何整数 b，数

$$b + \frac{E_\nu}{\nu!} = ae + b + ce^{-1}$$

常不等于 0．这就是说，对于任意的不全为 0 的整数 a, b, c 常有

$$ae^2 + be + c \neq 0$$

换句话说，e 不是一个二次无理数．

§2 运算子 $f(\mathrm{D})$

我们用 D 表示关于变数 x 的微分. 假如
$$f(t) = a_0 + a_1 t + a_2 t^2 + \cdots$$
是一个幂级数,它的系数 $a_0, a_1, a_2, \cdots$ 是实数或者复数;$\varphi = \varphi(x)$ 是 x 的一个函数,那么我们定义
$$f(\mathrm{D})\varphi = \sum_{n=0}^{\infty} a_n \mathrm{D}^n \varphi = \sum_{n=0}^{\infty} a_n \frac{\mathrm{d}^n \varphi}{\mathrm{d}x^n} \tag{1}$$

为了避免收敛性与可微分性的问题,我们将只应用运算子 $f(\mathrm{D})$ 于下面两种情况:或者 φ 是一个多项式,或者 f 是一个多项式,而 φ 具有各级导数. 在这两种情况下,级数(1)都是有限的.

对于二幂级数 $f_1(t)$ 及 $f_2(t)$,显然有
$$(f_1(\mathrm{D}) + f_2(\mathrm{D}))\varphi = f_1(\mathrm{D})\varphi + f_2(\mathrm{D})\varphi$$
$$(f_1(\mathrm{D}) f_2(\mathrm{D}))\varphi = f_1(\mathrm{D})(f_2(\mathrm{D})\varphi) \tag{2}$$

假如 $a_0 \neq 0$,则
$$f^{-1}(t) = b_0 + b_1 t + \cdots, \quad b_0 = a_0^{-1}$$
存在,且由(2)知,对于多项式 φ 有
$$f^{-1}(\mathrm{D})(f(\mathrm{D})\varphi) = \varphi$$

假如幂级数 f 及多项式 φ 都具有整系数,则 $f(\mathrm{D})\varphi$ 也具有整系数;如 $a_0 = \pm 1$,则 $f^{-1}(\mathrm{D})\varphi$ 也具有整系数.

我们定义
$$J\varphi = \int_0^x \varphi(t) \mathrm{d}t$$
于是
$$\mathrm{D}J\varphi = \varphi(x), \quad J\mathrm{D}\varphi = \varphi(x) - \varphi(0)$$
及
$$J^{n+1}\varphi = \int_0^x \frac{(x-t)^n}{n!} \varphi(t) \mathrm{d}t, \quad n = 0, 1, \cdots \tag{3}$$

我们特别对 $\varphi = \mathrm{e}^{\lambda x} P$ 的情况感兴趣,其中 λ 是一个常数,$P = P(x)$ 是一个多项式. 因为
$$\mathrm{D}(\mathrm{e}^{\lambda x} P) = \mathrm{e}^{\lambda x} (\lambda + \mathrm{D}) P$$
所以

$$D^n(e^{\lambda x}P) = e^{\lambda x}(\lambda+D)^n P, n=1,2,\cdots \tag{4}$$

而且

$$(\lambda+D)^n P = Q(x) \tag{5}$$

仍旧是一个多项式. 反之, 假如任意给定 $\lambda \neq 0$ 及多项式 Q, 则由 (5) 得出

$$P = (\lambda+D)^{-n} Q$$

而且这是微分方程

$$D^n(e^{\lambda x} P) = e^{\lambda x} Q$$

的唯一的多项式解. 当 $\lambda = \pm 1$ 时, 假如多项式 Q 具有整系数, 则多项式 P 也具有整系数.

§3 用有理函数逼近 e^x

我们现在来确定出两个 n 次多项式 $A=A(x)$ 及 $B=B(x)$, 使得和 $e^x + \dfrac{A}{B}$ 在点 $x=0$ 有一 $2n+1$ 次零点. 从这个条件即可得到

$$Be^x + A = R = cx^{2n+1} + \cdots \tag{6}$$

这里 $R=R(x)$ 是从 x 的 $2n+1$ 次方开始的幂级数. 我们写出 A 和 B 使之带有未定系数, 并使 (6) 两端方次为 $0, 1, \cdots, 2n$ 的项的系数依次相等, 于是得到了以 A 和 B 的 $2n+2$ 个未定系数为未知数的 $2n+1$ 个齐次线性方程. 这证明了 (6) 有不全为 0 的解 A, B. 并且由此可以推出 $c \neq 0$.

为了得出 A 和 B 的具体公式, 我们对式 (6) 微分 $n+1$ 次, 于是得到

$$D^{n+1}(Be^x) = D^{n+1} R$$
$$e^x(1+D)^{n+1} B = D^{n+1} R = c_0 x^n + \cdots \tag{7}$$

这里

$$c_0 = (2n+1)\cdots(n+1)c$$

由于 $(1+D)^{n+1} B$ 是一个次数不超过 n 的多项式, 所以

$$(1+D)^{n+1} B = e^{-x}(c_0 x^n + \cdots) = c_0 x^n + \cdots = c_0 x^n \tag{8}$$

即

$$B = c_0(1+D)^{-n-1} x^n$$

用同样的方法可以求得 A 即

$$D^{n+1}(Ae^{-x}) = D^{n+1}(Re^{-x})$$
$$e^{-x}(-1+D)^{n+1} A = c_0 x^n + \cdots$$
$$(-1+D)^{n+1} A = e^x(c_0 x^n + \cdots) = c_0 x^n + \cdots = c_0 x^n$$

这证明,除了任意的常数因子 c_0 外,A 和 B 是唯一的. 如果取 $c_0=1$,则
$$A(x)=(-1+\mathrm{D})^{-n-1}x^n, B(x)=(1+\mathrm{D})^{-n-1}x^n \tag{9}$$
都具有整系数. 然后,由(7)和(8)知
$$\mathrm{D}^{n+1}R=x^n\mathrm{e}^x$$
因为 R 和它的首 n 次导数在点 $x=0$ 的值都等于 0,所以由(3),得到
$$R=\mathrm{J}^{n+1}\mathrm{D}^{n+1}R=\frac{1}{n!}\int_0^x(x-t)^n t^n \mathrm{e}^t \mathrm{d}t, n=0,1,\cdots$$
即
$$R(x)=\frac{x^{2n+1}}{n!}\int_0^1 t^n(1-t)^n \mathrm{e}^{tx}\mathrm{d}t, n=0,1,\cdots \tag{10}$$
于(10)中以 $1-t$ 代 t,得到
$$R(x)=\frac{x^{2n+1}}{n!}\int_0^1 t^n(1-t)^n \mathrm{e}^{(1-t)x}\mathrm{d}t$$
所以最后得到
$$R(x)=\frac{x^{2n+1}}{n!}\mathrm{e}^{\frac{x}{2}}\int_0^1 t^n(1-t)^n \cosh\{(t-\frac{1}{2})x\}\mathrm{d}t, n=0,1,\cdots \tag{11}$$

§4 对于有理数 $a\neq 0$,数 e^a 的无理性

由(10)可知,对于任何复数 x 有
$$|R(x)|\leqslant \frac{|x|^{2n+1}}{n!}\mathrm{e}^{|x|} \tag{12}$$
又对于任何正数 x 有
$$R(x)>0 \tag{13}$$

现在设 $x=m$ 是一个正整数,于是 $A(m)$ 和 $B(m)$ 都是整数. 设 e^m 是有理数,且 $q>0$ 是它的分母,则由(6)知
$$qR(m)=r$$
是整数. 但由(12)和(13),对于所有充分大的 n 有
$$0<r\leqslant q\frac{m^{2n+1}}{n!}\mathrm{e}^m=qm\mathrm{e}^m\frac{m^{2n}}{n!}<1$$
这是一个矛盾.

因此,所有的乘幂 $\mathrm{e}^m(m=1,2,\cdots)$ 都是无理数. 假如 a 是任意一个不等于 0 的有理数,则可以把它写成 $a=\dfrac{m}{r}$,其中整数 $m>0, r\neq 0$. 由 $\mathrm{e}^m=(\mathrm{e}^a)^r$ 即知,对于任

意有理数 $a \neq 0$,数 e^a 都是无理数.

§5 π 的无理性

我们已知,n 次多项式 $A(x)$ 与 $B(x)$ 由公式
$$B(x)e^x + A(x) = R(x) = cx^{2n+1} + \cdots \tag{14}$$
唯一地决定,其中 $c \neq 0$ 是已给的常数.以 $-x$ 代 x,并乘以 e^x,便得
$$A(-x)e^x + B(-x) = e^x R(-x) = -cx^{2n+1} + \cdots$$
因此
$$A(-x) = -B(x) \tag{15}$$
此式也可以用 A 和 B 的表示式(9)来证明.

取 $x = \pi i$,并应用(11)(14)及(15),则有
$$e^{\frac{x}{2}} = i, \cosh\{(t-\frac{1}{2})x\} = \cos\{(t-\frac{1}{2})\pi\} = \sin \pi t$$
$$A(\pi i) + A(-\pi i) = R(\pi i) \tag{16}$$
$$R(\pi i) = (-1)^{n+1} \frac{\pi^{2n+1}}{n!} \int_0^1 t^n (1-t)^n \sin \pi t \, dt \tag{17}$$
被积函数在区间 $0 < t < 1$ 中是正的,所以
$$R(\pi i) \neq 0 \tag{18}$$

函数 $A(x) + A(-x)$ 是变数 x^2 的 $\nu = [\frac{n}{2}]$ 次整系数多项式.倘若 π^2 是一个有理数,$q > 0$ 是它的分母,则由(16)知,数是一整数.但由(17)和(18)可知,对于所有充分大的 n 有
$$0 < |j| \leqslant \frac{q^{\frac{n}{2}} \pi^{2n+1}}{n!} < 1$$
此矛盾证明了 π^2 是无理数,因而 π 本身也是无理数.

§6 对于有理数 $a \neq 0$,数 $\tan a$ 的无理性

令
$$A(x) - A(-x) = xP(x^2)$$
$$A(x) + A(-x) = Q(x^2)$$

于是 $P=P(x^2), Q=Q(x^2)$ 分别是 x^2 的 $\left[\dfrac{n-1}{2}\right], \left[\dfrac{n}{2}\right]=\nu$ 次整系数多项式，且
$$2A(x)=Q+xP$$
$$2A(-x)=Q-xP$$
以 $e^{-\frac{x}{2}}$ 乘(14)，并利用(11)(15)，则得
$$A(x)e^{-\frac{x}{2}}-A(-x)e^{\frac{x}{2}}=R(x)e^{-\frac{x}{2}}$$
$$xP\cosh\frac{x}{2}-Q\sinh\frac{x}{2}=R(x)e^{-\frac{x}{2}}=$$
$$\frac{x^{2n+1}}{n!}\int_0^1 t^n(1-t)^n\cosh\{(t-\frac{1}{2})x\}\mathrm{d}t=$$
$$S(x) \quad （定义） \tag{19}$$

现在设 $a^2=\pm b$ 是一个不等于 0 的有理数，并设 $\tanh a/a$ 也是有理数. 置 $x=2a$，并以 $q>0$ 表示 $x^2=4a^2=\pm 4b$ 是分母. 于是
$$x\cosh\frac{x}{2}=\gamma r$$
$$\sinh\frac{x}{2}=\gamma s$$
这里 ν,s 是整数，而 $\gamma\neq 0$. 数 $q^\nu P(x^2), q^\nu Q(x^2)$ 都是整数，所以由(19)可知
$$\gamma^{-1}q^\nu S(x)=j$$
也是一个整数，然而
$$|j|\leqslant\left|\frac{x}{\gamma}\right|e^{\frac{|x|}{2}}\frac{q^{\frac{n}{2}}|x|^{2n}}{n!}\to 0, n\to\infty$$
所以我们若能证明 $R(x)\neq 0$，则可得出矛盾. 在 $x^2\geqslant-\pi^2$ 时，因为(19)中的被积函数在区间 $0<t<1$ 上是正的，所以不等式 $R(x)\neq 0$ 显然成立. 为了完成其余情况的证明，我们更详细地记 $A=A_n, B=B_n, R=R_n, c=c_n$，于是
$$B_n e^x+A_n=R_n=c_n x^{2n+1}+\cdots$$
$$B_{n-1}e^x+A_{n-1}=R_{n-1}=c_{n-1}x^{2n-1}+\cdots, n=1,2,\cdots$$
$$A_{n-1}B_n-A_n B_{n-1}=R_{n-1}B_n-R_n B_{n-1}=$$
$$c_{n-1}B_n(0)x^{2n-1}+\cdots=c_{n-1}B_n(0)x^{2n-1} \tag{20}$$
因为 $A_{n-1}B_n-A_n B_{n-1}$ 是 x 的一个 $2n-1$ 次多项式. 若 $B_n(0)=0$，则 $A_n(0)=B_n(0)=R_n(0)=0$，而公式
$$(B_{n-1}+x^{-1}B_n)e^x+(A_{n-1}+x^{-1}A_n)=c_{n-1}x^{2n-1}+\cdots$$
将与 A_{n-1}, B_{n-1} 的唯一性相冲突，所以 $B_n(0)\neq 0$. 这一点也可以从式子 $B(x)=(1+D)^{-n-1}x^n$ 得到证明，因为 $B_n(0)=\begin{pmatrix}-n-1\\ n\end{pmatrix}n!\neq 0$.

由(20)可知,对于任何 $x \neq 0, R_{n-1}B_n - R_n B_{n-1} = 0$,所以数 $R_{n-1}(x), R_n(x)$ 中至少有一个异于 0. 所以我们证明了:当 a^2 是不等于 0 的有理数时,$\tanh a/a$ 是无理数.

将实数情形和虚数情形分开,可知,对于任何正有理数 b,$\tanh \sqrt{b}/\sqrt{b}$ 及 $\tan \sqrt{b}/\sqrt{b}$ 都是无理数. 特别地,对于任何有理数 $a \neq 0$,$\tan a$ 是无理数. 因为 $\tan \frac{\pi}{4} = 1$ 是有理数,所以这个证明包含了 π 是无理数的证明.

§7 函数 $P_1 \mathrm{e}^{\rho_1 x} + \cdots + P_m \mathrm{e}^{\rho_m x}$

我们来研究下面的问题:设已给 m 个互不相同的复数 $\rho_1, \cdots, \rho_m$ 及 m 个非负整数 $n_1, \cdots, n_m$,并设

$$\sum_{k=1}^{m}(n+1) = N+1 \tag{21}$$

要定出 m 个次数分别是 $n_1, \cdots, n_m$ 的多项式 $P_1(x), \cdots, P_m(x)$,使得函数

$$R = P_1 \mathrm{e}^{\rho_1 x} + \cdots + P_m \mathrm{e}^{\rho_m x} \tag{22}$$

在 $x = 0$ 有一个 N 次零点. 对特别的情况:$m=2, n_1 = n_2, \rho_1 = 1, \rho_2 = 0$,这个问题的解已在本章§3中给出了.

写出 $P_1, \cdots, P_m$ 使之带有未定系数,并考虑 R 的幂级数展开式中次数为 $0, 1, \cdots, N-1$ 的各项,我们便得到以 $(n_1+1) + \cdots + (n_m+1)$ 个未定系数为未知数的 N 个齐次线性方程. 由于(21),可知此方程组有一不全为 0 的解. 这证明了存在 m 个不全恒等于 0 而次数不大于 n_k 的多项式 $P_k(x)(k=1, \cdots, m)$,使得 R 的幂级数取如下的形式

$$R = c \frac{x^N}{N!} + \cdots \tag{23}$$

这里 c 是某个常数.

在 $m = 1$ 的情况,解显然是

$$P_1 = c \frac{x^{n_1}}{n_1!}$$

所以 $c \neq 0$. 对任何 m,也可以推出式(23)中的常数 c 不等于 0,并且对于任何已给的 $c \neq 0$,解是唯一的.

更详细地写 $N = N_m$,并设 $m > 1$. 于是由(4)和(22)知

$$\mathrm{D}^{n_m+1}(R \mathrm{e}^{-\rho_m x}) = \sum_{k=1}^{m} \mathrm{D}^{n_m+1}(\mathrm{e}^{(\rho_k - \rho_m)x} P_k) =$$

$$\sum_{k=1}^{m-1} e^{(\rho_k-\rho_m)x}(\rho_k-\rho_m+D)^{n_m+1}P_k \tag{24}$$

由(23)知

$$D^{n_m+1}(Re^{-\rho_m x}) = cD^{n_m+1}(\frac{x^{N_m}}{N_m!}e^{-\rho_m x}) + \cdots = c\frac{x^{N_{m-1}}}{N_{m-1}!} + \cdots \tag{25}$$

因为 $m-1$ 个多项式

$$Q_k = (\rho_k - \rho_m + D)^{n_m+1}P_k, k=1,\cdots,m-1$$

与 $P_k(k=1,\cdots,m-1)$ 正好有相同的次数，所以它们也不全恒等于 0. 由(24)及(25)可知，若以 $m-1, \rho_1-\rho_m,\cdots,\rho_{m-1}-\rho_m$ 分别代替 $m,\rho_1,\cdots,\rho_m$，则函数

$$S = D^{n_m+1}(Re^{-\rho_m x}) = Q_1 e^{(\rho_1-\rho_m)x} + \cdots + Q_{m-1} e^{(\rho_{m-1}-\rho_m)x}$$

即为我们所求问题的解，此函数与 R 有相同的常数 c，现在我们得到

$$P_k = (\rho_k - \rho_m + D)^{-n_m-1}Q_k, k=1,\cdots,m-1$$

以及(由于(3))

$$R = e^{\rho_m x}J^{n_m+1}S = e^{\rho_m x}\int_0^x \frac{(x-t)^{n_m}}{n_m!}S(t)dt \tag{26}$$

关于 m 来做归纳法. 我们可以假定 $c=1$，于是

$$P_1 = \prod_{l=2}^m (\rho_1 - \rho_l + D)^{-n_l-1}\frac{x^{n_1}}{n_1!}$$

一般地

$$P_k = \prod_{\substack{l=1\\l\neq k}}^m (\rho_k - \rho_l + D)^{-n_l-1}\frac{x^{n_k}}{n_k!}, k=1,\cdots,m \tag{27}$$

为了具体地定出 R，我们先考虑 $m=2$ 的情况. 由(26)知

$$R = e^{\rho_2 x}\int_0^x \frac{(x-t)^{n_2}}{n_2!}e^{(\rho_1-\rho_2)t}\frac{t^{n_1}}{n_1!}dt =$$
$$\int_{\substack{t_1+t_2=x\\t_1>0,t_2>0}} \frac{t_1^{n_1}t_2^{n_2}}{n_1!\,n_2!}e^{\rho_1 t_1+\rho_2 t_2}dt_1, x>0$$

假定公式

$$R(x) = \int\cdots\int_{\substack{t_1+\cdots+t_m=x\\t_1>0,\cdots,t_m>0}} \prod_{k=1}^m (\frac{t_k^{n_k}}{n_k!}e^{\rho_k t_k})dt_1\cdots dt_{m-1}, x>0 \tag{28}$$

当以 $m-1(\geq 1)$ 代替 m 时已成立，则

$$S(t) = \int\cdots\int_{\substack{t_1+\cdots+t_{m-1}=t\\t_1>0,\cdots,t_{m-1}>0}} \prod_{k=1}^{m-1}(\frac{t_k^{n_k}}{n_k!}e^{(\rho_k-\rho_m)t_k})dt_1\cdots dt_{m-2}, t>0$$

将此式代入(26)，并令 $t_m = x-t$，即知式(28)对于 m 也成立.

我们称 $R = P_1 e^{\rho_1 x} + \cdots + P_m e^{\rho_m x}$ 为一个渐近式.

§8 $R(1)$ 的估值

从式(28)我们可以引出两个重要的结论：对于任意的互不相同的复数 $\rho_1, \cdots, \rho_m$，我们有上估值

$$|R(1)| \leqslant \frac{e^{|\rho_1| + \cdots + |\rho_m|}}{n_1! \cdots n_m!} \tag{29}$$

对于任意的互不相同的实数 $\rho_1, \cdots, \rho_m$，我们有下估值

$$R(1) > 0 \tag{30}$$

§9 $P_k(1)$ 及其分母的估值

我们利用展开式

$$(\omega + D)^{-n-1} = \omega^{-n-1} \sum_{r=0}^{\infty} \binom{-n-1}{r} \omega^{-r} D^r, \omega \neq 0 \tag{31}$$

来求出(27)中 P_k 的一个估值. 如以 M 表示 $m(m-1)/2$ 个数 $|\rho_k - \rho_l|^{-1}$ ($1 \leqslant k < l \leqslant m$) 的极大值，则有

$$\left| (\rho_k - \rho_l + D)^{-n_l - 1} \frac{x^{n_k}}{n_k!} \right| \leqslant M^{n_l + 1} \sum_{r=0}^{\infty} \binom{-n_l - 1}{r} M^r D^r \frac{x^{n_k}}{n_k!} =$$

$$(M^{-1} - D)^{-n_l - 1} \frac{x^{n_k}}{n_k!}, x > 0, l \neq k$$

因此

$$|P_k(x)| \leqslant \prod_{\substack{l=1 \\ l \neq k}}^{m} (M^{-1} - D)^{-n_l - 1} \frac{x^{n_k}}{n_k!} =$$

$$(M^{-1} - D)^{n_k - N} \frac{x^{n_k}}{n_k!}, x > 0$$

再有

$$(M^{-1} - D)^{n_k - N} \frac{x^{n_k}}{n_k!} = M^{N - n_k} \sum_{r=0}^{n_k} \binom{N - n_k + r - 1}{r} M^r D^r \frac{x^{n_k}}{n_k!} \leqslant$$

$$\sum_{r=0}^{n_k} \binom{N}{r} M^{N - n_k + r} x^{n_k - r} \leqslant$$

$$(1+1)^N(M+x)^N = (2M+2x)^N, x > 0$$

所以
$$|P_k(1)| \leqslant (2M+2)^N, k=1,\cdots,m \tag{32}$$

假如 $\rho_1,\cdots,\rho_m$ 是代数数,则 $P_k(1)$ 也是代数数. 为了求出 $P_k(1)$ 的分母的估值,我们取一正有理整数 q,使 $\frac{m(m-1)}{2}$ 个代数数 $\frac{q}{\rho_k-\rho_l}(1\leqslant k<l\leqslant m)$ 都是代数整数. 于是由(27)和(31)可知,$n_k! \; q^N P_k(1)$ 是代数整数.

§10 对于实代数数 $a \neq 0$,数 e^a 的超越性

设 $a \neq 0$ 是一个实代数数,并设 e^a 也是代数数. 我们引进由 a 及 e^a 所生成的代数数域 K,并以 h 表示它在有理数域上的次数. 对于 K 中的任意一个数 ξ,我们定义它的矩 $N(\xi) = \xi^{(1)}\cdots\xi^{(h)}$,就是 ξ 的 h 个共轭数 $\xi^{(1)},\cdots,\xi^{(h)}$ 的乘积. 又定义
$$|\bar{\xi}| = \max(|\xi^{(1)}|,\cdots,|\xi^{(n)}|)$$

取 $m=h+1, \rho_k=(k-1)a(k=1,\cdots,m), n_1=n_2=\cdots=n_m=n\geqslant 1$,其中数 n 将取得充分大,并以 $c_1, c_2, \cdots$ 表示与 n 无关的正有理整数.

现在数 $P_k(1)$ 在 K 中,应用(27)于 K 的 h 个共轭域,则得(由(32))
$$|\overline{P_k(1)}| < c_1^n \tag{33}$$

因为 $N = m(n+1)-1 = mn+h < c_2 n$. 又
$$R(1) = P_1(1)e^{\rho_1} + \cdots + P_m(1)e^{\rho_m}$$

也在 K 中. 由上节关于 $P_k(1)$ 的分母的估值可知,我们能确定出一数
$$T = c_3^n n! \tag{34}$$

使得
$$\xi = TR(1)$$

是 K 中的一个整数. 由(30)知,此整数不等于 0,所以
$$|N(\xi)| \geqslant 1 \tag{35}$$

另外,由(29)和(34),对于 ξ 的一个共轭数,例如 $\xi = \xi^{(1)}$,我们有
$$|\xi| < c_4^n (n!)^{-h}$$

但此式对于任一其余的共轭数 $\xi^{(2)},\cdots,\xi^{(h)}$ 未必成立,因为 $h-1$ 个数 $e^x(x = \rho_k^{(2)},\cdots,\rho_k^{(h)})$ 可能不共轭于 $e^{\rho_k^{(1)}}$. 但由(33)及(34),对于 ξ 的所有共轭数,我们可得估值

$$|\bar{\xi}| < c_5^n n!$$

因此，对所有充分大的 n

$$|N(\xi)| < c_4^n (n!)^{-h} (c_5^n n!)^{h-1} = \frac{c_6^n}{n!} < 1$$

这和(35)相矛盾.

这证明了：对于任何实代数数 $a \neq 0$，数 e^a 是一个超越数．特别 e 本身是超越数.

§11 m 个渐近式的行列式

上述证明中的主要点就是代数数 ξ 不等于 0 这一事实，而这是根据(30)得出的．倘若 $\rho_1, \cdots, \rho_m$ 仍旧是任意的互不相同的复数，则我们不再能断言 $R(1) \neq 0$. 为了克服这个困难，我们按照下面的方法进行．

对于任意一个固定的 $k = 1, 2, \cdots, m$，我们取 $n_l = n \geq 1 (l = 1, 2, \cdots, k)$ 及 $n_l = n - 1 (l = k+1, \cdots, m)$，并记其对应的渐近式为

$$R_k = P_{k1} e^{\rho_1 x} + \cdots + P_{km} e^{\rho_m x}, k = 1, \cdots, m$$

多项式 P_{kl} 的次数是 n_l，此数等于 n 或 $n-1$ 须视 $k \geq l$ 或 $k < l$ 而定．现在我们来研究 P_{kl} 的行列式 $\Delta = \Delta(x)$. 它的 $m!$ 个项都是 x 的多项式，除对应于主对角线那一项的次数是 mn 外，其余任何一项的次数都小于 mn. 由此可见，多项式 Δ 正好是 mn 次的．

记 Δ 第一列各元素的代数余子式为 $\Delta_1, \cdots, \Delta_m$，于是有

$$\Delta = (\Delta_1 R_1 + \cdots + \Delta_m R_m) e^{-\rho_1 x} \tag{36}$$

函数 R_k 在 $x = 0$ 有一

$$(n_1 + \cdots + n_m) + m - 1 = mn + k - 1 \geq mn$$

次零点，所以 Δ 在 $x \neq 0$ 有一至少是 mn 次的零点．这证明了

$$\Delta(x) = \gamma x^{mn}, \Delta(1) = \gamma \neq 0$$

于是由(36)得出：m 个数 $R_k(1) (k = 1, \cdots, m)$ 中至少有一个不等于 0. 这已足以推广 §10 的证明于 a 是不等于 0 的复代数数的情况，即可以证明：对于任何的复代数数 $a \neq 0$，数 e^a 是超越数．特别地，因为 $e^{2\pi i} = 1$ 是代数数，所以 π 是超越数.

§12 代数无关

设 p 个代数数 $a_1, \cdots, a_p$ 适合一个齐次线性方程 $g_1 a_1 + \cdots + g_p a_p = 0$，于此系数

$g_1,\cdots,g_p$ 是不全为 0 的整数,则 p 个数 $\eta_k = e^{a_k}(k=1,\cdots,p)$ 适合代数方程 $\eta_1^{g_1}\cdots\eta_p^{g_p}=1$,其中系数是有理数. 现在我们来证明其逆:假如 $a_1,\cdots,a_p$ 是这样的代数数,使得对于任何的不全为 0 的有理整数 $g_1,\cdots,g_p$,常有 $g_1a_1+\cdots+g_pa_p \neq 0$,则 p 个数 $e^{a_k}(k=1,\cdots,p)$ 不适合任何一个具有代数系数的代数方程. 当 $p=1$ 时,这就表示:对于任何代数数 $a \neq 0$,数 e^a 是超越数. 特别地,因为 $e^{2\pi i}=1$,所以 π 是超越数.

假定这个命题不成立,则存在 p 个变数 $y_1,\cdots,y_p$ 的一个多项式 $G=G(y_1,\cdots,y_p)$,它具有不全为 0 的代数整系数,使得当 $y_k=e^{a_k}(k=1,\cdots,p)$ 时 G 等于 0. 设 d 是 G 的总次数,h 是由 $a_1,\cdots,a_p$ 及 G 的系数所生成的代数数域 K 的次数. 我们选取一有理整数 $f>d$,使得

$$\prod_{k=1}^{p}(f-d+k) > \left(1-\frac{1}{h}\right)\prod_{k=1}^{p}(f+h) \tag{37}$$

这样的选择是可能的,因为当把上式两端看作 f 的多项式时,左端最高次幂的系数与右端最高次幂的系数之差是一正数 $\frac{1}{h}$.

总次数不大于 f 及不大于 $f-d$ 的所有单项式 $y_1^{g_1}\cdots y_p^{g_p}$ 的数目分别是 $m=\binom{f+p}{p}$ 及 $r=\binom{f-d+p}{p}$. 我们分别用 $Y_1,\cdots,Y_m$ 及 $Z_{m-r+1},\cdots,Z_m$ 来表示它们,于是得到

$$Z_kG = \alpha_{k1}Y_1+\cdots+\alpha_{km}Y_m, k=m-r+1,\cdots,m$$

其中 α_{kl} 或者是 0 或者是 G 的一个系数. 因为各多项式 Z_kG 不适合任何一个具有不全为 0 的常数系数的齐次线性方程,所以 r 行的系数矩阵 (α_{kl}) 的秩显然是 r.

令

$$Y_l = y_1^{g_{l1}}\cdots y_p^{g_{lp}}, \rho_l = g_{l1}a_1+\cdots+g_{lp}a_p, l=1,\cdots,m$$

于是 $\rho_1,\cdots,\rho_m$ 是 K 中 m 个互不相同的数,并且

$$\alpha_{k1}e^{\rho_1}+\cdots+\alpha_{km}e^{\rho_m}=0, k=m-r+1,\cdots,m$$

现在研究 §11 中的 m 个渐近式

$$R_k(x) = P_{k1}(x)e^{\rho_1 x}+\cdots+P_{km}(x)e^{\rho_m x}, k=1,\cdots,m$$

已知 m 级矩阵 $(\boldsymbol{P}_{kl}(1))$ 有一不为 0 的行列式 $\Delta(1)$. 所以可以取出其中的 $m-r$ 行,例如说 $k=k_1,\cdots,k_{m-r}$ 的那几行,与矩阵 $(\boldsymbol{a}_{kl})$ 的 r 行合并构成一个值不为 0 的行列式. 记

$$\boldsymbol{P}_{k_tl}(1) = \alpha_{tl}, R_{k_t}(1) = \beta_t, t=1,\cdots,m-r$$

则有

$$\alpha_{k1}e^{\rho_1}+\cdots+\alpha_{km}e^{\rho_m} = \beta_k, k=1,\cdots,m$$

当 $k=m-r+1,\cdots,m$ 时,其中的 $\beta_k=0$. 设 A 表示 α_{kl} 的行列式,$A_1,\cdots,A_m$ 表示对应于第一列各元素的代数余子式,则得

$$0 \neq A = (A_1\beta_1 + \cdots + A_{m-r}\beta_{m-r})e^{-\rho_1} \tag{38}$$

现在我们利用 §9 的结果. 因为 $n_l=n$ 或 $n-1$,所以可以确定出一数

$$T = c_7^n n!$$

使得 $(m-r)m$ 个数 $T\alpha_{kl}(k=1,\cdots,m-r;l=1,\cdots,m)$ 都是 K 中的整数. 由此可知 $T^{m-r}A$ 也是 K 中的整数,因此

$$|N(A)| \geqslant T^{h(r-m)} = c_8^{-n}(n!)^{h(r-m)} \tag{39}$$

然后,由(32)知

$$|\overline{\alpha_{kl}}| < c_9^n, k=1,\cdots,m, l=1,\cdots,m \tag{40}$$

$$|\overline{A}| < c_{10}^n \tag{41}$$

另外,由(29)知

$$|\beta_t| < c_{11}n^m(n!)^{-m} < c_{12}^n(n!)^{-m}, t=1,\cdots,m-r$$

于是由(38)及(40)知

$$|A| < c_{13}^n(n!)^{-m} \tag{42}$$

由估值(41)和(42)得出

$$|N(A)| < c_{14}^n(n!)^{-m}$$

令 $n \to \infty$,再与(39)比较,即可得出

$$m \leqslant h(m-r)$$

$$r \leqslant (1-\frac{1}{h})m$$

根据 m 及 r 的定义,这和(37)相矛盾.

这个结果可以换另一种方式来叙述. 设 $b_1,\cdots,b_r$ 是互不相同的代数数,并设这 r 个数中有 p 个而且最多也只有 p 个在有理数域中是线性无关的;则可以找出 p 个线性无关的代数数 $a_1,\cdots,a_p$,使得

$$b_k = g_{k1}a_1 + \cdots + g_{kp}a_p, k=1,\cdots,r$$

其中系数 g_{kl} 是有理整数. 现在研究变数 $y_1,\cdots,y_p$ 的有理函数

$$f(y_1,\cdots,y_p) = \sum_{k=1}^{r} c_k y_1^{g_{k1}} \cdots y_p^{g_{kp}}$$

其中系数 $c_1,\cdots,c_r$ 是任意的不全为 0 的代数整数. 此函数对于 $y_1,\cdots,y_p$ 不能恒等于 0,因为对于 $k=1,\cdots,r$,指数序列 $g_{k1},\cdots,g_{kp}$ 各不相同. 于是由我们上面的结果可知:当 $y_1=e^{a_1},\cdots,y_p=e^{a_p}$ 时,f 不能等于 0. 因此

$$c_1 e^{b_1} + \cdots + c_r e^{b_r} \neq 0 \tag{43}$$

这就是林德曼—魏尔斯特拉斯定理:假如 $b_1,\cdots,b_r$ 是互不相同的代数数,则 $e^{b_1},\cdots,e^{b_r}$ 不

适合任何一个具有不全为 0 的代数系数的齐次线性方程.

反之,此定理也包含我们上面的结果,因为有一个关于 $e^{a_1},\cdots,e^{a_p}$ 的具有代数系数的代数方程,就意味着有某一多项式 $f(y_1,\cdots,y_p)$ 当 $y_1=e^{a_1},\cdots,y_p=e^{a_p}$ 时其值为 0. 因为 $a_1,\cdots,a_p$ 在有理数域中是线性无关的,所以我们得出与(43)相矛盾的结果.

§13 余项 $R(x)$ 的另一表达式

在本章的以下各节中我们将更精密地研究渐近式的解析性质. 我们从复变积分

$$J=\frac{1}{2\pi i}\int_C\frac{e^{xz}}{Q(z)}dz, Q(z)=\prod_{k=1}^m(z-\rho_k)^{n_k+1} \tag{44}$$

开始,其中 ρ_k 与 n_k 的意义如前,而 C 则是一条以 $\rho_1,\cdots,\rho_k$ 为其内点的正向简单闭曲线. 写

$$e^{xz}=e^{x\rho_k}\sum_{l=0}^\infty\frac{x^l(z-\rho_k)^l}{l!}$$

则可知被积函数在 $z=\rho_k$ 的留数取 $Q_k e^{\rho_k x}$ 之形式,其中 $Q_k=Q_k(x)$ 是 x 的次数不大于 n_k 的多项式. 于是由留数定理可知

$$J=Q_1 e^{\rho_1 x}+\cdots+Q_m e^{\rho_m x}$$

另外

$$J=\sum_{l=0}^\infty a_l\frac{x^l}{l!}$$

$$a_l=\frac{1}{2\pi i}\int_C\frac{z^l}{Q(z)}dz$$

倘若我们取 C 是一条包含各圆 $|z|\leqslant\rho_k (k=1,\cdots,m)$ 在其内部的曲线,则可利用降幂级数展开式

$$\frac{1}{Q(z)}=z^{-N-1}\prod_{k=1}^m(1-\frac{\rho_k}{z})^{-n_k-1}=z^{-N-1}+\cdots$$

于是可得

$$a_l=0, l=0,1,\cdots,N-1$$
$$a_N=1$$

于是由本章 §7 的唯一性定理,可知 $Q_k=P_k(x)$ 及 $J=R(x)$.

把余项表示成一个单重复变积分的表达式

$$R(x) = \frac{1}{2\pi i}\int_C \frac{e^{xz}}{Q(z)} dz \tag{45}$$

比把它表示成一个 $m-1$ 重实变积分的表达式(28)更为简洁.但若要证明§8中的结果,利用现在的表达式并不方便.

我们可以不用唯一性定理而把式(45)变为式(28).设 $x>0$,则 C 可以用从 $c-i\infty$ 到 $c+i\infty$ 的直线 L 来代替,此处 c 是一个大于 $\rho_k(k=1,\cdots,m)$ 的实数部分的正实数.作变换

$$(z-\rho_k)^{-n_k-1} = \frac{1}{n_k!}\int_0^\infty t_k^{n_k} e^{(\rho_k-z)t_k} dt_k, k=1,\cdots,m-1$$

并变换积分的次序,可得

$$R(x) = \int_0^\infty \cdots \int_0^\infty \left\{ \frac{1}{2\pi i}\int_L \frac{e^{(x-t_1-\cdots-t_{m-1})z}}{(z-\rho_m)^{n_m+1}} dz \right\} \prod_{k=1}^{m-1} \frac{t_k^{n_k}}{n_k!} e^{\rho_k t_k} dt_k$$

但

$$\frac{1}{2\pi i}\int_L \frac{e^{tz}}{(z-\rho_m)^{n+1}} dz = \begin{cases} \dfrac{t^n}{n!} e^{\rho_m t}, & t>0 \\ 0, & t<0 \end{cases}$$

由此立刻得到式(28).

式(28)中 $x>0$ 这一限制是容易除去的:以 $t_k x$ 代 t_k,则

$$R(x) = x^N \int\cdots\int_{\substack{t_1+\cdots+t_m=1 \\ t_1>0,\cdots,t_m>0}} \prod_{k=1}^m \left(\frac{t_k^{n_k}}{n_k!} e^{\rho_k t_k x}\right) dt_1 \cdots dt_{m-1} \tag{46}$$

而此式对任意的复数 x 都成立.因为 $R(x) = \dfrac{x^N}{N!} + \cdots$,所以当 $x=0$ 时式(46)中的积分的数值是 $\dfrac{1}{N!}$,因此

$$|R(x)| \leqslant \frac{|x|^N}{N!} e^{\rho|x|}, \rho = \max(|\rho_1|,\cdots,|\rho_m|)$$

这是式(29)的一个改进.

留下来的问题是用我们现在的观点去证明表达 P_k 的公式(27).我们已知 $P_k(x)$ 是函数

$$f_k(z) = e^{x(z-\rho_k)} \prod_{\substack{l=1 \\ l\neq k}}^m (z-\rho_l)^{-n_l-1}$$

在点 $z=\rho_k$ 的幂级数展开式中 $(z-\rho_k)^{n_k}$ 的系数,即

$$P_k(x) = \frac{1}{n_k!} \{D_z^{n_k} f_k(z)\}_{z=\rho_k}$$

置

$$\prod_{\substack{l=1\\l\neq k}}^{m}(z-\rho_l)^{-n_l-1}=g(z)$$

则得

$$\mathrm{D}_z^{n_k}f_k(z)=\mathrm{e}^{x(z-\rho_k)}(x+\mathrm{D}_z)^{n_k}g(z)$$

现在考虑更一般的式子 $\varphi(x+\mathrm{D}_z)g(z)$，其中 $\varphi(x)$ 是一任意多项式. 于是由泰勒公式，可得

$$\varphi(x+\mathrm{D}_z)g(z)=\sum_{l=0}^{\infty}\frac{\mathrm{D}_x^l\varphi(x)\mathrm{D}_z^l g(z)}{l!}=g(z+\mathrm{D}_x)\varphi(x)$$

由此即得

$$P_k(x)=g(\rho_k+\mathrm{D})\frac{x^{n_k}}{n_k!}=\prod_{\substack{l=1\\l\neq k}}^{m}(\rho_k-\rho_l+\mathrm{D})^{-n_l-1}\frac{x^{n_k}}{n_k!}$$

证明完毕.

§14 插值公式

§13 中的积分 J 也出现于下述插值问题的解中：设一解析函数 $f(z)$ 在复 z-平面上的区域 D 中是正则的，并设 D 中的 n 个点 $z_1,\cdots,z_n$ 已给. 要定出一个次数不大于 $n-1$ 的多项式 H_{n-1}，使得分式

$$T_n(z)=\frac{f(z)-H_{n-1}(z)}{\prod_{k=1}^{n}(z-z_k)}$$

在 D 中是正则的.

这个问题的解显然不能多于一个，因为两个解 H_{n-1} 的差是一个次数小于 n 的多项式，它不能被 n 次多项式 $\prod_{k=1}^{n}(z-z_k)$ 除尽.

置

$$F_k(z)=(z-z_1)\cdots(z-z_k),k=0,1,\cdots,n$$

于是

$$F_k(z)=(z-z_k)F_{k-1}(z),k=1,\cdots,n$$
$$(z-z_k)F_{k-1}(\zeta)-F_k(\zeta)=(z-\zeta)F_{k-1}(\zeta)$$
$$\frac{1}{z-\zeta}\left(\frac{F_{k-1}(\zeta)}{F_{k-1}(z)}-\frac{F_k(\zeta)}{F_k(z)}\right)=\frac{F_{k-1}(\zeta)}{F_k(z)} \tag{47}$$

设 ζ 也在 D 中，并设 C 是 D 中的一条简单闭曲线，它的内点全在 D 中，且包含 $n+1$

个点 $z_1,\cdots,z_n,\zeta$. 定义

$$a_{k-1}=\frac{1}{2\pi i}\int_C \frac{f(z)}{F_k(z)}dz$$

$$G_k(\zeta)=\frac{1}{2\pi i}\int_C \frac{F_k(\zeta)}{F_k(z)}\frac{f(z)}{z-\zeta}dz$$

则

$$G_0(\zeta)=f(\zeta)$$

及(由(47))

$$G_{k-1}(\zeta)-G_k(\zeta)=a_{k-1}F_{k-1}(\zeta),k=1,\cdots,n$$

因此

$$f(\zeta)=a_0F_0(\zeta)+a_1F_1(\zeta)+\cdots+a_{n-1}F_{n-1}(\zeta)+G_n(\zeta)$$

所以插值问题的解是

$$H_{n-1}(\zeta)=a_0F_0(\zeta)+a_1F_1(\zeta)+\cdots+a_{n-1}F_{n-1}(\zeta)$$

$$T_n(\zeta)=\frac{G_n(\zeta)}{F_n(\zeta)}=\frac{1}{2\pi i}\int_C \frac{f(z)}{F_n(z)}\frac{dz}{z-\zeta}$$

现在研究 D 中的一个无穷点列 $z_1,z_2,\cdots$,并设对某一个区域 $D_0\subset D$ 中所有的点 z,$\lim\limits_{n\to\infty}G_n(z)=0$. 于是

$$f(z)=a_0F_0(z)+a_1F_1(z)+\cdots \quad (z\text{ 在 }D_0\text{ 中})$$

由此可见,对于无穷个 n 而言,$a_n\neq 0$,除非 $f(z)$ 是一个多项式.

现在我们应用这个结果于特别情况 $f(z)=e^{xz}$,并取 $z_1,\cdots,z_{N+1}$ 为点 $\rho_k(k=1,\cdots,m)$ 取 n_k+1 回作成的点集. 由(44)及(48),可知系数 a_N 正好就是§13中的积分 $J=R(x)$. 特别的,取 $n_k=n(k=1,\cdots,r+1)$ 及 $n_k=n-1(k=r+2,\cdots,m)$,并取 $n=0,1,\cdots;r=0,1,\cdots,m-1$,则 $N=mn+r=0,1,\cdots$. 由 $G_N(\zeta)$ 的表达式易知对于所有的 z 常有 $\lim\limits_{N\to\infty}G_N(z)=0$. 因为 e^z 不是多项式,所以对于无穷多个 N 有 $R(1)\neq 0$. §11中的较为精密的代数方法证明了:对于任意一个 $n\geqslant 1$,区间 $mn\leqslant N\leqslant m(n+1)$ 中至少有一个 N 使 $R(1)\neq 0$;此事实对于§12中所解决的更一般性的问题虽然是很重要的,可是对于证明 e^a 的超越性并非必需,因此 a 是不等于 0 的代数数.

§15 结 束 语

必须指出,上述关于 e 和 π 的超越性的证明以及 $e^{a_1},\cdots,e^{a_p}$ 是代数无关的证明(其中 $a_1,\cdots,a_p$ 是线性无关的代数数)并不是现有文献中最简单的. 我们的证明是

与埃尔米特原来的工作有联系的；但我们建立渐近式的过程是更加代数化了一些，而这对于下一章中所做的推广则是必需的.

我们在证明中用到了指数函数 $y=e^x$ 的两个特征性质，即微分方程 $y'=y$ 与加法定理 $e^{x+t}=e^x e^t$. 我们的推广将从两个不同的方向来进行：或者在不假定加法定理之下来研究线性微分方程的解；或者处理适合一个代数加法定理的函数. 第一种情况导致第 9 章中所讨论的问题；第二种情况引导我们从算术的观点去研究椭圆函数，这是最后一章的内容，以及引导我们去研究函数 a^x，其中 a 是不等于 0 的代数数，这是第 10 章的内容.

第 9 章 线性微分方程的解

对于有理数 $a^2 \neq 0$,数 $\tan a/a$ 的无理性(包含 π 的无理性)约在 200 年以前由兰伯特发现.兰伯特的工作由勒让德加以推广,他研究了适合二级线性微分方程

$$xy'' + \alpha y' = y$$

的幂级数

$$y = f_\alpha(x) = \sum_{n=0}^{\infty} \frac{x^n}{n!\ \alpha(\alpha+1)\cdots(\alpha+n-1)},$$
$$\alpha \neq 0, -1, -2, \cdots$$

他得到了连分数展开式

$$\frac{y}{y'} = \alpha + \cfrac{x}{\alpha+1+\cfrac{x}{\alpha+2+\ddots}}$$

并且证明了:对于任意的有理数 $x \neq 0$ 及任意的有理数 $\alpha \neq 0, -1, -2, \cdots; y/y'$ 是无理数.特别当 $\alpha = \frac{1}{2}$ 时,有

$$y = \cosh(2\sqrt{x})$$
$$y' = \sinh(2\sqrt{x})/\sqrt{x}$$

所以勒让德的定理含有 $\tan a/a$ 是无理数这个结果,于此有理数 $a^2 \neq 0$. Stridsberg 证明了:对于有理数 $x \neq 0$ 及有理数 $\alpha \neq 0, -1, -2, \cdots, y$ 和 y' 各自都是无理数;Maier 证明了 y 和 y' 都不是二次无理数. Maier 的工作建议引进更一般的渐近式的概念,这种概念使得能够证明,对于任何的代数数 $x \neq 0$ 及任何有理数 $\alpha \neq 0, \pm\frac{1}{2}, -1, \pm\frac{3}{2}, \cdots$;数 y 和 y' 不适合任何一个具有代数数系数的代数方程.对于有理数 $\alpha = \pm k + \frac{1}{2}$($k$ 是非负的有理整数)确实是应该除外的,因为这时 $f_\alpha(x)$ 适合一个一级代数微分方程,它的系数是 x 的具有有理系数的多项式;这一点可以从下列详细的公式得出

$$f_{k+\frac{1}{2}} = \frac{1}{2} \cdot \frac{3}{2} \cdot \cdots \cdot (k-\frac{1}{2}) D^k \cosh(2\sqrt{x})$$

$$f_{-k+\frac{1}{2}} = \frac{(-1)^k x^{k+\frac{1}{2}}}{\frac{1}{2} \cdot \frac{3}{2} \cdots (k-\frac{1}{2})} D^{k+1} \sinh(2\sqrt{x}), k=0,1,2,\cdots$$

例如,当 $\alpha = \dfrac{1}{2}$ 时,$y = f_\alpha(x)$ 所适合的微分方程是

$$y^2 - xy'^2 = 1$$

但对例外的情况,林德曼定理却证明了 y 及 y' 都是超越数,其中 x 是任意的不等于 0 的代数数.

现在我们将阐述一个关于超越数的证明的一般方法(此方法涉及线性微分方程的解),并将应用这一方法于函数 $y = f_\alpha(x)$.

§1 E 型函数

一个函数 $y = f(x)$ 称为 E 型函数或 E—函数,假如

$$f(x) = \sum_{n=0}^{\infty} c_n \frac{x^n}{n!}$$

是一个满足下面 3 个条件的幂级数:

(1) 所有系数都属于有理数域上的同一个有限次代数数域.

(2) 对于任意的正数 ε,当 $n \to \infty$ 时,都有 $|\overline{c_n}| = O(n^{n\varepsilon})$.

(3) 存在一列正有理整数 $q_0, q_1, \cdots$,使当 $k = 0, 1, \cdots, n$ 及 $n = 0, 1, \cdots$ 时,$q_n c_k$ 是一个整数,且 $q_n = O(n^{n\varepsilon})$.

我们在这里再提一下,符号 $|\overline{c_n}|$ 表示代数数 c_n 的各个共轭数之绝对值的最大值.第二个条件表示:$|\overline{c_n}|$ 如看作 n 的函数,则它增加的速率较 n^n 的任何正数次方为慢.由此可见,y 是 x 的整函数.第三个条件则表示,$c_1, \cdots, c_n$ 的最小正有理整数公分母增加的速率较 n^n 的任何正数次方慢.

显然,任何具有代数系数的多项式以及指数函数 e^x 都是 E—函数的例子.

易知一个 E—函数 y 的导函数 y' 仍是一个 E—函数.也易知两个 E—函数的和是一个 E—函数.两个 E—函数的乘积也是一个 E—函数:如设

$$g(x) = \sum_{n=0}^{\infty} d_n \frac{x^n}{n!}$$

也是一个 E—函数,且 r_n 是 $d_0, d_1, \cdots, d_n$ 的最小正有理整数公分母,则

$$f(x)g(x) = \sum_{n=0}^{\infty} e_n \frac{x^n}{n!}$$

$$e_n = \sum_{k=0}^{n} \binom{n}{k} c_k d_{n-k}$$

所以

$$|\overline{e_n}| \leqslant (1+1)^n \max_{k \leqslant n} |\overline{c_k d_{n-k}}| = 2^n O(n^{2n\varepsilon}) = O(n^{3n\varepsilon}) \tag{48}$$

又正有理整数

$$q_n r_n = O(n^{2n\varepsilon})$$

是 $e_0, e_1, \cdots, e_n$ 的公分母. 这证明了 E — 函数构成一个环. 最后, 如果 $f(x)$ 是 E — 函数, 则对于任何代数常数 $a, f(ax)$ 也是 E — 函数.

以下我们将研究适合一组一级齐次线性微分方程

$$y'_k = \sum_{l=1}^{m} Q_{kl}(x) y_l, k = 1, \cdots, m \tag{49}$$

的 E — 函数 $y_1 = E_1, \cdots, y_m = E_m$, 于此系数 Q_{kl} 是 x 的有理函数. 设多项式 $T(x)$ 是 m^2 个有理函数 $Q_{kl}(x)$ 的最小公分母, 并把 $T(x)$ 和 $T(x)Q_{kl}(x)$ 的数值系数看作未知数. 假如在(49)中以幂级数 $E_1, \cdots, E_m$ 代 $y_1, \cdots, y_m$, 则此微分方程组变为有限多个未知数的一组可数无穷多个齐次线性方程, 它们的系数是代数数. 所以我们可以假定 Q_{kl} 的系数是 $E_1, \cdots, E_m$ 的所有系数所生成的代数数域 K 中的整数.

对于式(49)的幂级数解, 不难证明其关于 E 型函数的第一个条件 —— 系数 c_n 属于同一个有限次的代数数域 —— 可以减弱, 而改为条件: $E_1, \cdots, E_m$ 的所有系数都是代数数. 作为式(49)的一个推论, 可以证明, 由所有系数所生成的域 K 是有限次的. 然而我们并不需要这个性质, 所以略去证明.

众所周知, 方程组(49)有一个由 m 组解 $y_k = E_{kl}(k=1, \cdots, m; l=1, \cdots, m)$ 所组成的基本解组. 当然, 一般说来, 并不是所有的 E_{kl} 都是 E 型的; 但所有的 E_{kl} 在异于多项式 $T(x)$ 之零点的任何有限复数点 $x=a$ 上是正则的, 且 E_{kl} 的行列式在 $x=a$ 不等于 0. 式(49) 的任何解取如下的形式

$$y_k = c_1 E_{k1} + \cdots + c_m E_{km}, k = 1, \cdots, m$$

其中 $c_1, \cdots, c_m$ 是常数.

§2 算术的引理

现在我们来研究 q 个未知量 $x_1, \cdots, x_q$ 的具有有理整系数的 p 个齐次线性方程. 若 $p < q$, 则该方程组有一组不全为 0 的有理整数解. 为了各种不同的目的, 去求得用系数的界限来表示的 $x_1, \cdots, x_q$ 的绝对值的上估值是有用的.

引理1 设
$$y_k = a_{k1}x_1 + \cdots + a_{kq}x_q, k=1,\cdots,p \tag{50}$$
是 q 个未知量 $x_1,\cdots,x_q$ 的具有有理整系数的 p 个线性型,其中 $0 < p < q$,且设所有系数 a_{kl} 的绝对值都不大于一个给定的正有理整数 A;则存在 $y_1=0,\cdots,y_p=0$ 的一组不全为 0 的有理整数解 $x_1,\cdots,x_q$,适合条件
$$|x_k| < 1+(qA)^{\frac{p}{q-p}}, k=1,\cdots,q$$

证明 设 H 是一个正有理整数.于(50)中以 $2H+1$ 个值 $0,\pm 1,\cdots,\pm H$ 各自分别代替 $x_1,\cdots,x_q$,则得有整数坐标 $y_1,\cdots,y_p$ 的 $(2H+1)^q$ 个点,这些点都在超立方体
$$-qAH \leqslant y_k \leqslant qAH, k=1,\cdots,p$$
中.因为在这个超立方体中恰好有 $(2qAH+1)^p$ 个不同的有整数坐标的点,所以如果
$$(2qAH+1)^p < (2H+1)^q \tag{51}$$
则至少有两组不同的 $x_1,\cdots,x_q$ 对应于同一个点 $y_1,\cdots,y_p$.此时,把这两组不同的 $x_1,\cdots,x_q$ 相减,即得 $y_1=0,\cdots,y_p=0$ 的一组不全为 0 的有理整数解 $x_1,\cdots,x_q$,且适合不等式
$$|x_k| \leqslant 2H, k=1,\cdots,q \tag{52}$$
现在选取 $2H$ 为下面长度为 2 的区间中的偶数
$$(qA)^{\frac{p}{q-p}} - 1 \leqslant 2H < (qA)^{\frac{p}{q-p}} + 1$$
因为
$$(2qAH+1)^p < (qA)^p(2H+1)^p \leqslant (2H+1)^{q-p}(2H+1)^p = (2H+1)^q$$
所以(51)成立.于是由(52)即得引理.

现在我们推广引理 1 到线性型的系数是代数数域 K 中的整数的情况.

引理2 设 p 个线性型 $y_k = a_{k1}x_1 + \cdots + a_{kq}x_q (k=1,\cdots,p; p<q)$ 的系数是 K 中的整数,且设 $|\overline{a_{kl}}| \leqslant A$;则存在 $y_1=0,\cdots,y_p=0$ 的一组解 $x_1,\cdots,x_q$,它们是 K 中的不全为 0 的整数,且适合
$$|\overline{x_k}| < c + c(cqA)^{\frac{p}{q-p}}, k=1,\cdots,q \tag{53}$$
其中 c 是一个只与 K 有关的正常数.

证明 选取 K 中的所有整数对于有理数域的一个基底 $b_1,\cdots,b_h$,于是 K 内的任一整数 a 可以表为 $a = g_1 b_1 + \cdots + g_h b_h$ 的形式,其中 $g_1,\cdots,g_h$ 是有理整数.解出由 a 的 h 个共轭数所成的 h 个齐次线性方程中的 $g_1,\cdots,g_h$,可知 $|g_k| < \gamma_1 |\overline{a}|$,此处 γ_1 仅与基底的选择有关.现在写 $x_k = x_{k1} b_1 + \cdots + x_{kh} b_h$,其中 $x_{k1},\cdots,x_{kh}$ 是有

理整数；并把 pqh 个乘积 $a_{kl}b_r$ 也都用基底的线性组合表示出来，于是关于 $x_1,\cdots,x_q$ 的 p 个方程式 $y_1=0,\cdots,y_p=0$ 变为关于 qh 个有理整数 $x_{11},\cdots,x_{qh}$ 的 ph 个齐次线性方程，其系数是绝对值小于 $\gamma_1\cdot\max|\overline{a_{kl}b_r}|<\gamma_2 A$ 的有理整数，此处 γ_2 是一仅与基底有关的正有理整数。应用引理 1，我们便可以得到它的一组适合于

$$|x_{kl}|<1+(\gamma_2 hqA)^{\frac{p}{q-p}}, k=1,\cdots,q, l=1,\cdots,h$$

的不全为 0 的整数解 x_{kl}。于是便可以得到(53)。

§3 渐近式

现在我们来研究 m 个幂级数 $E_1,\cdots,E_m$ 及 m 个具有未定系数而次数不大于 ν 的多项式 $P_1(x),\cdots,P_m(x)$。显然，我们可以选取 $m(\nu+1)$ 个不全为 0 的系数，使得渐近式 $P_1E_1+\cdots+P_mE_m$ 在 $x=0$ 有一至少是 $m(\nu+1)-1$ 次的零点。为了下面的应用，我们只对 $E_1,\cdots,E_m$ 都是 E 型函数的情形感到兴趣；此时 $P_1,\cdots,P_m$ 的系数可以取为由 $E_1,\cdots,E_m$ 的系数所生成的代数数域 K 中的整数。引理 2 给出了 $P_1,\cdots,P_m$ 的系数以及它们的共轭数的绝对值的一个上估值；然而引理 2 中的估值，只有当比值 p/q 不太接近于它的上界 1 的情况下才是有用的。所以我们现在要减弱使渐近式在 $x=0$ 能有最高次零点这个条件。

引理 3 设 $E_1,\cdots,E_m$ 是系数在 K 中的 $E-$ 函数，且设已给一整数 $n=1,2,\cdots$，则存在 m 个次数不大于 $2n-1$ 的多项式 $P_1(x),\cdots,P_m(x)$，具有下面 3 个性质：

(1) $P_1,\cdots,P_m$ 的系数是 K 中不全为 0 的整数，且对任一已给的正数 ε，当 $n\to\infty$ 时，它们所有的共轭数的绝对值的最大值是 $O(n^{(2+\varepsilon)n})$。

(2) 渐近式

$$R=P_1E_1+\cdots+P_mE_m=\sum_{\nu=0}^{\infty}a_\nu\frac{x^\nu}{\nu!} \tag{54}$$

在 $x=0$ 有一至少是 $(2m-1)n$ 次的零点，亦即

$$a_\nu=0, \nu=0,1,\cdots,2mn-n-1 \tag{55}$$

(3) R 的系数 a_ν 适合条件

$$a_\nu=\nu^{\varepsilon\nu}O(n^{2n}), \nu\geqslant 2mn-n$$

符号 O 中所含常数对于 ν 是均匀的。

证明 置

$$E_k=\sum_{\nu=0}^{\infty}c_{k\nu}\frac{x^\nu}{\nu!}, k=1,\cdots,m$$

及
$$P_k = (2n-1)! \sum_{\nu=0}^{2n-1} g_{k\nu} \frac{x^\nu}{\nu!} \tag{56}$$

其中 $g_{k\nu}$ 是 K 中的整数,则 P_k 是以 K 中的整数为系数而次数不大于 $2n-1$ 的多项式,从

$$P_k E_k = (2n-1)! \sum_{\nu=0}^{\infty} d_{k\nu} \frac{x^\nu}{\nu!} \tag{57}$$

$$d_{k\nu} = \sum_{\rho=0}^{2n-1} \binom{\nu}{\rho} g_{k\rho} c_{k,\nu-\rho}$$

可以算出式(54)中的系数 a_ν,
$$a_\nu = (2n-1)!\,(d_{1\nu} + \cdots + d_{m\nu}), \nu = 0, 1, \cdots \tag{58}$$

从条件(55)得出 $2mn$ 个未知量 $g_{k\rho}(k=1,\cdots,m;\rho=0,\cdots,2n-1)$ 的 $(2m-1)n$ 个齐次线性方程.现在我们定出一正有理整数 q_n,使当 $k=1,\cdots,m$ 及 $\nu=0,1,\cdots,2mn-n-1$ 时,$q_n c_{k\nu}$ 是代数整数.由 E 型函数的定义中的第三个条件可知,我们可以取 $q_n = O(n^{n\varepsilon})$.于方程 $a_\nu = 0$ 乘以 $q_n/(2n-1)!$,则 $g_{k\rho}$ 的系数 $q_n \binom{\nu}{\rho} c_{k,\nu-\rho}$ 在 K 中,且由

$$\binom{\nu}{\rho} \leqslant 2^\nu,\ |\overline{c_{k\nu}}| = O(\nu^{\varepsilon\nu}) \tag{59}$$

及 $\nu < (2m-1)n$,可知它们的各个共轭数仍是 $O(n^{\varepsilon n})$.应用引理 2,其中取 $p=(2m-1)n, q=2mn, A=O(n^{\varepsilon n})$,便可以得到 K 中不全为 0 的整数 $g_{k\nu}(k=1,\cdots,m;\nu=0,\cdots,2n-1)$ 使得式(55)成立,并因为 $p/(q-p)=2m-1=O(1)$,所以
$$|\overline{g_{k\nu}}| = O(n^{\varepsilon n})$$

引理中的其他论断可以从(56),(57),(58),(59)及估值 $(2n-1)! = O(n^{2n})$ 立刻得到.

§4 正 规 系

设 $E-$函数 $E_1,\cdots,E_m$ 适合一级齐次线性微分方程组(49),其系数 Q_{kl} 是 x 的以 $E_1,\cdots,E_m$ 的系数所生成的代数数域 K 中的整数为系数的有理函数.设方阵 $Q=(Q_{kl})$ 可以分解成几个方块 $Q_t = (Q_{kl,t})(t=1,\cdots,r)$,它们各有 $m_1,\cdots,m_r$ 行;于是 $k,l=1,\cdots,m_t$ 及 $m_1+\cdots+m_r=m$.这就是说,这些方块沿 Q 的主对角线排列着,而 Q 在这些方块以外的元素全都是 0.如取 r 尽可能的大,则这种分解方法是唯一的.我们称 $Q_1,\cdots,Q_r$ 为 Q 的原始方块.当然,可能 $r=1$,而 Q 本身就是一个原始方块.

对应于 Q 的分解成原始方块,方程组(49)分裂成 r 个方程组

$$y'_{k,t} = \sum_{l=1}^{m_t} Q_{kl,t}(x) y_{l,t}, k=1,\cdots,m_t; t=1,\cdots,r \qquad (60)$$

命 $y_{k,t} = y_{kl,t}(k=1,\cdots,m_t; l=1,\cdots,m_t)$ 是(60)的一个基本解组,于是由 r 个方块 $Y_t = (y_{kl,t})$ 所组成的 m 级方阵 Y 是(49)的解的方阵.

现在我们研究(49)的任意解 $y_1,\cdots,y_m$,并引进和

$$R = P_1 y_1 + \cdots + P_m y_m \qquad (61)$$

其系数 $P_1,\cdots,P_m$ 是 x 的任意多项式.我们对于 R 关于 x 不恒等于 0 的情况感到兴趣.利用 Q 的分解为方块,我们把 $P_1,\cdots,P_m$ 写成 $P^*_{k,t}(k=1,\cdots,m_t; t=1,\cdots,r)$,并用基本解组来表示解 $y_1,\cdots,y_m$,于是便得到

$$R = \sum_{k,l,t} P^*_{k,t} c_{l,t} y_{kl,t} \qquad (62)$$

其中 $k,l=1,\cdots,m_t; t=1,\cdots,r, P^*_{k,t}$ 是多项式,而 $c_{l,t}$ 是常数.倘若所有的乘积 $P^*_{k,t} c_{l,t}$ 都是 0,换句话说,倘若对于每一个 $t=1,\cdots,r$,或者所有的多项式 $P^*_{k,t}$ 都恒等于 0,或者所有的常数 $c_{l,t}$ 都等于 0,则和 R 显然等于 0.假如除了这种显而易见的情况外,R 对于 x 不恒等于 0,那么我们说各个方块 Y_t 是无关的.若方块 Q_t 已给,则解的方块 Y_t 除了可能在右边差一个因子 C_t 外是唯一决定的,于此 C_t 是一任意的 m_t 级非奇异常数方阵;但从 Y_t 到 $Y_t C_t$ 的变更,并不影响无关性.

我们将研究各个解的方块的无关性的代数意义.定义(由(61))$R_1 = R$ 及

$$R_{k+1} = TR'_k, k=1,2,\cdots \qquad (63)$$

其中 $T(x)$ 是 $Q_{kl}(x)$ 的最小公分母.由于(49),我们可以写

$$R_k = P_{k1} y_1 + \cdots + P_{km} y_m, k=1,2,\cdots \qquad (64)$$

其中

$$P_{k+1,l} = T(P'_{kl} + \sum_{g=1}^{m} P_{kg} Q_{gl}), l=1,\cdots,m \qquad (65)$$

及

$$P_{1l} = P_l \qquad (66)$$

所有的 P_{kl} 显然都是 x 的多项式.我们用 $\Delta = \Delta(x)$ 表示以 $P_{kl}(k,l=1,\cdots,m)$ 为元素的行列式,Δ_{lk} 表示 P_{kl} 的代数余子式,则由(64),可得

$$\Delta y_k = \sum_{l=1}^{m} \Delta_{kl} R_l, k=1,\cdots,m \qquad (67)$$

有两种情况我们能立刻断定 $\Delta(x)$ 对于 x 恒等于 0:假如在(62)中,至少对于一个 t 及 $k=1,\cdots,m_t$,所有 $P^*_{k,t}$ 恒等于 0,则由 Q 的分解为方块证明了 Δ 有 m_t 列全是 0(由于(65));假如 R 恒等于 0 而 $y_1,\cdots,y_m$ 不全恒等于 0,则由(63)及(64)得出 $\Delta = 0$.除去第一种情

况,则由(62),第二种情况的假设即表示各个方块不是无关的.现在我们要证明,在所有其他的情况,多项式 $\Delta(x)$ 是不恒等于 0 的.

引理 4 假设各方块 Y_t 是无关的,又设对于每一个 $t=1,\cdots,r$,并非所有 $P_{k,t}^*$ ($k=1,\cdots,m_t$) 都恒等于 0,则 $\Delta(x)$ 不恒等于 0.

证明 若 $\Delta=0$,则我们能写出 $\mu(\leqslant m)$ 个多项式 $A_1,\cdots,A_\mu$ 使得
$$A_1 P_{1l} + \cdots + A_\mu P_{\mu l} = 0, l=1,\cdots,m$$
$$A_\mu \neq 0$$

命 $y_1,\cdots,y_m$ 是式(49)的一组完全任意的解,并用(61)和(62)的记号,则由(63)及(65)得到

$$A_1 R_1 + \cdots + A_\mu R_\mu = 0$$
$$B_1 R^{(\mu-1)} + B_2 R^{(\mu-2)} + \cdots + B_\mu R = 0 \tag{68}$$

其中 $B_1 = A_\mu T^{\mu-1}$ 及 $B_2,\cdots,B_\mu$ 都是 x 的多项式.用基本解组来表出 $y_1,\cdots,y_m$,则可见 m 个函数

$$R_{l,t} = \sum_{k=1}^{m_t} P_{k,t}^* y_{kl,t}, l=1,\cdots,m_t, t=1,\cdots,r$$

的每一个都适合 $\mu-1(<m)$ 级齐次线性微分方程(68).于是我们有一个不是显而易见的齐次线性关系

$$\sum_{l,t} c_{l,t} R_{l,t} = 0 \tag{69}$$

其中 $c_{l,t}$ 是常数.由于对每一 t 至少有一个 $P_{k,t}^* \neq 0$,故并非所有 $P_{k,t}^* c_{l,t}$ ($k,l=1,\cdots,m_t; t=1,\cdots,r$) 都是 0;但是 r 个方块 Y_t 是无关的,所以(69)是不可能成立的.

我们称 m 个 E 型函数 $E_1,\cdots,E_m$ 成一正规系,假如它们都不恒等于 0,并且适合于以有理函数 $Q_{kl}(x)$ ($Q_{kl}(x)$ 以代数数为系数)为系数的 m 个微分方程(49),而且各个解的方块 Y_t 是无关的话.正规性的这个条件,是由第 8 章 §11 中的一个结果的拓广的证明所要求的,这个结果我们曾经用来导出林德曼—魏尔斯特拉斯定理.

§5 渐近式的系数矩阵

今后,我们假定 E —函数 $E_1,\cdots,E_m$ 成一正规系,而 $P_1,\cdots,P_m$ 是渐近式(54)中的多项式.又多项式 P_{kl} ($k=1,2,\cdots;l=1,\cdots,m$) 的定义如(65)及(66),因此渐近式

$$R_k = P_{k1} E_1 + \cdots + P_{km} E_m, k=1,2,\cdots$$

适合方程
$$R_1 = R, R_{k+1} = TR'_k \tag{70}$$

各函数 $E_1, \cdots, E_m$ 中没有一个恒等于 0. 假设导函数 $E_l^{(k)}(x)$, 当 $k=1,\cdots,p-1; l=1,\cdots,m$ 时, 在点 $x=0$ 等于 0, 但 $E_l^{(p)}(0)(l=1,\cdots,m)$ 不全为 0. 当然, p 可能是 0. 我们用 q 表示 m^2+1 个多项式 T 及 $TQ_{kl}(k,l=1,\cdots,m)$ 的次数的极大值, 并定义
$$t = n + p + q\frac{m(m-1)}{2} - 1$$

引理 5 设 α 是一异于 0 及异于多项式 $T(x)$ 的各个零点的任意复数, 并设
$$n \geqslant p + q\frac{m(m-1)}{2} \tag{71}$$
则矩阵
$$(P_{kl}(\alpha))_{l=1,\cdots,m_t}^{k=1,\cdots,m_t} \tag{72}$$
的秩是 m.

证明 我们利用方程组 (49) 的分解为方块, 并更详细地用 $P_{k,t}^*(k=1,\cdots,m_t; t=1,\cdots,r)$ 来代替 $P_1,\cdots,P_m$. 由引理 3, 可知 $P_{k,t}^*$ 不全恒等于 0. 我们可以假定, 当 $k=1,\cdots,m_t$ 及 $t=\rho+1,\cdots,r$ 时, $P_{k,t}^*=0$; 但对任一 $t \leqslant \rho$, 至少有一个 $P_{k,t}^* \neq 0$. 令 $m_1+\cdots+m_\rho=\mu$, 则 $1 \leqslant \mu \leqslant m$. 我们首先来证明 $\mu=m$.

我们应用引理 4, 其中以 μ 代替 m. 因为 $E_1,\cdots,E_m$ 成一正规系, 所以引理中的假设显然满足. 如用 $\Delta=\Delta(x)$ 表示 $P_{kl}(k,l=1,\cdots,\mu)$ 的行列式, 则可知 Δ 对于 x 不恒等于 0. 由 (67) 得
$$\Delta y_k = \sum_{l=1}^{\mu} \Delta_{kl}(P_{l1}y_1+\cdots+P_{l\mu}y_\mu), k=1,\cdots,\mu \tag{73}$$
对于 x 及 $y_1,\cdots,y_\mu$ 是恒等的, 特别的
$$\Delta E_k = \sum_{l=1}^{\mu} \Delta_{kl} R_l \tag{74}$$
由引理 3, 幂级数 R 在 $x=0$ 有一个至少是 $(2m-1)n$ 次的零点. 所以由 (70) 可知, R_l 在 $x=0$ 有一零点, 其次数不小于 $(2m-1)n-l+1$. 取 k 使 $E_k^{(p)}(0) \neq 0$, 则由 (74) 得出
$$\Delta(x) = x^{(2m-1)n-\mu+1-p} \Delta_0(x) \tag{75}$$
此处 $\Delta_0(x)$ 仍是一个多项式且不恒等于 0. 另一方面, 由 (65) 及引理 3, P_{kl} 的次数不大于 $2n-1+(k-1)q$, 所以 μ 级行列式 Δ 的次数不大于 $(2n-1)\mu+q\frac{\mu(\mu+1)}{2}$. 如以 b 表示 $\Delta_0(x)$ 的次数, 则

$$0 \leqslant b \leqslant (2n-1)\mu + q\frac{\mu(\mu-1)}{2} - (2m-1)n + \mu - 1 + p =$$
$$-2n(m-\mu) + n + p + q\frac{\mu(\mu-1)}{2} - 1 \tag{76}$$

由条件(71)可知,当 $m-\mu \geqslant 1$ 时,式(76)的右边将是负的,这就证明了 $\mu = m$ 及
$$b \leqslant n + p + q\frac{m(m-1)}{2} - 1 = t \tag{77}$$

引理中的数 α 适合于 $\alpha T(\alpha) \neq 0$. 倘若 $\Delta(x)$ 在 $x = \alpha$ 有一 a 次零点,则由(75)及(77)
$$0 \leqslant a \leqslant t \tag{78}$$

暂时把(73)中的未定量 $y_1, \cdots, y_m$ 看作式(49)的任意解,并重复运用运算子 $TD a$ 次. 于是我们得到公式
$$T^a(x)\Delta^{(a)}(x)y_k + \sum_{l=0}^{a-1}\Delta^{(l)}(x)L_{kl} = \sum_{l=1}^{m+a} M_{kl}(x)(P_{l1}(x)y_1 + \cdots + P_{lm}(x)y_m)$$
$$k = 1, \cdots, m \tag{79}$$

这公式对于 x 及未定量 $y_1, \cdots, y_m$ 是恒等的,于此 L_{kl} 是 $y_1, \cdots, y_m$ 的线性型,其系数是 x 的多项式,而 M_{kl} 是 x 的多项式. 现在以 $x = \alpha$ 代入,则得
$$T^a(\alpha)\Delta^{(a)}(\alpha) = \beta \neq 0$$

而式(79)的左边化为 βy_k. 于是 $y_1, \cdots, y_m$ 可以表为 $m+a$ 个线性型 $P_{l1}(\alpha)y_1 + \cdots + P_{lm}(\alpha)y_m (l=1,\cdots,m+a)$ 的线性组合. 由于(78),这就证明了引理.

§6 R_k 及 P_{kl} 的估值

设 $E_1, \cdots, E_m, T$ 及 $TQ_{kl}(k, l=1, \cdots, m)$ 的系数都在某一个有限次的代数数域 K 中,由(65)及引理3可知,所有多项式 $P_{kl}(k=1,2,\cdots; l=1,\cdots,m)$ 的系数也都在 K 中.

引理 6 设 α 是 K 中的一个数, $k \leqslant m+t$,则
$$|R_k(\alpha)| = O(n^{(3+\varepsilon)n-(2m-2)n})$$
$$|\overline{P_{kl}(\alpha)}| = O(n^{(3+\varepsilon)n}), l = 1, \cdots, m$$

证明 两个幂级数 $A = \alpha_0 + \alpha_1 x + \cdots$ 与 $B = \beta_0 + \beta_1 x + \cdots$ 的系数如果适合条件 $|\alpha_k| \leqslant \beta_k (k=0,1,\cdots)$,则记为 $A \prec B$. 显然有正常数 c 使 $T \prec c(1+x)^q$ 及 $TQ_{kl} \prec c(1+x)^q$. 现在我们用数学归纳法来证明

$$R_{k+1} \prec c^k(1+x)^{kq}\prod_{\nu=0}^{k-1}(\nu q+D)\hat{R}, k=0,1,\cdots \tag{80}$$

及

$$P_{k+1,l} \prec c^k(1+x)^{kq+2n-1}\prod_{\nu=0}^{k-1}(\nu q+m+2n-1)O(n^{(2+\varepsilon)n}), l=1,\cdots,m \tag{81}$$

此处

$$\hat{R}=\sum_{\nu=0}^{\infty}|a_\nu|\frac{x^\nu}{\nu!}=\sum_{\nu=(2m-1)n}^{\infty}\nu^{\varepsilon\nu}\frac{x^\nu}{\nu!}O(n^{2n}) \tag{82}$$

且当 $P_{k+1,l}$ 的系数用它们的共轭数来代替时,估值(81)仍然有效.

由引理3,可知当 $k=0$ 时本引理真实. 我们假定用 $k-1 \geqslant 0$ 代替 k 时引理已证明,于是由(63)及(65),便得

$$R_{k+1}=TR'_k \prec c(1+x)^q c^{k-1}\{(k-1)q(1+x)^{(k-1)q-1}+$$

$$(1+x)^{(k-1)q}D\}\prod_{\nu=0}^{k-2}(\nu q+D)\hat{R} \prec$$

$$c^k(1+x)^{kq}\prod_{\nu=0}^{k-1}(\nu q+D)\hat{R}$$

$$P_{k+1,l} \prec c(1+x)^q c^{k-1}\prod_{\nu=0}^{k-2}(\nu q+m+2n-1)\times$$

$$O(n^{(2+\varepsilon)n})(m+D)(1+x)^{(k-1)q+2n-1} \prec$$

$$c^k(1+x)^{kq+2n-1}\prod_{\nu=0}^{k-1}(\nu q+m+2n-1)O(n^{(2+\varepsilon)n})$$

这就是所需要的结果.

若 $k \leqslant m+t=n+O(1)$,则由(82)

$$\prod_{\nu=0}^{k-1}(\nu q+D)\hat{R} \prec O(n^{(1+\varepsilon)n})(1+D)^k\hat{R}=$$

$$O(n^{(3+\varepsilon)n})\sum_{\rho=0}^{k}\sum_{\nu=(2m-1)n}^{\infty}\binom{k}{\rho}\nu^{\varepsilon\nu}\frac{x^{\nu-\rho}}{(\nu-\rho)!} \prec$$

$$O(n^{(3+\varepsilon)n})2^k\sum_{\nu=(2m-1)n-k}^{\infty}(\nu+k)^{\varepsilon(\nu+k)}\frac{x^\nu}{\nu!} \prec$$

$$O(n^{(3+\varepsilon)n})2^k\sum_{\nu=(2m-1)n-k}^{\infty}\{(2\nu)^{2\varepsilon\nu}+(2k)^{2\varepsilon k}\}\frac{x^\nu}{\nu!}$$

$$\left(\prod_{\nu=0}^{k-1}(\nu q+D)\hat{R}\right)_{x=a}=O(n^{(3+\varepsilon)n})O(n^{\varepsilon n-(2m-2)n}) \tag{83}$$

由(80),(81)及(83)即得引理.

§7 $E_1(\alpha), \cdots, E_m(\alpha)$ 的秩

设 $\omega_1, \cdots, \omega_m$ 是任意的复数. 假如它们适合 $m-r$ 个且最多也只适合 $m-r$ 个线性无关的齐次线性方程

$$\lambda_{k1}\omega_1 + \cdots + \lambda_{km}\omega_m = 0, k=1,\cdots,m-r$$

则称它们对于代数数域 K 有秩 r, 但于此系数 λ_{kl} 在代数数域 K 中. 换句话说, 数 $\omega_1,\cdots,\omega_m$ 中有 r 个且最多只有 r 个在 K 中是线性无关的.

引理 7 设 α 及 $E_1,\cdots,E_m$ 的所有系数都在一个 h 次代数数域 K 中. 假如 $E_1,\cdots,E_m$ 成一正规系, 且 $\alpha T(\alpha) \neq 0$, 则 $E_1(\alpha),\cdots,E_m(\alpha)$ 对于 K 的秩至少是 $m/2h$.

证明 因为 α 是 (49) 中系数 Q_{kl} 的正常点, 所以并非所有的 $E_k(\alpha)(k=1,\cdots,m)$ 都等于 0. 设

$$\lambda_{k1}E_1(\alpha) + \cdots + \lambda_{km}E_m(\alpha) = 0, k=1,\cdots,m-r \tag{84}$$

是 $E_1(\alpha),\cdots,E_m(\alpha)$ 的 $m-r$ 个线性无关的方程, 其中系数 λ_{kl} 是 K 中的整数. 因为并非所有 $E_k(\alpha)=0$, 所以 $r \geqslant 1$.

现在我们应用引理 5, 并取出方阵 (72) 中的 r 行, 例如说 $k=k_1,\cdots,k_r$ 的各行, 使得 r 个线性型

$$P_{k1}(\alpha)E_1(\alpha) + \cdots + P_{km}(\alpha)E_m(\alpha) = R_k(\alpha), k=k_1,\cdots,k_r \tag{85}$$

与 (84) 中的 $m-r$ 个线性型合在一起是无关的. 我们把 (85) 写在 (84) 的前面并用 Λ 表示 m^2 个系数 P_{kl} 及 λ_{kl} 所成的行列式, 用 Λ_{kl} 表示 Λ 中第 k 行第 l 列相交处的元素的代数余子式, 于是

$$\Lambda E_l(\alpha) = \sum_{g=1}^{r} \Lambda_{gl} R_{k_g}(\alpha), l=1,\cdots,m$$

由引理 6

$$R_{k_g}(\alpha) = O(n^{(3+\varepsilon)n - (2m-2)n}), g=1,\cdots,r$$

$$|\overline{P_{k_g l}(\alpha)}| = O(n^{(3+\varepsilon)n}), l=1,\cdots,m$$

所以

$$\Lambda_{gl} = O(n^{(3+\varepsilon)n(r-1)})$$

$$\Lambda E_l(\alpha) = O(n^{(3+\varepsilon)m - (2m-2)n})$$

$$|\overline{\Lambda}| = O(n^{(3+\varepsilon)m})$$

$$E_l(\alpha) N(\Lambda) = O(n^{(3+\varepsilon)rhn - (2m-2)n})$$

取一有理整数 g，使 $g\alpha$ 是整数；于是 $g^{2n-1}P_l(\alpha)$ 及 $g^{2n-1+(k-1)q}P_{kl}(\alpha)$ $(k=1,2,\cdots;l=1,\cdots,m)$ 也都是整数. 因为 $\Lambda\neq 0$，所以得到
$$g^{O(n)}N(\Lambda)>1$$
最后，令 $n\to\infty$. 因为对于某一个 l，数 $E_l(\alpha)\neq 0$，因此
$$3rh\geqslant 2m-2$$
$$r\geqslant\frac{2m-2}{3h}$$

当 $m\geqslant 4$ 时，因为 $(2m-2)/3\geqslant m/2$，所以得到引理. 如果 $m=3$，则 $r\geqslant\dfrac{4}{3h}$；对于整数 r,h，这个不等式和 $r\geqslant\dfrac{3}{2h}$ 是相同的. 对其他情况 $m=1,2$，由于 $r\geqslant 1$，引理显然成立.

§8 代数无关

现在我们研究方程组 (49) 的任意解 $y_1,\cdots,y_m$. 若 ν 是已给的任意正有理整数，则具有非负有理整数指数 $\nu_1,\cdots,\nu_m$，且适合
$$\nu_1+\cdots+\nu_m\leqslant\nu$$
的乘方乘积
$$Y=y_1^{\nu_1}y_2^{\nu_2}\cdots y_m^{\nu_m}$$
的数目等于
$$\mu=\mu_v=\binom{m+\nu}{m}$$
由于
$$\mathrm{Dlg}\ Y=\sum_{k=1}^{m}\nu_k\mathrm{Dlg}\ y_k$$
所以 μ 个函数 Y 适合一组 μ 个一级齐次线性微分方程，其系数是 Q_{kl} 的具有有理整系数的齐次线性函数.

定理 设 E — 函数 $E_1,\cdots,E_m$ 是一组 m 个一级齐次线性微分方程的解，此组方程的系数 Q_{kl} 是具有代数数系数的有理函数，并设 μ_v 个乘方乘积 $E_1^{\nu_1}\cdots E_m^{\nu_m}$ ($\nu_1+\cdots+\nu_m\leqslant\nu$) 对于所有的 $\nu=1,2,\cdots$ 都成正规系. 倘若 α 是异于 0 及 Q_{kl} 的极的任意代数数，则 m 个数 $E_1(\alpha),\cdots,E_m(\alpha)$ 不适合任何一个有代数数系数的代数方程.

证明 设 $S(y_1,\cdots,y_m)$ 是 $y_1,\cdots,y_m$ 的一个多项式，它的系数是不全为 0 的代

数数. 我们以 s 表示 S 的总次数, 取 $\nu \geqslant s$, 并研究多项式 $y_1^{\nu_1} \cdots y_m^{\nu_m} S$, 其中

$$\nu_1 + \cdots + \nu_m \leqslant \nu - s$$

这些多项式的数目等于

$$\mu_{\nu-s} = \binom{m-s+\nu}{m}$$

它们的总次数都不大于 ν. 假如 S 有零点 $y_1 = E_1(\alpha), \cdots, y_m = E_m(\alpha)$, 则我们得到对于 μ_ν 个数 $E_1^{\nu_1}(\alpha), \cdots, E_m^{\nu_m}(\alpha)(\nu_1 + \cdots + \nu_m \leqslant \nu)$ 的 $\mu_{\nu-s}$ 个独立的线性齐次关系, 它们的系数在由 $E_1, \cdots, E_m, Q_{kl}, S$ 的系数及数 α 所生成的代数数域 K 中.

现在我们应用引理 7, 其中以 μ_ν 及乘方乘积 $E_1^{\nu_1} \cdots E_m^{\nu_m}$ 代替 m 及 $E_1, \cdots, E_m$. 由正规性的假设, 我们可得

$$\mu_\nu - \mu_{\nu-s} \geqslant \frac{\mu_\nu}{2h} \tag{86}$$

其中 h 是 K 的次数. 但 μ_ν 及 $\mu_{\nu-s}$ 都是 ν 的 m 次多项式, 且首项都是 $\dfrac{\nu^m}{m!}$, 所以当 $\nu \to \infty$ 时, (86) 含有矛盾.

这个定理的重要性在于: 它将数 $E_1(\alpha), \cdots, E_m(\alpha)$ 的代数无关性的算术问题化为函数 $E_1(x), \cdots, E_m(x)$ 的乘方乘积的正规性的解析问题.

最简单的例子是 $E_k = e^{a_k x}(k=1, \cdots, m)$, 其中 $a_1, \cdots, a_m$ 是在有理数域中线性无关的代数数. 于是 μ 个乘方乘积的形式是 $e^{\rho_k x}(k=1, \cdots, \mu)$, 其中 $\rho_1, \cdots, \rho_\mu$ 是 μ 个不同的代数数. 对应的方程组 (49) 现在是 $y'_k = \rho_k y_k(k=1, \cdots, \mu)$, 所以所有的方块都是一行一列的, 而正规性的意义就是: 从任何具有多项式系数 $P_1, \cdots, P_\mu$ 的方程 $P_1 e^{\rho_1 x} + \cdots + P_\mu e^{\rho_\mu x} = 0$, 可以推出 $P_1 = 0, \cdots, P_\mu = 0$, 这是容易证明的. 这表明林德曼—魏尔斯特拉斯定理包含在我们现在的定理中.

§9 超几何 $E-$ 函数

为了获得上节定理更一般的应用, 我们需要找出适合系数是有理函数的齐次线性微分方程的 $E-$ 函数. 我们还没有方法去求出所有这样的函数, 而仅仅知道下面这个比较特殊的做出这种函数的方法.

置

$$[\alpha, \nu] = \alpha(\alpha+1) \cdots (\alpha+\nu-1), \nu = 0, 1, \cdots$$

于是 $[\alpha, 0] = 1$ 及 $[\alpha, \nu+1] = (\alpha+\nu)[\alpha, \nu]$. 设 $a_1, \cdots, a_g$ 及 $b_1, \cdots, b_m$ 都是有理数, $b_k \neq 0, -1, -2, \cdots (k=1, \cdots, m)$, 且设 $m-g = t > 0$. 我们定义

$$c_n = \frac{[a_1,n][a_2,n]\cdots[a_g,n]}{[b_1,n][b_2,n]\cdots[b_m,n]}, n=0,1,\cdots$$

$$y = \sum_{n=0}^{\infty} c_n x^{tn}$$

并引进算子

$$\Delta_\lambda f(x) = D(x^{1+\lambda} f(x))$$
$$A = \Delta_{a_1-a_2} \Delta_{a_2-a_3} \cdots \Delta_{a_{g-1}-a_g} \Delta_{a_g}$$
$$B = \Delta_{b_1-b_2} \Delta_{b_2-b_3} \cdots \Delta_{b_{m-1}-b_m} \Delta_{b_m-1}$$

则

$$Ax^{tn-1} = (a_1+n)(a_2+n)\cdots(a_g+n)t^g x^{t(a_1+n)-1}$$
$$Bx^{tn-1} = (b_1+n-1)(b_2+n-1)\cdots(b_m+n-1)t^m x^{t(b_1+n-1)-1}$$

所以

$$A\frac{y}{x} = t^g x^{ta_1-1} \sum_{n=0}^{\infty} (a_1+n)(a_2+n)\cdots(a_g+n) c_n x^{tn}$$
$$B\frac{y}{x} = t^m x^{tb_1-1} \sum_{n=-1}^{\infty} (b_1+n)(b_2+n)\cdots(b_m+n) c_{n+1} x^{tn}$$

因为

$$(a_1+n)\cdots(a_g+n)c_n = (b_1+n)\cdots(b_m+n)c_{n+1}, n=0,1,\cdots$$

故得

$$x^{1-g}(x^{-tb_1}B - t^t x^{-ta_1}A)\frac{y}{x} = t^m(b_1-1)(b_2-1)\cdots(b_m-1)x^{-m}$$

上式左边取如下的形式

$$W = y^{(m)} + Q_1 y^{(m-1)} + \cdots + Q_{m-1} y' + Q_m y$$

此处 $Q_1,\cdots,Q_m$ 是 x^{-1} 的具有有理系数的多项式. 若 m 个数 $b_1,\cdots,b_m$ 中有一个等于 1,则 y 适合 m 级的齐次线性微分方程 $W=0$. 若对于所有的 $k=1,\cdots,m,b_k \neq 1$,则我们以 $g+1,m+1$ 代替 g,m. 并命 $a_{g+1}=b_{m+1}=1$,由此得出一个 $m+1$ 级的齐次线性微分方程 $W=0$.

现在我们要证明 y 是一个 $E-$函数. 写出

$$y = \sum_{\nu=0}^{\infty} d_\nu \frac{x^\nu}{\nu!}$$

我们有

$$d_{tn} = (tn)! \ c_n = \frac{[a_1,n]\cdots[a_g,n][1,n]\cdots[1,n]}{[b_1,n]\cdots[b_g,n][b_{g+1},n]\cdots[b_m,n]} \cdot \frac{(tn)!}{(n!)^t}$$
$$n=0,1,\cdots \tag{87}$$

而对于其他情形 $d_\nu = 0$. 容易看出,对于已给的任意 $\varepsilon > 0$, 当 $n \to \infty$ 时

$$\frac{[a,n]}{[b,n]} = \prod_{k=1}^{n} \frac{1+\frac{a-1}{k}}{1+\frac{b-1}{k}} = O(e^{\varepsilon n}), b \neq 0, -1, -2, \cdots$$

及

$$\frac{(tn)!}{(n!)^t} \leqslant (1+\cdots+1)^{tn} = t^{tn}$$

因此

$$d_n = O(n^{\varepsilon n})$$

我们还要证明 E — 函数定义中的第三个条件是满足的，也就是说要证明：有理数 $d_0, \cdots, d_n$ 的最小公分母等于 $O(n^{\varepsilon n})$. 因为 $(tn)!/(n!)^t$ 是整数，所以只要证明（由于 (87)）：对于任何有理数 $a, b (b \neq 0, -1, -2, \cdots)$，$n+1$ 个数 $[a,k]/[b,k] (k=0,\cdots,n)$ 的最小公分母等于 $O(n^{\varepsilon n})$. 记 $a = \alpha/\beta, b = \gamma/\delta$，由于 $(\alpha, \beta) = 1, (\gamma, \delta) = 1, \delta > 0$，则有

$$\frac{\beta^{2k}[a,k]}{\delta^k[b,k]} = \frac{\beta^k \alpha(\alpha+\beta)(\alpha+2\beta)\cdots(\alpha+(k-1)\beta)}{\gamma(\gamma+\delta)(\gamma+2\delta)\cdots(\gamma+(k-1)\delta)} = \frac{M_k}{N_k}, k=0,\cdots,n$$

设 p 是 N_k 的一个任意素因子，则 $(p, \delta) = 1$，所以对于 $l = 1, 2, \cdots$，当 ν 跑过 p^l 个连续的有理整数时，p^l 个对应的数 $\gamma + \nu\delta$ 中有且只有一个能被 p^l 除尽. 所以 N_k 的 k 个因子 $\gamma, \gamma+\delta, \cdots, \gamma+(k-1)\delta$ 中至少有 $[kp^{-l}]$ 个，而至多有 $1+[kp^{-l}]$ 个能被 p^l 除尽. 当 $p^l > |\gamma|+(k-1)\delta$ 时，这些因子中没有一个能被 p^l 除尽. 设 N_k 能被 p^s 除尽但不能被 p^{s+1} 除尽，则

$$\sum_l [kp^{-l}] \leqslant s \leqslant \sum_l (1+[kp^{-l}])$$

其中 $l = 1, 2, \cdots$，受条件

$$l \leqslant \lg(|\gamma|+(k-1)\delta)/\lg p$$

的限制. 因此

$$\left[\frac{k}{p}\right] \leqslant s \leqslant \left[\frac{k}{p}\right] + O\left(\frac{k}{p^2}\right) + O\left(\frac{\lg(k+1)}{\lg p}\right) \tag{88}$$

及

$$p \leqslant |\gamma|+(k-1)\delta$$

当 $(p, \beta) = 1$ 时，由式 (88) 左边的估值可知分子 M_k 也能被 $p^{[\frac{k}{p}]}$ 除尽；由于 M_k 中有因子 β^k，故当 p 是 β 的素因子时，M_k 仍然能被 $p^{[\frac{k}{p}]}$ 除尽. 所以如果用 r_p 来表示 M_k/N_k 的既约分母中 p 的指数，则对于 $k = 0, 1, \cdots, n$ 有

$$r_p = O\left(\frac{n}{p^2}\right) + O\left(\frac{\lg n}{\lg p}\right)$$

所以 $[a,k]/[b,k]$ $(k=0,1,\cdots,n)$ 的最小公分母 q_n 适合

$$\lg q_n = \sum_{p \leqslant O(n)} \{O(\frac{n}{p^2}) + O(\frac{\lg n}{\lg p})\} \lg p =$$
$$O(n) + \pi(O(n))O(\lg n) = O(n)$$

此处我们用了素数函数的初等上估值 $\pi(x) = O(\frac{x}{\lg x})$. 证明完毕.

因为当 $c_n = \dfrac{[\alpha,n][\beta,n]}{[\gamma,n][1,n]}$ 时, $\sum\limits_{n=0}^{\infty} c_n x^n$ 是超几何函数, 所以我们称本节中所定义的函数 y 为超几何 $E-$函数. 做变换 $x \to \lambda x$, 其中 λ 是任意的代数数; 并取 x 和有限多个超几何 $E-$函数的任意多项式, 其系数是代数数, 则我们仍然得到一个适合于一齐次线性微分方程(其系数是 x 的有理函数)的 $E-$函数. 去求出能由上述方法构成的所有这样的 $E-$函数, 是一个有兴趣的问题.

§10 贝塞尔微分方程

我们将应用上面的定理于特殊函数

$$K = K_\lambda(x) = \sum_{n=0}^{\infty} \frac{(-1)^n}{n!\,(\lambda+1)(\lambda+2)\cdots(\lambda+n)} (\frac{x}{2})^{2n}, \lambda \neq -1, -2, \cdots \quad (89)$$

这是 §9 中所引进的超几何 $E-$函数的一个特别情形: 即于其中取 $g=0, m=2, b_1=1, b_2=\lambda+1$, 并以 $\dfrac{ix}{2}$ 代 x. 微分方程 $W+0$ 于是变为

$$K'' + \frac{2\lambda+1}{x} K' + K = 0$$

所以两 $E-$函数 $y_1 = K, y_2 = K'$ 是一级齐次线性微分方程组

$$y'_1 = y_2$$
$$y'_2 = -y_1 - \frac{2\lambda+1}{x} y_2$$

的解. 我们还要研究这些函数, 看它们是否适合定理中的正规性条件. 这需要一个比较冗长的讨论, 然而这讨论本身是很令人感兴趣的. 答案将在 §13 中给出, 那里将证明: 对于任何有理数 $\lambda \neq \pm\dfrac{1}{2}, \pm\dfrac{3}{2}, \cdots$, 正规性条件是满足的.

事实上, 我们是去研究以 $x^{-\lambda} K$ 代替 K 后所得的微分方程. 由此得出贝塞尔 (Bessel) 微分方程

$$y'' + \frac{1}{x} y' + (1 - \frac{\lambda^2}{x^2}) y = 0 \tag{90}$$

它有特殊解
$$J_\lambda(x) = \frac{1}{\Gamma(\lambda+1)} \left(\frac{x}{2}\right)^\lambda K_\lambda(x) \tag{91}$$

这是以 λ 为指数的贝塞尔函数. 为了我们以后的目的, (90) 中的参变数 λ 可以是任意的复数而不必一定是有理数. 设 (90) 的任意解 y 已给, 它不恒等于 0, 则此函数除了可能的例外点 0 和 ∞ 以外, 到处是正则的. 我们的第一个目的就是要去证明: 3 个函数 x, y, y' 不适合任何一个具有常数系数的代数方程, 除非 2λ 是奇数.

我们先证明比较明显的结果: y 不是 x 的代数函数. 假如不然, 则存在一个展开式
$$y = \sum_{k=0}^{\infty} c_k x^{r_k}$$
它具有递减的有理指数 $r_0 > r_1 > \cdots$, 且 $c_0 \neq 0$, 并在 $x = \infty$ 的近旁收敛. 把此式代入 (90), 便得到 $c_0 = 0$ 的矛盾.

现在更一般地研究一个任意的二级齐次线性微分方程
$$W'' + A(x) W' + B(x) W = 0 \tag{92}$$
其系数 A 和 B 属于 x 的一个已给的解析函数域 L. 我们假定 L 对于微分运算是封闭的, 换句话说, L 含有它的所有元素的导数. 例如, L 可以是 x 的有理函数域. 现在假设 (92) 有一个特殊解 W_0, 它在 L 上不是代数的, 但是适合一个系数在 L 中的一级代数微分方程, 于是我们可以证明, 存在 (92) 的一个解, 它的对数导数在 L 上是代数的. 上面这个假设表示, 我们可以找到未定量 y, z 的一个多项式 $P(y, z)$ (其系数在 L 中, 且不全为 0) 使得 $P(W_0, W'_0)$ 对于 x 恒等于 0; 而且 P 和 z 本身不是无关的.

设 $Q(y, z)$ 是 y, z 的任意多项式, 其系数在 L 中, 并定义
$$Q^*(y, z) = Q_x + z Q_y - (Az + By) Q_z \tag{93}$$
则 $Q^*(y, z)$ 仍然是 y, z 的一个多项式, 其系数在 L 中, 并且对 (92) 的任何解 W, 有
$$\frac{\mathrm{d} Q(W, W')}{\mathrm{d} x} = Q^*(W, W') \tag{94}$$

我们可以假定 $P(y, z)$ 是不可约的. 把 $P(y, z)$ 和 $P^*(y, z)$ 看作单独关于 z 的多项式, 并引进它们的结式 $R(y)$——这是 y 的一个多项式, 它的系数在 L 中. 由于 (94), 从微分方程 $P(W_0, W'_0) = 0$ 可以推出 $P^*(W_0, W'_0) = 0$, 因此 $R(W_0) = 0$. 但是 W_0 在 L 上不是代数的, 所以 $R(y)$ 关于 y 恒等于 0. 这证明了: 如果把 P 和 P^* 看作 z 的多项式, 则它们不是互素的. 因为 P 是不可约的, 所以我们得到
$$P^*(y, z) = T(y, z) P(y, z) \tag{95}$$
此处 T 是 y, z 的一个多项式, 它的系数在 L 中.

现在于 $P(y,z)$ 中取出关于 y,z 的总次数最高的那些项所成的多项式 $H(y,z)$，则 H 是 y,z 的一个 $t(t>0)$ 次齐次多项式，它的系数在 L 中且不全为 0. 由定义 (93) 可知 H^* 仍是 y,z 的 t 次齐次多项式，因而 $P^* - H^* = (P-H)^*$ 的总次数小于 t. 比较 (95) 两边的次数，可知 T 不能有正的总次数. 因此 T 和 y,z 无关，而是 L 中的一个函数，而且
$$H^*(y,z) = TH(y,z) \tag{96}$$
现在我们研究一级齐次线性微分方程
$$v' = Tv \tag{97}$$
它的通解是 $v = cv_0$，于此 $v_0 \neq 0$ 是一特殊解，c 是任意常数. 由 (94) 及 (96) 可知，对于适合 (92) 的每一个 W, $H(W, W')$ 是 (97) 的一个解. 选取 (92) 的两个无关的解 W_1, W_2，则当 λ_1, λ_2 是任意常数时，$W = \lambda_1 W_1 + \lambda_2 W_2$ 是 (92) 的通解，所以
$$H(\lambda_1 W_1 + \lambda_2 W_2, \lambda_1 W'_1 + \lambda_2 W'_2) = c(\lambda_1, \lambda_2) v_0$$
其中 $c(\lambda_1, \lambda_2)$ 与 x 无关. 但左边是 λ_1, λ_2 的一个 t 次齐次多项式，因此
$$c(\lambda_1, \lambda_2) = c_0 \lambda_1^t + c_1 \lambda_1^{t-1} \lambda_2 + \cdots + c_t \lambda_2^t$$
其中 $c_0, c_1, \cdots, c_t$ 是常数.

最后，我们定出两个不全为 0 的常数 λ_1, λ_2，使得 $c(\lambda_1, \lambda_2) = 0$. 于是 (92) 的对应的特殊解 $W = \lambda_1 W_1 + \lambda_2 W_2$ 适合微分方程
$$H\left(1, \frac{W'}{W}\right) = 0$$
这就表示 W 的对数导数在 L 上是代数的.

§11 例外情况的确定

我们应用 §10 的结果于贝塞尔微分方程，并取 L 为 x 的有理函数域. 假设 $y_0 \neq 0$ 是 (90) 的一个解，它适合一个代数微分方程 $P(y_0, y'_0) = 0$，其系数是 x 的多项式且不全为 0. 从我们上面的结果可知 (90) 有另一特殊解 $y \neq 0$，它的对数导数 $\frac{y'}{y} = u$ 是 x 的一个代数函数. 函数 y 在任何点 $x \neq 0, \infty$ 上是正则的，所以 u 的唯一可能的支点在 0 及 ∞. 我们将证明 u 在 ∞ 没有分支，由此推出 0 也不是支点，从而 u 是一个有理函数.

设
$$u = \sum_{k=0}^{\infty} c_k x^{r_k} \tag{98}$$

是 u 的任一分支在 $x=\infty$ 近旁的幂级数展开式,它具有有理指数 $r_0>r_1>\cdots$,而 $c_0\neq 0$. 由于(90),函数 u 适合特殊的黎卡提(Riccati)微分方程

$$u'+u^2+\frac{1}{x}u=\frac{\lambda^2}{x^2}-1$$

因此

$$\sum_{k=0}^{\infty}(r_k+1)c_k x^{r_k-1}+\sum_{k,l=0}^{\infty}c_k c_l x^{r_k+r_l}=\frac{\lambda^2}{x^2}-1 \tag{99}$$

比较系数,我们便得到

$$r_0=0, c_0=\pm\mathrm{i}$$

对于任何 $n=1,2,\cdots$,二重和内对应于 $k=0, l=n$ 及 $k=n, l=0$ 这两项给出了式(99)左边起决定作用的项 $2c_0 c_n x^{r_n}$. 倘若 $c_n\neq 0$,则指数 r_n 必定等于指数 $r_k-1(k<n)$,$r_k+r_l(k,l<n)$ 及 -2 中的一个. 由归纳法,我们可以取各个指数为有理整数列 $r_k=-k(k=0,1,\cdots)$. 特别的,$r_1=-1$ 及

$$2c_0 c_1+c_0=0, c_1=-\frac{1}{2}$$

所以

$$u=\pm\mathrm{i}-\frac{1}{2x}+\cdots \tag{100}$$

在 ∞ 是正则而不分支的.

我们已经知道 u 是 x 的有理函数. 应用(98)及(99)于 u 在 $x=0$ 近旁的幂级数展开式,可知指数 r_k 是递升的连续整数列. 由此可见此幂级数取如下的形式

$$u=\pm\frac{\lambda}{x}+\cdots \tag{101}$$

若 $x_0\neq 0, \infty$ 是 y 的一个零点,次数 $a\geq 1$,则 u 在 $x=x_0$ 有一个一次极,留数是 a. 因为 u 是有理函数,y 只可能有有限多个零点不等于 $0,\infty$,譬如说 $x_1,\cdots,x_h$,其中多重零点重复取多次. 函数 u 在其余所有不等于 0 的点上是正则的. 所以由(100)及(101),得知

$$u=\pm\mathrm{i}\pm\frac{\lambda}{x}+\sum_{k=1}^{h}\frac{1}{x-x_k}$$

是 u 的部分分式展开式,并且

$$h\pm\lambda=-\frac{1}{2}$$

所以 $2\lambda=\pm(2h+1)$ 是一个奇数.

我们已经达到了 §10 中所说的第一个目的,即已经证明了:假如 2λ 不是一个奇数,则没有贝塞尔微分方程的解 $y\neq 0$ 适合于一个一组代数微分方程,而此方程

的系数是 x 的多项式. 我们已知 $2\lambda = \pm(2h+1)$ 的情况确实是例外. 事实上, 对于任何已给的 $h = 0, 1, \cdots$, 函数

$$y_1 = x^{h+\frac{1}{2}} \frac{d^h}{d(x^2)^h} \frac{e^{ix}}{x}$$

$$y_2 = x^{h+\frac{1}{2}} \frac{d^h}{d(x^2)^h} \frac{e^{-ix}}{x}$$

是 (90) 当 $\lambda = \pm(h+\frac{1}{2})$ 时的两个无关的解. 于是任何解都取如下的形式

$$y = x^{-h-\frac{1}{2}}(Ae^{ix} + Be^{-ix})$$

其中 $A(x)$ 和 $B(x)$ 是某些多项式. 计算 $y^2, yy', (y')^2$, 并消去其中的 e^{2ix}, e^{-2ix}, 便可以得到一级二次微分方程

$$c_1 y^2 + c_2 yy' + c_3 (y')^2 = c_4$$

其中 c_1, c_2, c_3, c_4 是 x 的多项式, 且不全为 0.

今后, 我们将摒弃这种例外情况.

§12　含有不同的贝塞尔函数的代数关系式

设已给贝塞尔微分方程的两个无关的解 y_1, y_2. 于是函数 $y_1 y_2' - y_2 y_1' = \Delta$ 适合 $\Delta' = -\frac{\Delta}{x}$, 而

$$y_1 y_2' - y_2 y_1' = \frac{c}{x} \tag{102}$$

其中常数 $c \neq 0$. 这证明了 5 个函数 y_1, y_1', y_2, y_2' 及 x 是代数相关的.

我们将证明 4 个函数 y_1, y_1', y_2, x 是代数无关的. 由于 §11 中的结果, 我们只要证明 y_2 在 y_1, y_1', x 的有理函数域 M 上不是代数的就好了. 假设存在一个不可化多项式

$$P(t) = t^n + \cdots$$

(它的系数在 M 中), 使得

$$P(y_2) = 0$$

对于 x 是恒等的. 我们定义

$$P^*(t) = (\frac{y_1'}{y_1} t + \frac{c}{xy_1}) P_t(t) + \frac{dP(t)}{dx} =$$

$$= n \frac{y_1'}{y_1} t^n + \cdots \tag{103}$$

这仍是 t 的一个 n 次多项式,它的系数在 M 中. 对任意的常数 λ_1, 函数 $y_0 = y_2 + \lambda_1 y_1$ 是关于 y_0 的一级线性微分方程

$$y'_0 = \frac{y'_1}{y_1} y_0 + \frac{c}{x y_1}$$

的一个解. 由定义(103)推出

$$P^*(y_0) = \frac{\mathrm{d} P(y_0)}{\mathrm{d} x} \tag{104}$$

特别的

$$P^*(y_2) = 0$$

因此 $P^*(t)$ 能被 $P(t)$ 除尽

$$P^*(t) = n \frac{y'_1}{y_1} P(t)$$

而(由于(104))

$$P(y_0) = b y_1^n$$

其中 b 与 x 无关. $P(y_2 + \lambda_1 y_1)$ 是 λ_1 的 n 次多项式,所以 $b = b_0 + b_1 \lambda_1 + \cdots + b_n \lambda_1^n$(其中 $b_0, \cdots, b_n$ 是常数)及

$$P_t(y_2) = b_1 y_1^{n-1}$$

这是 y_2 的一个 $n-1$ 次代数方程,其系数在 M 中,因此 $n=1$,而 y_2 本身在 M 中,所以

$$y_2 = \frac{f}{g} \tag{105}$$

于此 f 和 g 是 y_1, y'_1 及 x 的多项式. 在 f 和 g 中各取关于 y_1, y'_1 的总次数最高的齐次项所成的多项式 f_0 和 g_0, 设 f_0 的次数是 φ, g_0 的次数是 γ, 并引进差 $\delta = \varphi - \gamma$ 作为比 $\frac{f}{g}$ 的总次数.

置 $\frac{f_0}{g_0} = v$, 则 v 是 y_1, y'_1 的 δ 次齐次式,而差 $\frac{f}{g} - v$ 的总次数小于 δ. 根据微分方程(90),可知 v' 也是 y_1, y'_1 的 δ 次齐次式,而差 $\left(\frac{f}{g}\right)' - v'$ 的总次数也小于 δ. 把 (105) 代入(102),便得到关于 y_1, y'_1, x 的一个恒等式. 在(102)左边,总次数最高的项是 $y_1 v' - v y'_1$, 它的次数是 $\delta + 1$, 然而右边总次数是 0, 所以 $\delta \geqslant -1$.

先设 $\delta > -1$, 于是 $y_1 v' - y'_1 v = 0$, 因而 $v = c_1 y_1$ 及 $\delta = 1$, 于此 c_1 是常数. 如以 $y_2 - c_1 y_1$ 代替 y_2, 则 $\frac{f}{g}$ 由 $\frac{f}{g} - v$ 来代替,新的 $\frac{f}{g}$ 的总次数小于 1. 现在只留下 $\delta = -1$ 的情况,此时

$$y_1 v' - v y'_1 = \frac{c}{x}$$

所以 v 是 x, y_1, y'_1 的一个有理函数,关于 y_1, y' 是 -1 次的齐次式,且适合贝塞尔微分方程。写 $v = v(y_1, y'_1)$,再利用一次 x, y_1, y'_1 的代数无关性,我们就可以看出,对于任意的常数 λ_1 和 λ_2,$v(\lambda_1 y_1 + \lambda_2 y_2, \lambda_1 y'_1 + \lambda_2 y'_2)$ 也是 (90) 的一个解. 因此

$$v(\lambda_1 y_1 + \lambda_2 y_2, \lambda_1 y'_1 + \lambda_2 y'_2) = \Lambda_1 y_1 + \Lambda_2 y_2 \tag{106}$$

其中的 Λ_1, Λ_2 与 x 无关. 因为

$$v y'_2 - y_2 v' = \frac{c \Lambda_1}{x}$$

$$y_1 v' - v y'_1 = \frac{c \Lambda_2}{x}$$

可知 Λ_1 和 Λ_2 是 λ_1, λ_2 的 -1 次齐次有理函数,不同时恒等于 0,且具有常数系数. 设 Λ_0 是 Λ_1 和 Λ_2 的最小公分母——这是一个次数 $\geqslant 1$ 的齐次多项式. 现在于 (106) 乘以 $\Lambda_0 g_0$,并选取二数 λ_1, λ_2 不全为 0,使得 $\Lambda_0 = 0$. 由此推出 (90) 的特殊解 $y = \lambda_1 y_1 + \lambda_2 y_2$ 适合代数微分方程 $g_0(y, y') = 0$,这是不可能的.

§13 贝塞尔函数的正规性条件

现在我们要证明,在两个 E—函数 $E_1 = K_\lambda(x), E_2 = K'_\lambda(x)$ 的情况下,定理中正规性的条件是满足的,于此 $K_\lambda(x)$ 由 (89) 所定义,而 λ 是一个不等于 $\pm \frac{1}{2}, -1, \pm \frac{3}{2}, -2, \cdots$ 的有理数. 我们有 $E'_1 = E_2, E'_2 = -E_1 - \frac{2\lambda+1}{x} E_2$,所以 $q+1$ 个函数 $z_{kq} = E_1^k E_2^{q-k} (k = 0, 1, \cdots, q)$,对于已给的任何 q,常适合微分方程组

$$z'_{kq} = k z_{k-1, q} - (q-k) \frac{2\lambda+1}{x} z_{kq} - (q-k) z_{k+1, q}, k = 0, 1, \cdots, q \tag{107}$$

于此 $z_{-1, q}$ 及 $z_{q+1, q}$ 定义为 0. 我们的问题在于证明:对于任何的 $\nu = 0, 1, 2, \cdots$;$\frac{1}{2}(\nu+1)(\nu+2)$ 个函数 $z_{kq} (k = 0, 1, \cdots, q; q = 0, 1, \cdots, \nu)$ 常是一正规系.

假如 z 是

$$z'' + \frac{2\lambda+1}{x} z' + z = 0 \tag{108}$$

的任意解,则 $q+1$ 个函数 $z^k (z')^{q-k} (k = 0, 1, \cdots, q)$ 是 (107) 的一个解. 取 $z = \rho_1 z_1 + \rho_2 z_2$,其中 z_1, z_2 是 (108) 的两个无关的解,ρ_1, ρ_2 是任意常数,并命

$$z^k (z')^{q-k} = \sum_{l=0}^{q} \rho_1^l \rho_2^{q-l} \psi_{kl, q}$$

则对于每一个 $l=0,\cdots,q$; $q+1$ 个函数 $\psi_{kl,q}(k=0,\cdots,q)$ 组成(107)的一个解. 这 $q+1$ 个函数是线性无关的, 不然, 则由于 $\psi_{ql,q}=\binom{q}{l}z_1^l z_2^{q-l}$, 将得出 z_1,z_2 的一个 q 次齐次代数方程, 具有不全为 0 的常数系数, 而这和 z_1,z_2 的无关性相矛盾.

对应于 q 的 $\nu+1$ 个值, 关于 $z_{kq}(k=0,\cdots,q;q=0,\cdots,\nu)$ 的 $\frac{1}{2}(\nu+1)(\nu+2)$ 个一级齐次线性微分方程所成的组, 显然分解为 $\nu+1$ 个方块. 于是我们得到了 $\nu+1$ 个解的方块 $Y_q=(\psi_{kl,q})(k,l=1,\cdots,q)$. 现在我们要证明, 它们按照 §4 的意义是无关的. 这就是说, 具有任意多项式 $P_{kq}(x)$ 及任意常数 c_{lq} 的和

$$R=\sum_{0\leqslant k,l\leqslant q\leqslant \nu}P_{kq}c_{lq}\psi_{kl,q}$$

只有在所有的 $P_{kq}c_{lq}$ 恒等于 0 这种显而易见的情况下, 对于 x 才恒等于 0.

引进 $y_1=x^\lambda z_1, y_2=x^\lambda z_2$, 则 y_1, y_2 是贝塞尔微分方程(90)的两个无关的解, 且

$$z'_j=x^{-\lambda}(y'_j-\frac{\lambda}{x}y_j), j=1,2$$

$$y_1 y'_2 - y_2 y'_1 = \frac{c}{x}$$

其中常数 $c\neq 0$. 从而

$$\rho_1 z_1 + \rho_2 z_2 = x^{-\lambda}(\rho_1 y_1 + \rho_2 y_2)$$

$$\rho_1 z'_1 + \rho_2 z'_2 = x^{-\lambda}[\rho_1 y'_1 + \rho_2 y'_2 - \frac{\lambda}{x}(\rho_1 y_1 + \rho_2 y_2)] =$$

$$x^{-\lambda}[(\frac{y'_1}{y_1}-\frac{\lambda}{x})(\rho_1 y_1 + \rho_2 y_2) + \frac{c\rho_2}{xy_1}]$$

及

$$\sum_{l=0}^{q}\rho_1^l \rho_2^{q-l}\psi_{kl,q}=x^{-\lambda q}(\rho_1 y_1 + \rho_2 y_2)^k \cdot$$

$$\left[\left(\frac{y'_1}{y_1}-\frac{\lambda}{x}\right)(\rho_1 y_1 + \rho_2 y_2)+\frac{c\rho_2}{xy_1}\right]^{q-k} \tag{109}$$

因为 λ 是一个有理数, 所以这证明了 $\psi_{kl,q}$ 是 y_1, y_1^{-1}, y'_1, y_2 的多项式, 它的系数是 x 的代数函数.

现在设 R 关于 x 恒等于 0, 则由 §12 的结果推出 R 对于 x,y_1,y'_1,y_2 也恒等于 0. 假设对于 $k,l=0,\cdots,q$ 及 $q=\mu+1,\cdots,\nu$, 所有的乘积 $P_{kq}c_{lq}=0$; 并考虑 R 中关于 y_1,y'_1,y_2 的总次数是 μ 的项. 于是由于(109), 我们便从 $\psi_{kl,\mu}$ 中得到了起决定作用的项 $\binom{\mu}{l}x^{-\lambda q}(\frac{y'_1}{y_1}-\frac{\lambda}{x})^{\mu-k}y_1^l y_2^{\mu-l}$, 所以

$$\sum_{0\leqslant k,l\leqslant \mu} P_{k\mu} c_{l\mu} \binom{\mu}{1}\left(\frac{y'_1}{y_1}-\frac{\lambda}{x}\right)^{\mu-k}\left(\frac{y_2}{y_1}\right)^{\mu-1}=0$$

对于任何的 x, y_1, y'_1, y_2 恒成立，由此推出 $P_{k\mu} c_{l\mu}=0 (k,l=0,\cdots,\mu)$. 于是所有的 $P_{kq} c_{lq}$ 都等于 0，证明完毕.

对于有限的 x，微分方程(108)的系数的唯一奇点是 $x=0$. 设 α 是任意的不等于 0 的代数数，λ 是不等于 $\pm\frac{1}{2}, -1, \pm\frac{3}{2}, -2,\cdots$ 的有理数. 由定理，可知数值 $K_\lambda(\alpha)$ 和 $K'_\lambda(\alpha)$ 不适合任何具有代数系数的代数方程. 特别的，$K_\lambda(\alpha)$ 本身是超越数. 由此推出 $K_\lambda(x)$ 的所有零点都是超越数，且由(91)可知，贝塞尔函数 $J_\lambda(x)$ 的不等于 0 的各个零点也都是超越数.

置

$$w=f_\lambda(x)=\sum_{n=0}^{\infty}\frac{x^n}{n!\,(\lambda+1)\cdots(\lambda+n)}$$

则有

$$K_\lambda(x)=f_\lambda\left(-\frac{x^2}{4}\right)$$

及微分方程

$$xw''+(\lambda+1)w'=w$$

由此微分方程得出连分数

$$\frac{w}{w'}=\lambda+1+\cfrac{x}{\lambda+2+\cfrac{x}{\lambda+3+\cdots}}$$

因为

$$\frac{w'}{w}=\frac{-1}{\sqrt{-x}}\frac{K'(2\sqrt{-x})}{K(2\sqrt{-x})}$$

所以对于任意的代数数 $x\neq 0$ 及任意的有理数 λ，此连分数的数值常是超越数. 在这个命题中，$\lambda=\pm\frac{1}{2},\pm\frac{3}{2},\cdots$ 都包含在内，因为在 §11 末尾的注解中已经证明：此时函数值的超越性是从 $e^{\sqrt{x}}$ 的超越性推出来的.

特别的，数

$$1+\cfrac{1}{2+\cfrac{1}{3+\cdots}}$$

是超越数.

§14 注 记

上面关于贝塞尔微分方程的例子清楚地表明:应用定理于一个已给的一级线性微分方程组,需要深入地研究解的代数性质和解析性质.当然,可能会遇到正规性条件不被适合的情况.最简单的例子是(89)中 $\lambda = -\frac{1}{2}$ 的特殊情况,此时 $K = \cos x, K' = -\sin x, K'' = -K'$,而解的方块

$$Y = \begin{pmatrix} \cos x & \sin x \\ -\sin x & \cos x \end{pmatrix}$$

按 §4 的意义不是无关的,因为 $\cos x + \sin x \cdot i + i(-\sin x) + i\cos x \cdot i = 0$. 其内在的理由是:用变换 $z_1 = y_1 - iy_2, z_2 = y_1 + iy_2$ 可以把组 $y'_1 = y_2, y'_2 = -y_1$ 变为 $z'_1 = iz_1, z'_2 = iz_2$,而变换后的方块分解为两个方块 e^{ix}, e^{-ix}. 这使得有可能把 §4 中解的方块 Y_l 的无关性表示为由线性变换

$$y_k \to A_{k1}y_1 + \cdots + A_{km}y_m, k=1,\cdots,m$$

所成的环 P 的一个性质,这些线性变换的系数 A_{kl} 是 x 的有理函数,并且它们把微分方程(49)的解的线性组合映像到自己.若用罗威(Loewy)关于齐次线性微分方程组的结果,我们就不难找出这个联系.然而在对贝塞尔函数的应用中并不需要 P,所以我们在这里只简单地提一下.

上面关于 $K(\alpha)$ 的结果我们可以按照以下的方法推广.我们研究 $m = 2r$ 个函数 $K(\alpha_l, x), K'(\alpha_l, x)(l=1,\cdots,r)$;于此 $\alpha_1, \cdots, \alpha_r$ 是已给的代数数,它们的平方都互相不同,且都不等于 0. 倘若 2λ 不是奇数,则可以证明定理的条件是满足的;于是数 $K(\alpha_1), K'(\alpha_1), \cdots, K(\alpha_r), K'(\alpha_r)$ 不适合任何一个具有代数系数的代数方程.但这仍是下述命题的一个特殊情况:设 $\lambda_1, \cdots, \lambda_s$ 是有理数,都不等于 $-1, \pm\frac{1}{2}, -2, \pm\frac{3}{2}, \cdots$,并设数 $\lambda_k \pm \lambda_l (1 \leqslant k < l \leqslant s)$ 中没有一个是整数,则 $2rs$ 个数 $K_\lambda(\alpha), K'_\lambda(\alpha)(\lambda = \lambda_1, \cdots, \lambda_s; \alpha = \alpha_1, \cdots, \alpha_r)$ 是代数无关的.其证明还未曾详细地写出,我们把它作为一个有趣的问题留给读者.

另外一个问题是由超几何 $E-$ 函数

$$y = 1 + \frac{k}{\lambda} \cdot \frac{x}{1!} + \frac{k(k+1)}{\lambda(\lambda+1)} \cdot \frac{x^2}{2!} + \cdots =$$
$$\int_0^1 t^{k-1}(1-t)^{\lambda-k-1} e^{tx} dt / \int_0^1 t^{k-1}(1-t)^{\lambda-k-1} dt$$

所提供的,其中有理数 $k,\lambda \neq 0,-1,-2,\cdots,y$ 是
$$xy''+(\lambda-x)y'=ky$$
的一个解.

把 §10,§11,§12,§13 各节中所做的研究推到大于二级的线性微分方程似乎是相当困难的,但这是值得一试的[①].

---

① 关于这方面的研究,请参看 А. Б. Шидловский 的论文. ——译注

第 10 章　对于代数无理数 b 及代数数 $a \neq 0, 1$,数 a^b 的超越性

设 $\rho \neq 0$ 是一个使得 $e^{\rho}=a$ 是代数数的任意复数,又设 β 是一个使得 $e^{\rho\beta}=a^{\beta}=c$ 是代数数的无理数.由函数 $f(x)=e^{\rho x}=a^x$ 的加法定理 $f(x+y)=f(x)+f(y)$ 可知,对于所有的 $x=p+\beta q(p,q=0,\pm 1,\pm 2,\cdots)$, $f(x)$ 取代数数值 $a^p c^q$.因为 β 是无理数,所以这些 x 是互不相同的.

在 1929 年,Гельфонд 有了重要的发现,他证明了 β 不能是一个非实数的二次无理数.这就是说,对于任意的虚二次无理数 b 及任意的代数数 $a \neq 0$,数 $a^b = e^{b \lg a}$ 是超越数,除非 $\lg a = 0$. Гельфонд 在他的证明中,对特殊情况 $f(z)=a^z=e^{z \lg a}$ 应用了第 8 章 §14 中的插值公式,其中序列 $z_1, z_2, \cdots$ 是由点 $p + bq (p, q = 0, \pm 1, \pm 2, \cdots)$ 按某种排列所组成.

展开式
$$f(z) = a_0 F_0(z) + a_1 F_1(z) + \cdots$$
$$F_n(z) = \prod_{l=1}^{n}(z - z_l)$$

的系数 $a_0, a_1, \cdots$ 是由公式

$$a_{n-1} = \frac{1}{2\pi i} \int_C \frac{f(z)}{F_n(z)} \mathrm{d}z = \sum_{k=1}^{n} \frac{f(z_k)}{F'_n(z_k)}$$

$$F'_n(z_k)' = \prod_{\substack{l=1 \\ l \neq k}}^{n}(z_k - z_l)$$

所给出的,而这表明它们是由 a, b, a^b 所生成的域 K 中的数.一方面,从 a_{n-1} 的积分公式可知当 $n \to \infty$ 时,这些系数很迅速地趋向于 0;另一方面,假如 K 是一个代数数域,那么我们可以得到 $|\overline{a_n}|$ 的一个估值以及 a_n 的分母的估值.在 b 是一个虚二次无理数时,从这些估值可以推知,对于所有充分大的 n 都有 $a_n=0$.这是矛盾的,因为 $f(z)$ 不是一个多项式.

Гельфонд 的证明于 1930 年由 Кузьмин 推广到实二次无理数 b 的情况.但是当 b 是一个次数 h 大于 2 的代数无理数时,这个方法并不适用;从这个方法只能得出比较弱的结果,即只能证明 $h-1$ 个数 $a^b, a^{b^2}, \cdots, a^{b^{h-1}}$ 中至少有一个是超越数.

1934 年,Гельфонд 和 Schneider 互相独立地解决了 a^b 为超越数的一般性问题,

这里 b 是任意的代数无理数. 为了要做出适当的渐近式, 这两个证明中都用到了第9章 §2 中的算术引理. 因为施奈德的证明与第9章中另外的一些概念关系比较密切, 所以我们先叙述它. 而 Гельфонд 的证明则将以简化了的形式出现, 这样使得它比施奈德的证明多少简短一些.

§1 Schneider 的证明

假设 b 是一个无理数, 又设 3 个数 $b, a \neq 0, c = a^b = e^{b \lg a}$ ($\lg a \neq 0$) 都在一个 h 次的代数数域 K 中. 倘若 a 是一个单位根, 则 c 就不是一个单位根. 此时, 我们用 c, b^{-1}, a 代替 a, b, c, 则新的 a 就不是一个单位根.

命
$$m = 4h + 3, \quad n = \frac{q^2}{m}$$

其中 q 是一个正有理整数, 而 q^2 能被 m 除尽. 现在我们应用第9章引理 2, 去定出 m 个次数不大于 $2n-1$ 而以 K 中不全为 0 的整数为系数的多项式 $P_1(x), \cdots, P_m(x)$, 使得整函数

$$R(x) = P_1(x) e^{(m-1)x} + P_2(x) e^{(m-2)x} + \cdots + P_m(x)$$

在 q^2 ($q^2 = mn$) 个不同的点 $x = \lambda + \mu b$ ($\lambda, \mu = 1, 2, \cdots, q$) 上取零值. 从这个条件得出关于 $P_1, \cdots, P_m$ 的 $2mn$ 个未定系数的 mn 个齐次线性方程. 这些方程的数值系数都在 K 中, 且它们所有的共轭数的绝对值都等于 $(c_1 q)^{2n-1} O(c_2^q) = O(c_3^n n^{-\frac{1}{2}})$, 于此 c_1, $c_2, \cdots$ 表示与 n 无关的正有理整数; 而且存在这些系数的一个公分母 $c_4^{2n-1+2(m-1)q} = O(c_5^n)$. 于是由引理, 我们可以得到一组不全为 0 的解, 使得 $P_1, \cdots, P_m$ 的所有系数以及它们的共轭数都等于 $O(c_6^n n^{n+\frac{1}{2}})$.

置
$$P_{kl}(x) = a^{(m-l)k} P_l(x+k), \quad k = 1, \cdots, m \tag{110}$$

则有
$$R(x+k) = P_{k1} a^{(m-1)x} + \cdots + P_{km} \tag{111}$$

假定 $P_{\nu_1}(x), \cdots, P_{\nu_g}(x)$ ($0 < \nu_1 < \nu_2 < \cdots < \nu_g \leqslant m$) 都不恒等于 0, 而所有其余的 $P_l(x)$ 都恒等于 0. 如果

$$P_{\nu_l} = \alpha_l x^{r_l} + \cdots, \alpha_l \neq 0, l = 1, \cdots, g$$

则 r_l 即表示 P_{ν_l} 的实际次数, 于是 g 级行列式

$$\Delta(x) = |P_{k\nu_l}(x)|_{k,l=1,\cdots,g} = \alpha_1 \cdots \alpha_g v x^{r_1 + \cdots + r_g} + \cdots$$

因为 a 不是单位根,所以其中的
$$v=\mid a^{(m-\nu_l)k}\mid_{k,l=1,\cdots,g}=\prod_{k>l}(a^{m-\nu_k}-a^{m-\nu_l})\neq 0$$
因此 $\Delta(x)$ 不恒等于 0. 但 $\Delta(x)$ 的次数 $r_1+\cdots+r_g\leqslant m(2n-1)<2mn$,所以在 $2q^2=2mn$ 个数 $x=\lambda+\mu b(\lambda=1,\cdots,2q;\mu=1,\cdots,q)$ 中,我们至少能找到一个数,例如说 $x=\xi$,使得
$$\Delta(\xi)\neq 0$$
由(110)与(111)可知 m 个数 $R(\xi+k)(k=1,\cdots,m)$ 中至少有一个不等于 0. 设
$$R(\xi+k)=\gamma\neq 0$$
于是 $c_4^{2n-1+(m-1)(3q+m)}\gamma$ 是 K 中的一个整数,而且不等于 0,因而
$$\mid N(\gamma)\mid > c_7^{-n} \tag{112}$$
另一方面,利用上面关于 $P_1,\cdots,P_m$ 的系数的估值,可得
$$\mid\overline{\gamma}\mid=2mn(c_8q)^{2n-1}c_9^qO(c_6^n n^{n+\frac{1}{2}})=O(c_{10}^n n^{2n+1}) \tag{113}$$
我们还要求出 $\mid\gamma\mid$ 本身的一个适当的上估值. 为此利用柯西(Cauchy)定理于整函数
$$S(x)=R(x)\prod_{\lambda,\mu=1}^{q}\frac{\xi+k-\lambda-\mu b}{x-\lambda-\mu b}$$
此函数在 $x=\xi+k$ 的数值是 γ,所以
$$\gamma=\frac{1}{2\pi i}\int_{C}\frac{S(x)}{x-\xi-k}dx$$
其中 C 是一条以 $\xi+k$ 为其内点的正向简单闭曲线. 如取 C 为圆
$$\mid x\mid=n+m+q(2+\mid b\mid)=n+O(\sqrt{n})$$
那么我们有
$$R(x)=2mn(c_{11}n)^{2n-1}c_{12}^n O(c_6^n n^{n+\frac{1}{2}})=O(c_{13}^n n^{3n+\frac{1}{2}})$$
$$\mid x-\xi-k\mid\geqslant n>\frac{\mid x\mid}{c_{14}},\ \mid x-\lambda-\mu b\mid>n,\lambda,\mu=1,\cdots,q$$
$$\prod_{\lambda,\mu=1}^{q}\frac{\xi+k-\lambda-\mu b}{x-\lambda-\mu b}=n^{-q^2}O((c_{15}q)^{q^2})=O(c_{16}^n n^{-\frac{mn}{2}})$$
因此
$$\gamma=c_{13}^n n^{3n+\frac{1}{2}}O(c_{16}^n n^{-\frac{mn}{2}})=O(c_{17}^n n^{(3-\frac{m}{2})n+\frac{1}{2}}) \tag{114}$$
由(113)及(114)
$$N(\gamma)=O(c_{18}^n n^{(3-\frac{m}{2})n+\frac{1}{2}+(h-1)(2n+1)}) \tag{115}$$
其中 n 的指数等于

$$\left(3-\frac{m}{2}\right)n+\frac{1}{2}+(h-1)(2n+1)=-\frac{n}{2}+h-\frac{1}{2}$$

因此当 $n \to \infty$ 时，(112) 与 (115) 互相矛盾.

§2 Гельфонд 的证明

在本节中 a,b,c,h,K 与 §1 中有同样的意义：数 a,b 及 $c=a^b=e^{b\lg a}$ 在同一 h 次代数数域 K 中；b 是无理数，a 和 $\lg a$ 都不等于 0. 但是现在不必假定 a 不是单位根.

在这个证明中，渐近式是由不同的方法做成的. 置

$$m=2h+2, n=\frac{q^2}{2m}$$

其中 $q^2=t$ 是一个正有理整数 q 的平方，且 q^2 能被 $2m$ 除尽. 又命

$$\rho_1,\rho_2,\cdots,\rho_t=(\lambda+\mu b)\lg a, \lambda,\mu=1,\cdots,q$$

引进整函数

$$R(x)=\eta_1 e^{\rho_1 x}+\cdots+\eta_t e^{\rho_t x}$$

其中 $\eta_1,\cdots,\eta_t$ 是未定系数，并考虑关于 $2mn=t$ 个未知量 $\eta_1,\cdots,\eta_t$ 的 mn 个齐次线性方程

$$(\lg a)^{-k}R^{(k)}(l)=0, k=0,1,\cdots,n-1, l=1,\cdots,m$$

它们的数值系数都在 K 中，并且以数

$$c_1^{n-1+2mq}=O(c_2^n)$$

为它们的公分母，又它们所有的共轭数都等于 $O((c_3 q)^{n-1}c_4^q)=O(c_5^n n^{\frac{n-1}{2}})$. 由引理 2 可知，此方程组有一组 K 中的非全为 0 的整数解 $\eta_1,\cdots,\eta_t$，适合

$$|\overline{\eta_k}|=O(c_6^n n^{\frac{1}{2}(n+1)}), k=1,\cdots,t$$

因为 t 个数 ρ_k 都各不相同，所以函数 $R(x)$ 不恒等于 0. 选取数 p，使得当 $k=0,1,\cdots,p-1$ 及 $x=1,\cdots,m$ 时 $R^{(k)}(x)=0$，但对于某一个 $l(1\leqslant l\leqslant m)$ 有 $R^{(p)}(l)\neq 0$. 显然，$p \geqslant n$. 现在研究数

$$(\lg a)^{-p}R^{(p)}(l)=\gamma\neq 0 \tag{116}$$

此数在 K 中，且 $c_1^{p+2mq}\gamma$ 是整数，所以

$$|N(\gamma)|>c_7^{-p} \tag{117}$$

其次

$$|\overline{\gamma}|=t(c_3 q)^p c_4^q O(c_6^n n^{\frac{1}{2}(n+1)})=O(c_8^p p^{p+\frac{3}{2}}) \tag{118}$$

为了再求出 $|\gamma|$ 本身的一个适当的上估值，我们引进整函数

$$S(x) = p! \frac{R(x)}{(x-l)^p} \prod_{\substack{k=1\\k\neq l}}^{m} \left(\frac{l-k}{x-k}\right)^p$$

于是有

$$\gamma = (\lg a)^p S(l)$$

及

$$S(l) = \frac{1}{2\pi i} \int_C \frac{S(x)}{x-l} dx$$

于此我们取 C 为圆

$$|x| = m\left(1 + \frac{p}{q}\right)$$

从而可得

$$R(x) = t c_9^{p+q} O(c_6^n n^{\frac{1}{2}(n+1)}) = O(c_{10}^p p^{\frac{1}{2}(p+3)})$$

$$|x-l| \geqslant |x| \frac{p}{p+q},\ |x-k| \geqslant m\frac{p}{q},\ k=1,\cdots,m$$

$$(x-l)^{-p} \prod_{\substack{k=1\\k\neq l}}^{m} \left(\frac{l-k}{x-k}\right)^p = O\left(c_{11}^p \left(\frac{q}{p}\right)^{mp}\right)$$

$$S(x) = p!\, c_{11}^p \left(\frac{q}{p}\right)^{mp} O(c_{10}^p p^{\frac{1}{2}(p+3)}) = O(c_{12}^p p^{\frac{1}{2}(3-m)p + \frac{3}{2}})$$

因而

$$\gamma = O(c_{13}^p p^{\frac{1}{2}(3-m)p + \frac{3}{2}})$$

故由 (118)

$$N(\gamma) = O(c_{14}^p p^{(h-1)(p+\frac{3}{2}) + \frac{1}{2}(3-m)p + \frac{3}{2}}) \tag{119}$$

其中 p 的指数等于

$$(h-1)\left(p+\frac{3}{2}\right) + \frac{1}{2}(3-m)p + \frac{3}{2} = -\frac{p}{2} + \frac{3}{2}h$$

因为 $p \geqslant n$,所以当 n 充分大时,(117) 与 (119) 互相矛盾.

§3 注 记

这两个证明的主要不同之点在于获得代数数 $\gamma \neq 0$ 的方法上. 施奈德为了作出有非零行列式的 g 个渐近式,用到了函数方程 $a^{x+y} = a^x a^y$,而不等式 $\gamma \neq 0$ 是由一个与第 9 章 §4 及 §5 中的讨论相似的代数推理得出的. Гельфонд 仅仅用到这样的一个事实,即一个解析函数,如果它不是一个多项式,那么它的泰勒级数必定有无穷多个系数不等于 0. 因为这个方法是间接的，所以没有立刻给出式 (116) 中 p 的一个具体的有限的上界；然而这可以由更细致的研究得到. Гельфонд 的证明中的见解可以用来解决有关椭圆函数的一些类似问题，我们将在第 11 章中加以研究.

关于 a^b 为超越数这个结果也可以叙述为：假如 a 和 c 是代数数，$ac \neq 0$，$\lg a \neq 0$，那么比值 $\lg c/\lg a$ 或者是有理数，或者是超越数. 换句话说，以任何不等于 0 或 1 的代数数为底的任何不等于 0 的代数数的对数，或者是有理数，或者是超越数. 但是在商 $\lg c/\lg a$ 是无理数时，我们不知道 $\lg c$ 与 $\lg a$ 是否代数无关，甚至还不知道是否不存在一个非齐次的线性关系式 $\alpha \lg a + \gamma \lg c = 1$，其中 α 和 γ 是二次无理数. 另外一个例子，它表明我们对超越数的知识是很有限的：因为 e 是超越数，所以两个数 $e+\pi$ 和 $e\pi$ 不能都是代数数，但是我们还不知道 $e+\pi$ 或 $e\pi$ 是否是无理数.

因为 $e^\pi = i^{-2i}$，所以 e^π 的超越性包含在 Гельфонд 1929 年关于 a^b——于此 a 是不等于 0 的代数数，$\lg a \neq 0$；b 是虚二次无理数——是超越数的结果之中. 在这个发现以前，例如证明 $2^{\sqrt{2}}$ 是无理数这样的问题都被认为是极端困难的，所以希尔伯特 (Hilbert) 把它看成是这样的一个问题，它的解决将在黎曼猜测或者费马 (Fermat) 假设的证明之后. 现在的事实说明，在一个问题没有获得解决以前，人们实在不能预测它的实际的困难.

第11章 椭圆函数

在这一章里,我们将专门讨论关于椭圆函数的某些深奥的结果,这些结果是施奈德于1937年获得的.

§1 阿贝尔微分

设 $\varphi(\xi,\eta)=0$ 是一亏数为 p 的不可化代数曲线 C 的方程,我们把 ξ 看作独立变数并对应于代数函数 η 引进黎曼面 N. N 上所有的单值半纯函数所成的域是和 C 上 ξ 与 η 的所有不恒等于 ∞ 的有理函数 $\psi(\xi,\eta)$ 所成的域 Ω 恒等的. 表达式

$$\mathrm{d}w = \psi(\xi,\eta)\mathrm{d}\xi \tag{120}$$

称为 N 上的一个阿贝尔微分.

对于 N 上的每一点 p,我们有一个局部单值的参变数 t,它把这一点的一个邻域映到 t 平面上 0 的一个简单邻域上. 于(120)中把 ξ 和 η 用它们关于 t 的幂级数代入,我们便得到展开式

$$\frac{\mathrm{d}w}{\mathrm{d}t} = \sum_{n=-\infty}^{\infty} c_n t^n$$

其中只有有限多个以负数 n 为足码的 c_n 是不等于 0 的;当然,系数 c_n 是和 p 有关的. 阿贝尔微分 $\mathrm{d}w$ 称为是第一类的,假如对于所有的 $n<0$ 及所有的 p 常有 $c_n=0$;称为是第二类的,假如在 N 上 c_{-1} 到处等于 0;其他情况,当没有条件时,称为是第三类的. 引进阿贝尔积分 w 后,便可以描述这3种情况如下:阿贝尔积分 w 称为第一类的,假如它到处是有限的;称为是第二类的,假如它在 N 上除了极点以外没有其他的奇点;称为是第三类的,假如它可能有对数支点.

假如 $\mathrm{d}w_1$ 和 $\mathrm{d}w_2$ 是 N 上同类的阿贝尔微分,那么对于任何常数 λ_1,λ_2, $\lambda_1\mathrm{d}w_1+\lambda_2\mathrm{d}w_2$ 也是同类的. 以下我们将限于讨论第一类和第二类微分. 对应的加法群的构造,可以由下面的经典结果来描述:存在 p 个且不多于 p 个线性无关的第一类微分 $\mathrm{d}u_1,\cdots,\mathrm{d}u_p$;及 p 个第二类微分 $\mathrm{d}v_1,\cdots,\mathrm{d}v_p$,使得 N 上的任何一个第二类微分都可以唯一地表示成为

$$\mathrm{d}w = (\lambda_1\mathrm{d}u_1+\cdots+\lambda_p\mathrm{d}u_p)+(\mu_1\mathrm{d}v_1+\cdots+\mu_p\mathrm{d}v_p)+\mathrm{d}\chi \tag{121}$$

的形式,其中 $\lambda_1,\cdots,\lambda_p$ 与 $\mu_1,\cdots,\mu_p$ 是常数,$\chi=\chi(\xi,\eta)$ 在 Ω 中.

在上面的一些定义和叙述中,不必假定 Ω 中的常数所成的域包有全体复数,但重要的是这个域必须是代数封闭的.从现在开始我们将限制 φ 和 ψ 的系数都是代数数,并在这种新的意义下讨论 Ω;于是(121)中的 $\lambda_1,\cdots,\lambda_p$ 和 $\mu_1,\cdots,\mu_p$ 也都是代数数.

§2 椭圆积分

在 $p=1$ 的椭圆形情况,曲线 $\varphi(\xi,\eta)=0$ 可以借助于一个适当的双有理变换
$$x=\psi_1(\xi,\eta),y=\psi_2(\xi,\eta),\psi_1,\psi_2 \text{ 在 } \Omega \text{ 中}$$
映像到正规 3 次曲线
$$y^2=4x^3-g_2x-g_3$$
上,这里 g_2,g_3 是代数常数,$g_2^3-27g_3^2=\Delta\neq 0$. 于是
$$dz=-\frac{dx}{y}$$
和
$$d\zeta=\frac{xdx}{y}$$
分别是第一及第二类微分;且由(121),任意一个第二类椭圆积分 w 适合分解公式
$$dw=\lambda dz+\mu d\zeta+d\chi \tag{122}$$
其中 λ,μ 是代数常数,$\chi(x,y)$ 是 x,y 的一个具有代数系数的有理函数.

魏尔斯特拉斯函数 $\mathcal{B}(z)$ 和 $\zeta(z)$ 是由
$$z=\int_x^\infty \frac{dx}{y},x=\mathcal{B}(z),y=\mathcal{B}'(z)=-\frac{dx}{dz}$$
$$\zeta'(z)=\frac{d\zeta}{dz}=\frac{d\zeta}{dx}\cdot\frac{dx}{dz}=-x=-\mathcal{B}(z),\zeta(-z)=-\zeta(z)$$
所定义.

引进奇函数
$$q(z)=\lambda z+\mu\zeta(z)$$
于是分解式(122)取如下的形式
$$dw=dq+d\chi \tag{123}$$

我们将利用关于第二类椭圆积分 w 的加法定理;由(123)可知,下式是关于 q 的加法定理的直接推论

$$q(z+z_0)-q(z)-q(z_0)=\frac{\mu}{2}\frac{\mathscr{B}'(z)-\mathscr{B}'(z_0)}{\mathscr{B}(z)-\mathscr{B}(z_0)} \tag{124}$$

其中 z 和 z_0 是复平面上的独立变数. 因为有微分方程

$$\mathscr{B}'(z)=(4\mathscr{B}^3(z)-g_2\mathscr{B}(z)-g_3)^{\frac{1}{2}}$$

所以关于 $\mathscr{B}(z)$ 的加法定理可以由(124)关于 z 求微分得出.

除了(124)以外,我们还需要椭圆函数的另外一些著名性质:存在 $\mathscr{B}(z)$ 的两个基本周期 ω_1,ω_2 使得任何周期 ω 可以唯一地表示成为 $\omega=g_1\omega_1+g_2\omega_2$,这里 g_1,g_2 是有理整数;比值 $\omega_2/\omega_1=\tau$ 不是实数;函数 $\zeta(z)$ 在所有周期点 $z=\omega$ 上有一次极而在 z—平面的其余所有有限点上是正则的;最后

$$q(z+\omega)-q(z)=\eta \tag{125}$$

由此 η 与周期 ω 有关但与 z 无关.

我们主要的目的是证明下面的施奈德定理:设 $p_1=p(\xi_1,\eta_1)$ 和 $p_2=p(\xi_2,\eta_2)$ 是亏数是 1 的曲线 $\varphi(\xi,\eta)=0$ 的黎曼面 N 上的两点,它们的坐标 (ξ_1,η_1) 和 (ξ_2,η_2) 是代数数,并设 $w(p)$ 是一个第二类不定椭圆积分,它在 p_1,p_2 是正则的,并且不能化为 ξ 和 η 的一个有理函数;则定椭圆积分

$$w(p_2)-w(p_1)=\int_{p_1}^{p_2}\mathrm{d}w \tag{126}$$

的值是超越数,除非 p_1 和 p_2 相同并且在 N 上的积分路径同调于 0.

因为 $w(p)$ 在 N 上不是单值的,因此必须注意,这个定理对于 N 上任何以 p_1 和 p_2 为端点的积分路径 L 都成立. 在定理的证明中,我们可以除去 L 在 N 上是闭的而且同调于 0 的这种显而易见的情况;于是 L 是 z—平面上有不同端点 z_1 和 z_2 的一条路径的映像. 差

$$z_2-z_1=z_0\neq 0$$

只有当 L 在 N 上是闭的情况下才是一个周期 ω. 为了定理的证明,对于这种情况我们可以假设 L 非重复同调于 N 上的一条闭曲线;于是 $\frac{\omega}{2}$ 不是周期,且由(123)及(125)得

$$2q(\frac{\omega}{2})=\eta=\int_L \mathrm{d}q=\int_L \mathrm{d}w,\mathscr{B}'(\frac{\omega}{2})=0 \tag{127}$$

倘若 L 不是闭的,则 z_0 不是周期,因而我们可以应用(124)(取 $z=z_1$ 或 z 趋近于 z_1)及(123). 由定理中关于 p_1 和 p_2 的假设,可知 $q(z_0)$ 和椭圆积分(126)的差是一个代数数. 由这一结果和(127)可见,要证明定理只要证明下面的叙述:

设 $\lambda,\mu,g_2,g_3,\mathscr{B}(z_0)$ 都是代数数且 λ,μ 不同时为 0,则 $q(z_0)=\lambda z_0+\mu\zeta(z_0)$ 是超越数.

§3 渐近式

假定 $\lambda, \mu, g_2, g_3, \mathcal{B}(z_0), \mathcal{B}'(z_0)$ 及 $q(z_0)$ 都在一个 h 次代数数域 K 中,并令
$$m = 16h + 1 \tag{128}$$
我们来研究 z_0 的乘积 $z_0, 2z_0, 3z_0, \cdots$。因为 z_0 不是一个周期,所以可以选取这些乘积中的 m 个,例如说 $z_1, \cdots, z_m$,它们都不是周期。从 $q(z)$ 和 $\mathcal{B}(z)$ 的加法定理可知 $3m$ 个数 $\mathcal{B}(z_k), \mathcal{B}'(z_k), q(z_k)(k=1,\cdots,m)$ 全都在 K 中。

设 a 和 b 是 K 中任意不等于 0 的常数,于是我们可以实行代换 $a^2 x \to x; a^3 y \to y; a^4 g_2 \to g_2; a^6 g_3 \to g_3; a^{-1} z \to z; ab\lambda \to \lambda; a^{-1} b\mu \to \mu; a\zeta \to \zeta; bq \to q$,这简单地表明了阿贝尔微分的群的性质。适当地选取 a 和 b,我们就可以假定 $3m+4$ 个数 $\lambda, \mu, \frac{1}{2} g_2, g_3, \mathcal{B}(z_k), \mathcal{B}'(z_k), q(z_k)(k=1,\cdots,m)$ 都是 K 中的整数。从公式 $q' = \lambda - \mu\mathcal{B}$,$\mathcal{B}'' = 6\mathcal{B}^2 - \frac{1}{2} g_2$ 可知,对于 $z = z_1, \cdots, z_m$,$\mathcal{B}$ 和 q 的所有导数也都是 K 中的整数。同样,乘方乘积
$$f(z) = f_{\alpha\beta}(z) = \mathcal{B}^\alpha(z) q^\beta(z), \alpha, \beta = 0, 1, \cdots$$
的所有导数也显然都是 K 中的整数。

为了求得这些导数的绝对值的上估值,我们利用柯西公式
$$f^{(l)}(z_k) = \frac{l!}{2\pi i} \int_C \frac{f(z)}{(z-z_k)^{l+1}} dz, l = 0, 1, \cdots$$
并取 C 为以 z_k 为圆心半径充分小的一个圆,使得所有的周期点都在这个圆的外面。在 C 上我们有 $f(z) = O(c_1^{\alpha+\beta})$,其中 c_1 与 α, β 无关;因此对于 $k = 1, \cdots, m$ 及所有的 $\alpha, \beta, l = 0, 1, \cdots$ 都有
$$f_{\alpha\beta}^{(l)}(z_k) = l! \; O(c_2^{\alpha+\beta+l}) \tag{129}$$

对于 $f^{(l)}(z_k)$ 之共轭值的一个对应的估值可以用下面的方法得到。命 $\overline{K}$ 表示 K 的 h 个共轭域中的任意一个。因为 $\Delta = g_2^3 - 27 g_3^2 \neq 0$,所以 $\overline{\Delta}$ 也不等于 0;所以我们可以引进具有不变量 $\overline{g_2}, \overline{g_3}$ 的 $\mathcal{B}$ — 函数 $\overline{\mathcal{B}}(z)$。对于固定的 k,我们借条件 $\overline{\mathcal{B}}(\overline{z_k}) = \overline{\mathcal{B}(z_k)}$ 和 $\overline{\mathcal{B}}'(\overline{z_k}) = \overline{\mathcal{B}'(z_k)}$ 来定义一个复数 $\overline{z_k}$;这样定出的 $\overline{z_k}$ 只可能差函数 $\overline{\mathcal{B}}(z)$ 的一个任意的加性周期,现在我们取定一个 $\overline{z_k}$。最后,我们定义由条件 $\overline{q}'(z) = \overline{\lambda} - \overline{\mu} \overline{\mathcal{B}}(z)$ 与 $\overline{q}(\overline{z_k}) = \overline{q(z_k)}$ 唯一决定的函数 $\overline{q}(z)$。于是 $\overline{f}_{\alpha\beta}(z) = \overline{\mathcal{B}}^\alpha \overline{q}^\beta$ 具有 $f_{\alpha\beta}(z)$ 的为了证明 (129) 所需的一切性质,且 $\overline{f_{\alpha\beta}^{(l)}}(\overline{z_k}) = \overline{f_{\alpha\beta}^{(l)}(z_k)}$。所以对于 $k = 1, \cdots, m$ 及所有 α,

$\beta, l = 0, 1, \cdots$ 都有

$$\overline{|f_{\alpha\beta}^{(l)}(z_k)|} = l! \; O(c_3^{\alpha+\beta+l}) \tag{130}$$

设 r 是一个正有理整数，且 r^2 能被 $2m$ 除尽，并设

$$n = \frac{r^2}{2m}$$

现在我们来研究 $\mathcal{B}$ 和 q 的多项式 $R(\mathcal{B}, q)$，它关于第一变数的次数小于 r，并且具有 r^2 个未定系数. 把 $R(\mathcal{B}, q)$ 看作 z 的函数，假如 $R(\mathcal{B}, q)$ 在所有 m 个点 $z = z_1, \cdots, z_m$ 上都至少有 n 次零点，那么我们可以得到 mn 个齐次线性方程，它们的数值系数是 K 中的整数，且由估值 (130) ($\alpha < r, \beta < r, l < n$) 可知这些系数都等于 $O(c_4^n n^n)$. 应用引理 2，可见存在一个多项式 $R(\mathcal{B}, q)$ 满足上面的假定，这个多项式以 K 中不全为 0 的整数为系数，且它们的共轭数等于 $O(c_5^n n^n)$.

§4　结论的证明

我们先来证明函数 $q(z)$ 不是 $\mathcal{B}(z)$ 的一个代数函数. 不然，则存在一个有最小次数 $\rho \geqslant 1$ 的方程

$$q^\rho + A_1 q^{\rho-1} + \cdots + A_\rho = 0 \tag{131}$$

其中 $A_1, \cdots, A_\rho$ 是 $\mathcal{B}(z)$ 和 $\mathcal{B}'(z)$ 的有理函数. 因为 $q'(z) = \lambda - \mu \mathcal{B}(z)$，所以 (131) 关于 z 的微分给出 q 的一个次数不大于 $\rho - 1$ 的方程而且是 q 的恒等式. 设 j 是一个和 z 无关的未定量，则表示式

$$(q+j)^\rho + A_1(q+j)^{\rho-1} + \cdots + A_\rho, q = q(z)$$

与 z 无关. 上式关于 j 求导数便得出 $q(z)$ 的一个 $\rho - 1$ 次方程；因此 $\rho = 1$，而 $q(z)$ 是一个椭圆函数. 但 $q(z)$ 在周期网中至多有一个极，即当 $\mu \neq 0$ 时在 $z = 0$ 处之一次极，因而 $q(z)$ 是常数. 但因为 λ 和 μ 不同时为 0，所以得出矛盾.

现在我们已经知道半纯函数

$$R(\mathcal{B}, q) = g(z)$$

关于 z 不能恒等于 0. 设 s 是适合下面条件的一个数，即使得所有的导函数 $g(z)$, $g'(z), \cdots, g^{(s-1)}(z)$ 在 m 个点 $z = z_1, \cdots, z_m$ 上都等于 0，但对某个 $k = 1, \cdots, m$

$$\gamma = g^{(s)}(z_k) \neq 0$$

显然 $s \geqslant n$. 因为 γ 是 K 中的整数，所以

$$|N(\gamma)| \geqslant 1 \tag{132}$$

另一方面，由于 (130)

$$\overline{|\gamma|} = s! \ c_3^{2n+s} r^2 O(c_5^n n^n) = O(c_6^s s^{2s}) \tag{133}$$

我们还要求出 $|\gamma|$ 本身的一个适当的上估值. 设 ν 是一个正有理整数, 它将与 n 同时趋向于 ∞, 并设

$$A(z) = \prod_{g_1, g_2 = -\nu}^{\nu} (z - g_1 \omega_1 - g_2 \omega_2)^{3r}$$

$$B(z) = \prod_{l=1}^{m} (z - z_l)^s$$

其中 ω_1, ω_2 是 $\mathscr{B}(z)$ 的基本周期. 函数

$$f(z) = \frac{A(z)}{B(z)} g(z)$$

在由

$$z = x_1 \omega_1 + x_2 \omega_2$$

$$-\nu - \frac{1}{2} \leqslant x_1 \leqslant \nu + \frac{1}{2}, \ -\nu - \frac{1}{2} \leqslant x_2 \leqslant \nu + \frac{1}{2}$$

所定义的平行四边形 F_ν 中是正则的. 我们预先取 n 很大使得 $z_1, \cdots, z_m$ 都是 F_ν 的内点. 由于 (125) 及 $\mathscr{B}(z)$ 的周期性, 所以在 F_ν 的境界上我们有下面的估值

$$g(z) = r^2 (c_7 \nu)^r O(c_5^n n^n)$$

$$A(z) = O((c_3 \nu)^{3r(2\nu+1)^2}) = O(c_9^{\nu^2} \nu^{27 \nu^2})$$

$$\frac{1}{B(z)} = O\left(\left(\frac{c_{10}}{\nu}\right)^{ms}\right)$$

因此

$$f(z) = O(c_{11}^s c_9^{\nu^2} n^n \nu^{28 \nu^2 - ms})$$

而在 F_ν 内部的点 $z = z_k$ 上我们有

$$f(z_k) = A(z_k) \lim_{z \to z_k} \frac{g(z)}{B(z)} = \frac{A(z_k) g^{(s)}(z_k)}{s! \prod_{\substack{l=1 \\ l \neq k}}^{m} (z_k - z_l)}$$

$$\frac{1}{A(z_k)} = O(c_{12}^n)$$

$$\prod_{\substack{l=1 \\ l \neq k}}^{m} (z_k - z_l)^s = O(c_{13}^s)$$

由解析函数的最大模定理, 我们得到估值

$$\gamma = s! \ c_{12}^n c_{13}^s O(c_{11}^s c_9^{\nu^2} n^n \nu^{28\nu^2 - ms}) = O(c_{14}^s c_9^{\nu^2} s^{2s} \nu^{28\nu^2 - ms})$$

命 $r > 112$, 并取

$$\nu = \left[\sqrt{\frac{ms}{56r}}\right] \geqslant \left[\sqrt{\frac{r}{112}}\right] \to \infty, n \to \infty$$

于是

$$28\nu^2 \leqslant \frac{ms}{2}$$

及

$$\gamma = O(c_{15}^s s^{2s} \nu^{-\frac{ms}{2}}) = O\left(c_{16}^s s^{2s} \left(\frac{s}{\sqrt{n}}\right)^{-\frac{ms}{4}}\right) = O(c_{16}^s s^{2s-\frac{ms}{8}})$$

因而由(128)及(138)

$$N(\gamma) = O(c_{17}^s s^{2hs-\frac{ms}{8}}) = O(c_{17}^s s^{-\frac{s}{8}}) \to O(n \to \infty)$$

这和(132)相矛盾。由此可见，我们在§3开始时所做的假定是不对的，因而当 λ, μ, $g_2, g_3, \mathcal{B}(z_0)$ 都是代数数且 λ, μ 不同时为 0 时，$q(z_0)$ 是超越数。

§5 另外的一些结果

我们来研究施奈德定理的几个例子。例如 (ξ_1, η_1) 和 (ξ, η) 是椭圆

$$\frac{\xi^2}{a^2} + \frac{\eta^2}{b^2} = 1, 0 < b < a$$

上的两个实点，则弧长

$$s(\xi, \xi_1) = \int_{\xi_1}^{\xi} \sqrt{\frac{a^2 - \varepsilon^2 \xi^2}{a^2 - \xi^2}} d\xi, \varepsilon^2 = 1 - \frac{b^2}{a^2}$$

是一个第二类椭圆积分，而不是 ξ 和 η 的有理函数。因而除了显而易见的情况 $s=0$ 以外，当 a, b, ξ_1, ξ 是代数数时，s 是超越数。特别的，对于代数数 a 和 b，椭圆的周长是超越数。关于圆 ($a=b$) 的对应的结果已包含在林德曼的定理中。

双纽线

$$(\xi^2 + \eta^2)^2 = 2a^2(\xi^2 - \eta^2), a > 0$$

的弧长是按公式

$$s(\xi, \xi_1) = a\sqrt{2} \int_{t_1}^{t} \frac{dt}{\sqrt{1-t^4}}, t^2 = \frac{\xi^2 - \eta^2}{\xi^2 + \eta^2}$$

计算的。把它看成 t 的函数时，这是一个第一类椭圆积分。所以当 a 是代数数时，双纽线在具有代数数坐标的点 ξ, η 间的弧长是超越数，当然显而易见的情况 $s=0$ 应该除外。特别当 a 是代数数时，双纽线的周长是超越数。因为

$$4\int_0^1 \frac{dt}{\sqrt{1-t^4}} = \int_0^1 u^{-\frac{3}{4}}(1-u)^{-\frac{1}{2}}du =$$

$$B(\frac{1}{4}, \frac{1}{2}) = \frac{\Gamma(\frac{1}{4})\Gamma(\frac{1}{2})}{\Gamma(\frac{3}{4})} =$$

$$(2\pi)^{-\frac{1}{2}}\Gamma^2(\frac{1}{4})$$

所以当 $a=1$ 时周长为 $\pi^{-\frac{1}{2}}\Gamma^2(\frac{1}{4})$. 因此,数 $\pi^{-\frac{1}{4}}\Gamma(\frac{1}{4})$ 是超越数. 然而我们还不知道 $\Gamma(\frac{1}{4})$ 是否是一个无理数.

所有关于超越数的证明主要是利用这样一个事实,即此类问题可以化为整函数的一个性质的证明. 这就是为什么已知的方法不能用于第三类椭圆积分,甚至不能用于更简单的情况,即曲线的亏数是 0 的第三类积分的理由. 例如,我们还不知道数

$$\int_0^1 \frac{dx}{1+x^3} = \frac{1}{3}(\lg 2 + \frac{x}{\sqrt{3}})$$

是否是一无理数.

施奈德还发现了关于椭圆函数另外一个有趣的定理,这个定理我们在这里只加以陈述而不给证明:设 $\mathscr{B}(z) = \mathscr{B}(z, g_2, g_3)$ 和 $\mathscr{B}^*(z) = \mathscr{B}(z, g_2^*, g_3^*)$ 是两个代数无关的 $\mathscr{B}-$ 函数,它们分别具有不变量 g_2, g_3 和 g_2^*, g_3^*,则对于任何 z_0,当它不是这两个函数之一的周期时,6 个数 $g_2, g_3, g_2^*, g_3^*, \mathscr{B}(z_0), \mathscr{B}^*(z_0)$ 中至少有一个是超越数.

已知 $\mathscr{B}(z)$ 和 $\mathscr{B}^*(z)$ 适合一个有常数系数的代数方程的充分且必要条件是它们的周期网是可公度的. 这就是说

$$\omega_1^* = \alpha\omega_1 + \beta\omega_2, \omega_2^* = \gamma\omega_1 + \delta\omega_2 \qquad (134)$$

其中 $\alpha, \beta, \gamma, \delta$ 是有理数;ω_1, ω_2 与 ω_1^*, ω_2^* 是基本周期. 我们讲一下这个定理的一个应用. 假定

$$\frac{\omega_2}{\omega_1} = \tau, \frac{g_2^3}{g_2^3 - 27g_3^2} = j(\tau)$$

都是代数数. 我们有

$$g_2 = 60\sum_{\omega\neq 0}\omega^{-4}, g_3 = 140\sum_{\omega\neq 0}\omega^{-6}$$

在此 ω 跑过 $\mathscr{B}(z, g_2, g_3)$ 的所有不等于 0 的周期. 如以 $\lambda\omega$ 代替 ω,则只要适当地选择常数 $\lambda \neq 0$,当 $j(\tau) = 0$ 时,我们就可以让 $g_3 = 1$;不然,可以让 $g_2 = 1$. 所以 g_2 和 g_3

都是代数数. 定义
$$g_2^* = \tau^{-4} g_2, g_3^* = \tau^{-6} g_3$$
$$\omega_1^* = \tau \omega_1, \omega_2^* = \tau \omega_2 \tag{135}$$
则
$$\mathscr{B}^*(\tau z) = \tau^{-2} \mathscr{B}(z)$$
特别
$$\mathscr{B}^*\left(\frac{\omega_2}{2}\right) = \tau^{-2} \mathscr{B}\left(\frac{\omega_1}{2}\right)$$

现在 6 个数 $g_2, g_3, g_2^*, g_3^*, \mathscr{B}\left(\frac{\omega_2}{2}\right), \mathscr{B}^*\left(\frac{\omega_2}{2}\right)$ 都是代数数,所以由此定理推出(134);再由(135)
$$(\tau - \alpha)(\tau - \delta) = \beta \gamma$$
所以 τ 是一个二次无理数.

这证明了:一方面,椭圆模函数 $j(\tau)$,对于上半平面上的每一个不是虚二次无理数的代数数 τ,是一个超越数;另一方面,从复数乘法的定理,可知对于任何的虚二次无理数 τ, $j(\tau)$ 是一个代数数.

1941 年,施奈德把他关于椭圆积分的结果之一推广到亏数 $p > 1$ 的黎曼面 N 上的阿贝尔积分:设 w 是一个第一类或第二类阿贝尔积分,而不是一个代数函数,并设 $L_1, \cdots, L_p$ 是 N 上的 p 个退化截面,它们使 N 仍然是联通的,则 p 个积分
$$\eta_k = \int_{L_k} \mathrm{d}w, k = 1, \cdots, p$$
中至少有一个是超越数. 特别的,存在 N 上的一条闭曲线 L 使得
$$\eta = \int_L \mathrm{d}w \tag{136}$$
是超越数. 应该指出,施奈德的论文中关于最后这个公式是错误的;然而只要利用单变数的柯西公式就可以不太困难地完成其证明.

下面的积分是一个有趣的例子
$$w = \int x^{\alpha-1}(1-x)^{\beta-1} \mathrm{d}x$$
其中 $\alpha, \beta, \alpha + \beta$ 是有理数,但不是整数. 对于任何闭曲线 L,(136)中对应的周期 η 的形式是 $\rho B(\alpha, \beta)$,此处 ρ 是由 $\mathrm{e}^{2\mathrm{i}\pi\alpha}$ 和 $\mathrm{e}^{2\pi\mathrm{i}\beta}$ 所生成的分圆域中的一个数. 于是当 $\alpha, \beta, \alpha + \beta$ 是有理数而不是整数时,从施奈德的结果推知数
$$B(\alpha, \beta) = \frac{\Gamma(\alpha)\Gamma(\beta)}{\Gamma(\alpha + \beta)}$$
是超越数. 从 π 的超越性,可知 $\alpha + \beta = 1, 2, \cdots$ 的情况并不是真正的例外. 取 $\alpha = \beta$,

可知对于所有不是整数的有理数 α,二数 $\Gamma(\alpha),\Gamma(2\alpha)$ 中至少有一个是超越数. 然而我们不知道,例如, $\Gamma(\frac{1}{3})$ 是否是一个无理数.

作为关于 $B(\alpha,\beta)$ 这结果的一个几何的应用,我们来考虑复数 z—平面上,所有使从 z 到一个正多边形的 n 个顶点 $a\varepsilon^k (k=1,2,\cdots,n;\varepsilon=e^{2\pi i/n};a>0)$ 的距离 $|z-a\varepsilon^k|$ 的乘积等于 a^n 的那些点 z 所组成的曲线. 当 $n=1$ 和 $n=2$ 时,我们得到圆和双纽线. 经过简单的计算,可知曲线周长的值是

$$s = 2^{\frac{1}{n}} a B\left(\frac{1}{2}, \frac{1}{2n}\right)$$

因而比值 $\frac{s}{a}$ 是超越数. 另外一个例子是 (x,y) 平面上的区域

$$|x^{\frac{1}{\alpha}}| + |y^{\frac{1}{\beta}}| < 1$$

这里 α,β 是有理数但不是整数;它的面积是超越数值

$$J = 4 \frac{\alpha+\beta}{\alpha\beta} B(\alpha,\beta)$$

第 4 编
从数学研究的视角看 π

第 12 章　高精度 π 值计算的若干问题

1995 年 11 月,天津师范大学计算机科学系的李学武、张晓华,天津电力局职工大学的杨燕青,农业银行天津新技术园区支行的李晓晶 4 位教授用 PASCAL 语言编制程序,在一台 486DX/100 微机上计算 π(圆周率)值.结果如下:

| 计算的小数位数: | 1 000 位 | 10 000 位 | 50 000 位 |
| 运行时间 | 8 s | 10 min0 s | 6 h 22 min |

所得结果与相关文献①所刊登的数据完全一致.早在 1989 年,美国的 G. V. 库德诺夫斯基与 D. V. 库德诺夫斯基两兄弟分别在巨型计算机 CRAY—2 与 IBM3090 上,已经将 π 值计算到小数点后 10 亿多位.针对这一现实,本文将着重阐述他们的工作所具有的多方面的意义,最后通过两个命题给出作者在 π 值算法优化方面的部分成果.

§1　π 值计算的现状与意义

π 的本原含义是圆周率,即圆的周长与直径之比.在大多数科学计算中,所用的 π 值一般不超过 10 位小数,如果用一个球面把目前人类所探测到的宇宙空间包起来,再计算该球面大圆的周长,为了使误差不超过一个氢原子的直径,只需使用 π 的 39 位小数.迄今我们还不知道有什么实际问题的计算,需要比这更精确的 π 值.

然而,从古至今,人们始终没有中断对更精确的 π 值的渴求.有关对 π 的研究与计算的历史,将另文阐述,这里我们只通过表 1 列举几个重要的事件.有关数据大都依据原始资料进行了订正.

---

① SHANKS D, WRENCH J W. Calculation of π to 100 000 Decimals[J]. Math, Computation, 1962(16):76-99.

表 1

年代	作 者	计算位数	备 注
429—500	祖冲之（中国）	7 位	这一成果领先世界约 1 000 年
1706	J. Machin（英）	100 位	
1949	G W. Reitweisner（美）	2 037 位	ENIAC 机，运行 70 h
1961	D. Shanks & J. W. Wrench（美）	10 万位	IBM7090 机，运行 8 h43 min[①]
1973	Guilloud & Bouyer（法）	100 万位	CDC7600 机
1987	金田康正（日）（英译名为 Kanada）	134 217 000 位（1.3 亿位）	NEC SX－2 机
1989	G. V. Chudnovsky & D. V. Chudnovsky（美）	1 011 196 691 位（10 亿位）	IBM3090 机、CRAY－2 机

尽管 π 值目前已计算出 10 亿多位，但对 π 和 π 的计算的研究依然没有终止，库德诺夫斯基在完成他们的计算后曾指出，关于 π，还有很多工作可做．事实上，1989 年以后，在一些国际上颇有影响的学术刊物上，仍不时出现有关 π 的论文．据此，我们认为，高精度 π 值的计算，至少具有以下几方面的意义：

1. 检验计算机硬件和软件的性能

例如，我们在 486DX/100 微机上计算 5 万位 π 值，大约需要 6 h，运行中，任何一个微小的机器故障，都将导致错误的结果．因而，这对于计算机的运行速度，以及运行的可靠性、稳定性，都是一个很好的检验．为此，我们把有关计算程序与参考数据制成应用软件，并请某计算机销售公司协助推广，该软件尤其适合在购买新机器时使用，与此同时，我们还把 PASCAL 源程序分别在 Turbo Pascal V6.0 与 Turbo Pascal V7.0 环境下编译．结果发现后者比前者大约节省 10% 的运行时间．用这一方法可对各种高级语言的编译系统进行检验．1986 年，将 π 值计算到 2 900 万位的贝利（Bailey）指出，他做这一计算的直接原因，就是为了检验超级计算机 CRAY－2 的硬件环境、FORTRAN 编译系统与操作系统的可靠性与完善性[②]．许多文献都

---

① SHANKS D, WRENCH J W. Calculation of π to 100 000 Decimals[J]. Math, Computation, 1962(16):76-99.

② BAILEY D H. The Computation of π to 29 360 000 Decimal Digits Using Borweins' Quartically Convergent Algorithm[J]. Math Computation, 1988(50):283-296.

指出,高精度 π 值计算可作为检验计算机性能的一个标准计算.

2. 关于 π 的小数位的随机分布性质的研究

这一点在理论上与应用上都具有重要价值.1771 年,兰伯特证明了 π 是无理数,1882 年,林德曼进一步证明了 π 是超越数(即它不是任何一个有理系数代数方程的根),但关于 π 的各位小数的随机分布的性质,目前还主要依赖于统计分析,计算的位数越多,统计分析的结果就越可靠,随机数在多种应用与研究中都占有重要的地位,目前许多重要的研究课题(如利用蒙特卡罗方法研究中子迁移)都需要分布很均匀的随机数(其均匀分布性可做这样直观的理解:在一个相当长的由 0 ~ 9 这 10 个数字组成的序列中,每个数字(如"2")出现的频率大约是十分之一,每个相连两位数字(如"37")出现的频率大约是百分之一,……).为此我们设计了一个用蒙特卡罗方法做定积分计算的试验,分别采用 QBASIC,Turbo C,Turbo PASCAL 等语言系统提供的随机数和 π 的小数位为随机数进行计算,初步结果表明,用 π 的小数位计算的效果最好,最后的报告将在试验全部完成后给出.有文献曾指出,从理论上讲,由一个序列产生的随机游动,应满足由这一序列的布朗运动所确定的一种多重对数定律,他们采用多种常用的伪随机序列进行模拟,都不能通过这种检验,唯独用 π 的小数位产生的随机游动得到了很好的吻合.

在 20 世纪 60 年代以前,人们使用随机数,主要依赖于蒲丰表等人为的一些随机数表,有了计算机之后,多种高级语言都提供了用某种算法产生的随机数(即伪随机数),它只占用很少空间,但有两个致命的弱点:周期不够长;分布不够均匀.这对于一般的应用影响不大,但对某些重要的科学计算,将会产生不能容忍的误差.因此,在必要时,用 π 或由 π 生成的其他数作为随机数,似乎更为理想.在外存中存放几十万位或数百万位 π 值,要占用一定的存储空间,但与目前正方兴未艾的多媒体技术所需空间相比,这只不过是沧海一粟.

3. 促进相关学科发展

π 值的各种现代算法与高斯的算术几何平均数列,以及印度数学家拉马努金的模方程理论有着密切的联系,这要涉及解析数论、特殊函数论特别是椭圆函数理论等较深奥的数学分支,在拉马努金去世后 30 多年,人们发现了他的一个笔记本,里面有数百个公式,大都没有证明.令人惊讶的是,有些公式在他去世若干年后,才陆续被人们发现,而大多数却不为人所知,甚至至今仍没有得到证明,而其中不少公式都可在数学上、物理上得到应用. 有关这方面的研究已有很多成果,其中不少都与 π 有关①②③.

在现代算法中,普遍认为效率最高的是一种 4 阶收敛算法(详见 §2),其初值取 $a_0 = 6 - 4\sqrt{2}$. 最后 a_k 收敛于 $\dfrac{1}{\pi}$. 根据椭圆函数的理论,这一类迭代算法的极限都是初值的函数,因而一些文献提出,π 要算到多少位,初值中的 $\sqrt{2}$ 就要算到多少位④. 我们的计算表明,直接用 $\dfrac{1}{\pi}$ 的前若干位作为初值,确实不收敛于 $\dfrac{1}{\pi}$,但也不一定需要把 $\sqrt{2}$ 算得与 π 一样精确. 如果这一点在理论上得到证实,不仅可在很大程度上减少运算量(前几步可只用较少的位数迭代),而且必将深化人们对迭代方法的误差传播理论的认识.

高精度 π 值的计算,要涉及多方面的计算机算法. 例如,大多数计算都要使用高精度乘法,这就要设法利用快速傅里叶变换或快速数论变换,它可将一个乘法的位复杂性由 $O(n^2)$ 降至 $O(n\log_2 n)$,此外,还在涉及各种并行算法,以便充分利用并行(向量)计算机所提供的功能. 例如,贝利在计算 π 值时设计的并行算法比串行算法快了 20 倍④. 这些工作的意义都远远超出了对 π 值本身的计算. 中科院计算中心以孙家昶教授为首的一个研究小组,于 1991 年 1 月,在一个由 5 片 Transputer 组成的并行系统上,将 π 值计算到小数点后 100 万位,用了 102 h. 该计算的直接目的是为了研究"任意精度计算",这是纳入国家"七五"规划某项目中的一个子课题⑤. 该组在 4 台 SGI Power Challenge 可移植环境 PVM 上,在 1995 年,用 18 h 并行计算 π 值到 2 016 万位.

4. π 值可用于密码编制

π 作为超越数,特别是利用它的均匀分布的性质,可在密码研制上发挥独特的作用. 它可看作一个取之不尽的"码源",源文中每个字符使用密码的个数可与它出现的频率成正比,从而使用传统的统计分析方法几乎无法破译. 唯一的缺陷是密文的长度可能是源文的几倍,但按照现代的通信技术,这已不成为障碍,我系 90 级李

---

① BORWEIN J M, BORWEIN P B. Ramanujan, Modular Equations and Approximations to Pi[J]. 1989(3):201-219.

② BORWEIN J M, BORWEIN P B, DILCHER K. Pi, Euler Numbers, and Asymptotic Expansions[J]. 1989(10):681-687.

③ EWELL J A. The Catalan Number and Pi[J]. Math,1992,65(1):36-37.

④ AILEY D H. The Computation of π to 29 360 000 Decimal Digits Using Borweins' Quartically Convergent Algorithm[J]. Math Computation,1988(50):283-296.

⑤ 孙家昶,徐国良,李炳坤. 用五个处理器并行计算 π 至一百万位,计算数学通讯,1991(1):14-17.

刚同学的毕业论文,在这方面做了很有意义的尝试.

§2　π值计算公式

π值的计算公式(或方法)可找到上百种甚至更多一些,仅此一项就可写成一本书.但不是每个公式都可用于高精度计算,例如下面是两个著名的公式:

$$\frac{\pi}{2} = \frac{2\times 2}{1\times 3} \times \frac{4\times 4}{3\times 5} \times \frac{6\times 6}{5\times 7} \times \frac{8\times 8}{7\times 9} \times \cdots (瓦利斯,1665)$$

$$\frac{\pi}{2} = 1 - \frac{1}{3} + \frac{1}{5} - \frac{1}{7} + \frac{1}{9} - \cdots (格雷戈里,1671)$$

然而,用这两个公式在每秒可作数亿次运算的巨型机上计算100年,也得不出π的100位准确小数,实用的π值计算公式可分为以下3类:

1. $\frac{\pi}{4}$ 的反正切表示式

这一类公式可举出几十个,比较著名的有:

(1) $\frac{\pi}{4} = 4\arctan\frac{1}{5} - \arctan\frac{1}{239}$　(梅钦,1706)

(2) $\frac{\pi}{4} = 6\arctan\frac{1}{8} + 2\arctan\frac{1}{57} + \arctan\frac{1}{239}$　(斯托默(Stormer),1896)

(3) $\frac{\pi}{4} = 12\arctan\frac{1}{18} + 8\arctan\frac{1}{57} - 5\arctan\frac{1}{239}$　(高斯)

(4) $\frac{\pi}{4} = 8\arctan\frac{1}{10} - \arctan\frac{1}{239} - 4\arctan\frac{1}{515}$　(克林根斯蒂尔纳(Klingenstierna),1730)

其中反正切用下式计算

$$\arctan x = x - \frac{x^3}{3} + \frac{x^5}{5} - \frac{x^7}{7} + \cdots$$

表1中列出的第4,5两项计算,都用的是公式(3),并用(2)进行了验证.公式(4)可由公式(1)利用 $\arctan\frac{1}{k} = 2\arctan\frac{1}{2k} - \arctan\frac{1}{k(4k^2+3)}$ 导出,我们的计算采用的是

(5) $\frac{\pi}{4} = 8\arctan\frac{1}{10} - \arctan\frac{1\,758\,719}{147\,153\,121}$

它可由(4)导出,或直接用8倍角公式推导.

2. 迭代算法

这是 1976 年以后才出现的算法,下面只列举比较重要的两个:

(1) 四阶算法(Borwein's,1985)

$$y_0 = \sqrt{2} - 1, \alpha_0 = 6 - 4\sqrt{2}$$

$$y_{n+1} = \frac{1 - \sqrt[4]{1-y_n^4}}{1 + \sqrt[4]{1-y_n^4}}, \alpha_{n+1} = [(1+y_{n+1})^4 \cdot \alpha_n] - 2^{2n+3} y_{n+1}(1 + y_{n+1} + y_{n-1}^2)$$

$$\alpha_n \to \frac{1}{\pi}$$

1988 年,日本东京大学金田康正用这一算法将 π 计算到 201 326 000 位(2 亿位),使用 HITACs—820/80 巨型机,只用了 5 h57 min.

(2) 二阶算法(Borwein's,1984)

$$y_0 = \frac{1}{\sqrt{2}}, \alpha_0 = \frac{1}{2}$$

$$y_{n+1} = \frac{1 - \sqrt{1-y_n^2}}{1 + \sqrt{1-y_n^2}}, \alpha_{n+1} = [(1+y_{n+1})^2 \cdot \alpha_n] - 2^{n+1} y_{n+1}$$

3. 拉马努金级数类

这一类公式也有若干个,下面只列举 2 个:

(1) $\dfrac{1}{\pi} = \dfrac{2\sqrt{2}}{9\,801} \sum_{n=0}^{\infty} \dfrac{(4n)!}{4^{4n}(n!)^4} (1\,103 + 26\,390n) \left(\dfrac{1}{99}\right)^{4n}$

(拉马努金,1914)

(2) $\dfrac{426\,880\sqrt{10\,005}}{\pi} = \sum_{n \geqslant 0} \dfrac{(6n)!\,(an+b)}{n!^3(3n)!\,(-e)^{3n}}$

其中,$a = 545\,140\,134, b = 13\,591\,409, e = 640\,320$.

(Chudnovsky's,1989)

1989 年,库德诺夫斯基两兄弟的计算,采用的是(2),顺便指出,第 2.2, 2.3 两类算法在数学上有着密切的联系,其收敛速度比算法 2.1 要快得多.

§3 对算法的优化

我们的算法采用下述公式计算

$$\frac{\pi}{4} = 8\arctan\frac{1}{10} - \arctan\frac{1\,758\,719}{147\,153\,121}$$

其主要原因是在计算第一项时,由于采用十进制数,故可避免高精度乘法.而第二

项的计算项数比第一项少得多. 此外, 还对算法做了多方面的优化, 下面仅列举两例:

例 1 将第二项分解为两项计算, 可将位复杂性由 $O(n^3)$ 降至 $O(n^{2.5})$, 对此, 我们有下面的

命题 1 设反正切按

$$\arctan x = x\left(1 - x^2\left(\frac{1}{3} - x^2\left(\frac{1}{5} - \cdots\right)\cdots\right)\right) \qquad (*)$$

计算, $x = 10^{-k} \times u$, 是 n 位小数, 计算结果也保留 n 位, 并且 $k > 0, 0.1 \leqslant u < 1$, 即 x 的前 k 位小数为 0. 令 $x = a + b$, a 等于 x 的前 l 位小数, b 的前 l 位为 0, 后 $n-1$ 位与 x 相同, 则计算 $\arctan x$ 的位复杂性为 $O(n^3)$, 适当选取 l, 可使计算 $\arctan a + \arctan \dfrac{b}{1+a(a+b)}$ 的位复杂性达到 $O(n^{2.5})$.

证明 容易证明

$$\arctan x = \arctan(a+b) = \arctan a + \arctan \frac{b}{1+a(a+b)} \qquad (**)$$

(1) 先讨论 $\arctan x$ 的位复杂性. 设在 $\arctan x$ 的展开式中要计算 M 项, 由交错级数的理论知, 只需 $\left|\dfrac{x^{2M-1}}{2M-1}\right| \leqslant 10^{-n}$, 当 M 很大时, 取 $M = \dfrac{n}{2\lg\left(\dfrac{1}{x}\right)}$ 即可满足要求. 记 $G = 2\lg\left(\dfrac{1}{x}\right) \approx 2k$, 一个高精度乘法要用 $\dfrac{1}{2}n(n+1)$ 个普通乘法 (只算到第 n 位), 所以总运算量为 $\dfrac{1}{2G}n^2(n+1) = O(n^3)$.

(2) 讨论 (**) 右边的计算量. 第一项的计算项数仍为 M, 但 a 只有 l 位, 且前 k 位为 0, 在 (*) 中, 一个高精度乘法的运算量为 $2(l-k)n$ (用 a^2 相乘), 所以总运算量为 $\dfrac{1}{G}(l-k)n^2$. 第二项的计算项数为 $\dfrac{n}{2\lg\left(\dfrac{1}{b}\right)} \approx \dfrac{n}{2l}$, 每个高精度乘法的运算量为 $\dfrac{1}{2}n(n+1)$ (不使用 $2(n-l)n$, 因为 $l \ll n$). 总运算量为 $\dfrac{1}{4l}n^2(n+1)$. 所以右边的总运算量 $F(l) = n^2\left[\dfrac{2}{G}(l-k) + \dfrac{1}{4l}(n+1)\right]$ (当 $l \to k$ 时, 与左边一致, 当 $l \to n$ 时, 大约是左边的 4 倍, 这是由于乘法处理不同所致). 令 $F'(l) = n^2\left[\dfrac{2}{G} - \dfrac{n+1}{4l^2}\right] = 0$, 解得: $\bar{l} = \sqrt{\dfrac{G(n+1)}{8}} = \dfrac{1}{2}\sqrt{k(n+1)}$. 这时, $F(\bar{l}) = n^2\left[\sqrt{n+1}\left[\dfrac{\sqrt{k}}{G} + \dfrac{1}{2\sqrt{k}}\right] - \dfrac{2k}{G}\right] =$

$O(n^{25})$,证毕.

注:由于还做了其他处理,计算时,取 $\bar{l} = \sqrt{\dfrac{n}{r}}$,经过试验,$r$ 取 70 ~ 80 时效果最好.

例 2 将 $\dfrac{1}{2k-1}$ 化为 n 位小数时,只求一个循环节,其余采用位移处理,利用下面的命题 2,可减少对循环节的判断,从而收敛速度是超线性的.

命题 2 设 N 是奇数,$5 \nmid n$,则 $\dfrac{1}{N}$ 是纯循环小数,即循环节必从第一位小数开始.

证明 用反证法,否则,设 $\dfrac{1}{N}$ 是混循环小数,不循环部分有 $r(r>0)$ 位,循环节为 $s(s>0)$ 位,即 $\dfrac{1}{N} = 0.\overline{a_1 \cdots a_r} + 10^{-r}t$,$t = 0.\overline{b_1 b_2 \cdots b_s}$,其中 $b_s \neq a_r$(否则 $a_1 b_1 \cdots b_{s-1}$ 为第一个循环节).

由已知有:$10^s t = \overline{b_1 b_2 \cdots b_s} + 0.b_1 b_2 \cdots b_s = \overline{b_1 b_2 \cdots b_s} + t$,所以 $t = \dfrac{\overline{b_1 b_2 \cdots b_s}}{10^s - 1}$,所以 $\dfrac{1}{N} = 0.\overline{a_1 \cdots a_r} + \dfrac{\overline{b_1 \cdots b_s}}{10^r(10^s - 1)}$,即

$$10^r(10^s - 1) = N[(10^s - 1)\overline{a_1 \cdots a_r} + \overline{b_1 \cdots b_r}] = N[10^s \cdot \overline{a_1 \cdots a_r} + \overline{b_1 \cdots b_r} - \overline{a_1 \cdots a_r}]$$

由于 $r > 0, s > 0$,左边有因子 10,但 $5 \nmid n$,$2 \nmid N$,故必有 $10 \mid (\overline{b_1 \cdots b_s} - \overline{a_1 \cdots a_r})$,所以 $b_s = a_r$,矛盾,证毕.

第 13 章　从 π 值到无理数值的猜想

§1　引　言

关于 π 值人们一直就有这样的猜想:在 π 值 3.141 592 6…… 所形成的无穷数字序列中,数字 0,1,2,…,9 出现的机会应该均等,即上述 10 个数字出现的机会应当同等于 1/10.我们称这个猜想为 π 值"等可能"猜想.1944 年,这一朴素的猜想导致数学家弗格森对当时 707 位的 π 值标准产生了怀疑.经过他的重新计算,果然发现这个保持了 70 多年纪录的 π 值是错误的[①].此后,更高位的 π 值一直是数学家和计算机专家不懈追求的目标.这种努力并不是毫无实际应用价值的纯理论研究,而是与种种新技术的发展紧密相关的.π 值序列可应用于随机数字的生成[②],也可应用于通信密码的编制[③].π 值对于开发、检测计算机的硬件和软件具有特别重要的意义.某些新设计的计算机芯片存有浮点运算的重大缺陷,就是通过 π 值计算发现的.至今,在各种测试计算机系统的软件中,通过 π 值计算进行测试的软件仍是最好的软件之一.

温州职业技术学院公共教学部的王小明、蒋岚两位教授 2005 年通过对 π 值小数点高达 1 000 万位的计算和分析,验证 π 值的"等可能"猜想,并通过对 $E,\sqrt{2}$ 以及其他一系列无理数的计算和分析,将 π 值"等可能"猜想推广为无理数的"等可能"猜想,即在所有的无理数数值序列中,数字 0~9 出现的机会应当均等.

研究本课题所具备的计算机硬件条件为 Amd64 3000＋1024M 以及 Inter P4-2.8G/1024M;使用的软件有 Mathematica 5.1、Super π1.2 和 Matlab 6.5.

---

① 蒋岚.论数学美[J].温州职业技术学院学报,2003(2):42.
② 徐德义.关于 π 值的计算[J].华中师范大学学报,2000(3):378.
③ 任奎,王相声,徐惠定,等.一种基于无理数的序列密码方案[J].计算机工程,2003(19):95-97.

§2 相关约定

文中所称的 π 值、E 值、$\sqrt{2}$ 值以及其他无理数数值的"位数",均指小数点后的位数;且最末一位数采用"截尾法"确定,而非"四舍五入法"。

约定符号记述如下:

$\pi_m, E_m, \sqrt{2}_m$ 分别表示 m 位 $\pi, E, \sqrt{2}$ 值;

n_k 表示数字 $k(0 \sim 9)$ 出现的次数或频数;

f_k 表示数字 $k(0 \sim 9)$ 出现的频率;

σ_m 表示数字 $(0 \sim 9)$ 在 m 位 $\pi, E, \sqrt{2}$ 值出现的频率 f_k 的标准差;

$f_{\max}$、$f_{\min}$ 分别表示 10 个频率值 $f_0, f_1, \cdots, f_9$ 中的最大值和最小值;

并约定频率极比为 $Qf = \dfrac{f_{\max}}{f_{\min}}$;频率极差为 $\Delta f = f_{\max} - f_{\min}$。

§3 π 值"等可能"猜想验证

用 Mathematica 对 π 值进行计算,得到计算结果如下:

π_{100} =3. 141 592 653 589 793 238 462 643 383 279 502 884 197 169 399 375 105 820 974 944 592 307 816 406 286 208 998 628 034 825 342 117 067 9

$\pi_{1\,000}$ = 3. 141592653589793……9278766111959092164201989

$\pi_{10\,000}$ = 3. 141592653589793……8159205600101655256375678

$\pi_{100\,000}$ = 3. 141592653589793……0913767420805655493624646

$\pi_{1\,000\,000}$ = 3. 141592653589793……6460422090106105779458151

$\pi_{10\,000\,000}$ = 3. 141592653589793……3810631719481735348955897

以上 1 000 万位 π 值有 3 000 多页数据,故此处不可能将所有的计算结果详细列出,但我们特意给出各个 π 值的最末 25 位数。

用 Super π 验证 Mathematica 的计算结果,上述 6 个 π 值正确无误,然后编制程序对数据进行分类统计[1][2],其结果列于表 1。

---

[1] 裘宗燕,李琦,李建国. 科学程序设计引论[M]. 北京:高等教育出版社,2003:17-25.

[2] 杨珏,何旭洪,赵昊彤,等. Mathematica 应用指南[M]. 北京:人民邮电出版社,1999:95-108.

表 1　数字 $0 \sim 9$ 在 m 位 π 值中出现的次数 n_k

m	10^2	10^3	10^4	10^5	10^6	10^7
n_0	8	93	968	9 999	99 959	999 440
n_1	8	116	1 026	10 137	99 758	999 333
n_2	12	103	1 021	9 908	100 026	100 0306
n_3	11	102	974	10 025	100 229	999 964
n_4	10	93	1 012	9 971	100 230	1 001 093
n_5	8	97	1 046	10 026	100 359	1 000 466
n_6	9	94	1 021	10 029	99 548	999 337
n_7	8	95	970	10 025	99 800	1 000 207
n_8	12	101	948	9 978	99 985	999 814
n_9	14	106	1 014	9 902	100 106	1 000 040
sum	100	1 000	10 000	100 000	1 000 000	10 000 000

把表 1 中 $0 \sim 9$ 在各列中出现的频数转化为频率，以频率作为基本数据计算相关统计量，计算结果见表 2.

表 2　数字 $0 \sim 9$ 在 m 位 π 值中出现的频率 f_k 及相关统计量

m	10^2	10^3	10^4	10^5	10^6	10^7
f_0	0.080 000 0	0.093 000 0	0.096 800 0	0.099 990 0	0.099 959 0	0.099 944 0
f_1	0.080 000 0	0.116 000 0	0.102 600 0	0.101 370 0	0.099 758 0	0.099 933 3
f_2	0.120 000 0	0.103 000 0	0.102 100 0	0.099 080 0	0.100 026 0	0.100 030 6
f_3	0.110 000 0	0.102 000 0	0.097 400 0	0.100 250 0	0.100 229 0	0.099 996 4
f_4	0.100 000 0	0.093 000 0	0.101 200 0	0.099 710 0	0.100 230 0	0.100 109 3
f_5	0.080 000 0	0.097 000 0	0.104 600 0	0.100 260 0	0.100 359 0	0.100 046 6
f_6	0.090 000 0	0.094 000 0	0.102 100 0	0.100 290 0	0.099 548 0	0.099 933 7
f_7	0.080 000 0	0.095 000 0	0.097 000 0	0.100 250 0	0.099 800 0	0.100 020 7
f_8	0.120 000 0	0.101 000 0	0.094 800 0	0.099 780 0	0.099 985 0	0.099 981 4
f_9	0.140 000 0	0.106 000 0	0.101 400 0	0.099 020 0	0.100 106 0	0.100 004 0
$\overline{f}$	0.100 000 0	0.100 000 0	0.100 000 0	0.100 000 0	0.100 000 0	0.100 000 0
σ_m	0.021 602 5	0.007 257 2	0.003 217 7	0.000 674 4	0.000 247 4	0.000 055 6
$f_{\max}$	0.140 000 0	0.116 000 0	0.104 600 0	0.101 370 0	0.100 359 0	0.100 109 3

续表2

m	10^2	10^3	10^4	10^5	10^6	10^7
$f_{\min}$	0.080 000 0	0.093 000 0	0.094 800 0	0.099 020 0	0.099 548 0	0.099 933 3
Qf	1.750 000 0	1.247 311 8	1.103 375 5	1.023 732 6	1.008 146 8	1.001 761 2
Δf	0.060 000 0	0.023 000 0	0.009 800 0	0.002 350 0	0.000 811 0	0.000 176 0

表1和表2显示：在100位π值中，数字9出现的次数最多，达14次，频率为0.14；数字0，1，5，7都出现8次，为次数 n_k 的最小值，频率仅为0.08；频率 f_k 之间的大小差异很大；随着π值的位数越来越大，频率值渐趋均匀.

把数字0～9在 π_m 中出现的频率 f_k 绘制成直方图，图中的频率按π值的位数 m 分组，每组按 $f_0, f_1, \cdots, f_9$ 次序排列（图1）.

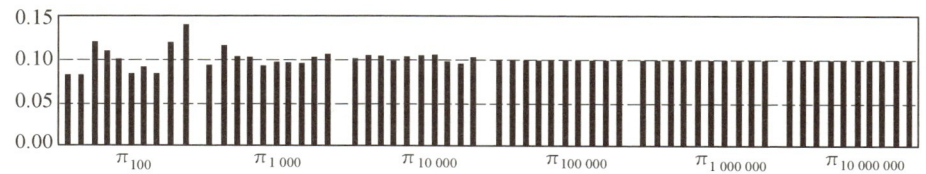

图1　数字0～9在 π_m 中出现的频率 f_k

如图2所示，图(a)和图(b)分别为数字0～9在 $m = 10^p$ 位π值序列中出现频率的最大值 $f_{\max}$ 和最小值 $f_{\min}$；图(c)和图(d)分别为数字0～9在 π_m 中出现频率的极比 Qf 和极差 Δf，横轴为 p 值.

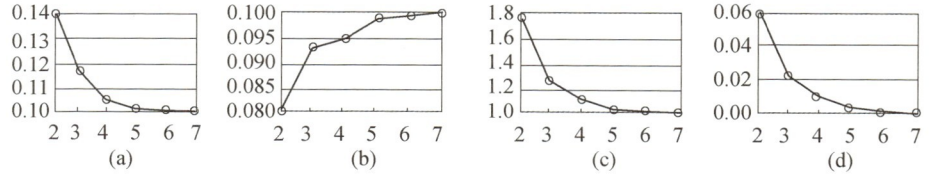

图2　数字0～9在 π_m 中出现频率的最大、最小值以及频率极比和频率极差

依据上述π值图表数据可以得出以下几点结论：

第一，在 m 位π值序列中，随着 m 的增大，频率标准差 σ_m 越来越小，说明数字0～9在 m 位π值中出现的频率的波动度越来越小；图1也显示：$f_0, f_1, \cdots, f_9$ 在100位π值中显得非常参差不齐，但到了1 000万位π值时，它们已经非常接近一致.

第二，随着 m 的增大，最大频率 $f_{\max}$ 从大于0.1方向越来越接近0.1（图2(a)）；最小频率 $f_{\min}$ 从小于0.1方向越来越接近0.1（图2(b)）.

第三，m 越大，频率极比 Qf 越接近于 1(图 2(c))；频率极差 Δf 越接近于 0(图 2(d)).

以上结论表明，随着 m 的增大，数字 $0 \sim 9$ 在 π 值序列中出现的频率越来越接近于一致，即它们出现的机会越来越趋于相同. 这也就在位数高达 1 000 万位的范围验证了 π 值的"等可能"猜想.

§4 E 和 $\sqrt{2}$ 值"等可能"猜想的验证

关于 E 和 $\sqrt{2}$ 值我们有如下的计算结果，并有表 3 至表 6 的统计结果.

$E_{100} = 2.718\ 281\ 828\ 459\ 045\ 235\ 360\ 287\ 471\ 352\ 662\ 497\ 757\ 247\ 093\ 699\ 959\ 574\ 966\ 967\ 627\ 724\ 076\ 630\ 353\ 547\ 594\ 571\ 382\ 178\ 525\ 166\ 427\ 4$

$E_{1\ 000} = 2.718281828459045\cdots 9655212671546889570350354$

$E_{10\ 000} = 2.718281828459045\cdots 9051987042300179465536788$

$E_{100\ 000} = 2.718281828459045\cdots 7686054291079721004271658$

$E_{1\ 000\ 000} = 2.718281828459045\cdots 6220013798176447694228188$

$E_{10\ 000\ 000} = 2.718281828459045\cdots 0105544429298561396705376$

$\sqrt{2}_{100} = 1.414\ 213\ 562\ 373\ 095\ 048\ 801\ 688\ 724\ 209\ 698\ 078\ 569\ 671\ 875\ 376\ 948\ 073\ 176\ 679\ 737\ 990\ 732\ 478\ 462\ 107\ 038\ 850\ 387\ 534\ 327\ 641\ 572\ 7$

$\sqrt{2}_{1\ 000} = 1.414213562373095\cdots 8716582152128229518488472$

$\sqrt{2}_{10\ 000} = 1.414213562373095\cdots 0467465553230285873258351$

$\sqrt{2}_{100\ 000} = 1.414213562373095\cdots 9840183770081805610147523$

$\sqrt{2}_{1\ 000\ 000} = 1.414213562373095\cdots 9938420441930169048412043$

$\sqrt{2}_{10\ 000\ 000} = 1.414213562373095\cdots 0805412357272787213158971$

表 3　数字 $0 \sim 9$ 在 m 位 E 值中出现的次数 n_k

m	10^2	10^3	10^4	10^5	10^6	10^7
n_0	5	100	974	9 885	99 425	998 678
n_1	6	96	989	10 264	100 132	1 000 577
n_2	12	97	1 004	9 855	99 845	999 156
n_3	8	109	1 008	10 035	100 228	1 001 716
n_4	11	100	982	10 039	100 389	1 000 307

续表3

m	10^2	10^3	10^4	10^5	10^6	10^7
n_5	13	85	992	10 034	100 087	999 903
n_6	12	99	1 079	10 183	100 479	998 869
n_7	16	99	1 008	9 875	99 910	1 000 813
n_8	7	103	996	9 967	99 814	999 703
n_9	10	112	968	9 863	99 691	1 000 278
sum	100	1 000	10 000	100 000	1 000 000	10 000 000

表4　数字 $0 \sim 9$ 在 m 位 E 值中出现的频率 f_k 及相关统计量

m	10^2	10^3	10^4	10^5	10^6	10^7
f_0	0.050 000 0	0.100 000 0	0.097 400 0	0.098 850 0	0.099 425 0	0.099 867 8
f_1	0.060 000 0	0.096 000 0	0.098 900 0	0.102 640 0	0.100 132 0	0.100 057 7
f_2	0.120 000 0	0.097 000 0	0.100 400 0	0.098 550 0	0.099 845 0	0.099 915 6
f_3	0.080 000 0	0.109 000 0	0.100 800 0	0.100 350 0	0.100 228 0	0.100 171 6
f_4	0.110 000 0	0.100 000 0	0.098 200 0	0.100 390 0	0.100 389 0	0.100 030 7
f_5	0.130 000 0	0.085 000 0	0.099 200 0	0.100 340 0	0.100 087 0	0.099 990 3
f_6	0.120 000 0	0.099 000 0	0.107 900 0	0.101 830 0	0.100 479 0	0.099 886 9
f_7	0.160 000 0	0.099 000 0	0.100 800 0	0.098 750 0	0.099 910 0	0.100 081 3
f_8	0.070 000 0	0.103 000 0	0.099 600 0	0.099 670 0	0.099 814 0	0.099 970 3
f_9	0.100 000 0	0.112 000 0	0.096 800 0	0.098 630 0	0.099 691 0	0.100 027 8
$\bar{f}$	0.100 000 0	0.100 000 0	0.100 000 0	0.100 000 0	0.100 000 0	0.100 000 0
σ_m	0.034 641 0	0.007 348 5	0.003 093 0	0.001 401 7	0.000 325 0	0.000 094 0
$f_{\max}$	0.160 000 0	0.112 000 0	0.107 900 0	0.102 640 0	0.100 479 0	0.100 171 6
$f_{\min}$	0.050 000 0	0.085 000 0	0.096 800 0	0.098 550 0	0.099 425 0	0.099 867 8
Qf	3.200 000 0	1.317 647 1	1.114 669 4	1.041 501 8	1.010 601 0	1.003 042 0
Δf	0.110 000 0	0.027 000 0	0.011 100 0	0.004 090 0	0.001 054 0	0.000 303 8

表 5　数字 $0 \sim 9$ 在 m 位 $\sqrt{2}$ 值中出现的次数 n_k

m	10^2	10^3	10^4	10^5	10^6	10^7
n_0	10	108	952	9 959	99 814	999 897
n_1	7	98	1 005	10 106	98 924	1 000 114
n_2	8	109	1 004	9 876	100 436	1 000 208
n_3	11	82	980	10 058	100 191	999 674
n_4	9	100	1 016	10 100	100 024	1 000 126
n_5	7	104	1 001	10 002	100 155	999 358
n_6	10	90	1 032	9 939	99 886	1 001 246
n_7	18	104	964	10 008	100 008	999 359
n_8	12	113	1 027	10 007	100 441	999 452
n_9	8	92	1 019	9 945	100 121	1 000 566
和	100	1 000	10 000	100 000	1 000 000	10 000 000

表 6　数字 $0 \sim 9$ 在 m 位 $\sqrt{2}$ 值中出现的频率 f_k 及相关统计量

m	10^2	10^3	10^4	10^5	10^6	10^7
f_0	0.100 000 0	0.108 000 0	0.095 200 0	0.099 590 0	0.099 814 0	0.099 989 7
f_1	0.070 000 0	0.098 000 0	0.100 500 0	0.101 060 0	0.098 924 0	0.100 011 4
f_2	0.080 000 0	0.109 000 0	0.100 400 0	0.098 760 0	0.100 436 0	0.100 020 8
f_3	0.110 000 0	0.082 000 0	0.098 000 0	0.100 580 0	0.100 191 0	0.099 967 4
f_4	0.090 000 0	0.100 000 0	0.101 600 0	0.101 000 0	0.100 024 0	0.100 012 6
f_5	0.070 000 0	0.104 000 0	0.100 100 0	0.100 020 0	0.100 155 0	0.099 935 8
f_6	0.100 000 0	0.090 000 0	0.103 200 0	0.099 390 0	0.099 886 0	0.100 124 6
f_7	0.180 000 0	0.104 000 0	0.096 400 0	0.100 080 0	0.100 008 0	0.099 935 9
f_8	0.120 000 0	0.113 000 0	0.102 700 0	0.100 070 0	0.100 441 0	0.099 945 2
f_9	0.080 000 0	0.092 000 0	0.101 900 0	0.099 450 0	0.100 121 0	0.100 056 6
$\overline{f}$	0.100 000 0	0.100 000 0	0.100 000 0	0.100 000 0	0.100 000 0	0.100 000 0
σ_m	0.032 659 9	0.009 649 4	0.002 669 2	0.000 734 2	0.000 430 2	0.000 059 5
$f_{\max}$	0.180 000 0	0.113 000 0	0.103 200 0	0.101 060 0	0.100 441 0	0.100 124 6
$f_{\min}$	0.070 000 0	0.082 000 0	0.095 200 0	0.098 760 0	0.098 924 0	0.099 935 8
Qf	2.571 428 6	1.378 048 8	1.084 033 6	1.023 288 8	1.015 335 0	1.001 889 2
Δf	0.110 000 0	0.031 100 00	0.008 000 0	0.002 300 0	0.001 517 0	0.000 188 8

把数字 0～9 在 E_m 中出现的频率绘制成直方图,图中频率的分组排列同图 1,即频率按 E 值的位数 m 分组,每组按 $f_0, f_1, \cdots, f_9$ 次序排列(图 3).

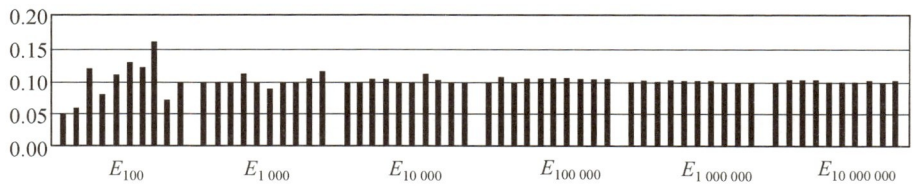

图 3　数字 0～9 在 E_m 中出现的频率 f_k

如图 4 所示,图(a)和图(b)分别为数字 0～9 在 $m=10^p$ 位 E 值中出现频率的最大值 $f_{\max}$ 和最小值 $f_{\min}$;图(c)和图(d)分别为频率极比 Qf 和频率极差 Δf,横轴为 p 值.

把数字 0～9 在 $\sqrt{2}_m$ 中出现的频率绘制成直方图,图中频率的分组排列同图 1 和图 3,即频率按 E 值的位数 m 分组,每组按 $f_0, f_1, \cdots, f_9$ 次序排列(图 5).

如图 6 所示,图(a)和图(b)分别为数字 0～9 在 $m=10^p$ 位 $\sqrt{2}$ 值中出现频率 f_k 的最大值 $f_{\max}$ 和最小值 $f_{\min}$;图(c)和图(d)分别为频率极比 Qf 和频率极差 Δf,横轴为 p 值.

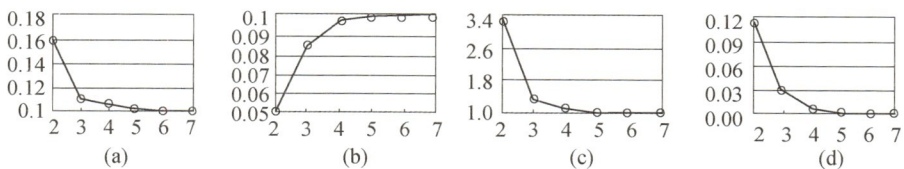

图 4　数字 0～9 在 E_m 中出现频率的最大、最小值以及频率极比和频率极差

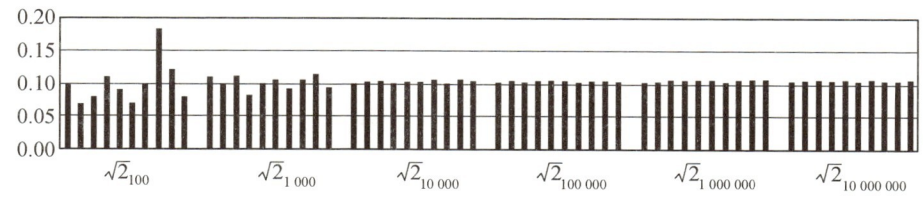

图 5　数字 0～9 在 $\sqrt{2}_m$ 中出现的频率 f_k

依据上述 E 和 $\sqrt{2}$ 值的图表数据可以独立地得出与 π 值相同的结论,即随着位数 m 的增大,以下 3 点结论同样成立:

第一,最大频率 $f_{\max}$ 和最小频率 $f_{\min}$ 越来越接近 0.1.

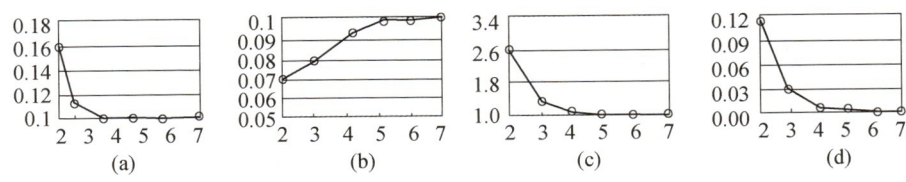

图 6 数字 $0\sim 9$ 在 $\sqrt{2}_m$ 中出现频率的最大、最小值以及频率极比和频率极差

第二,频率极比 Qf 越来越接近于 1;频率极差 Δf 越来越接近于 0.

第三,σ_m 越来越小,数字 $0\sim 9$ 在 E 或 $\sqrt{2}$ 中出现的频率 f_k 越来越趋向一致.

于是 E 和 $\sqrt{2}$ 的"等可能"猜想在 1 000 万位的数字序列中得到验证.

§5 命题的推广:关于无理数值的"等可能"猜想的验证

以上验证与分析自然引发这样的问题:π,E 和 $\sqrt{2}$ 这 3 个无理数的"等可能"猜想是否可推广至所有的无理数?我们已对大量 10 万 $\sim$ 100 万位的无理数进行了验证,所得数据均支持无理数的"等可能"猜想.表 7 和表 8 列出了数字 $0\sim 9$ 在 100 万位 $\sqrt{3},\sqrt[3]{2},\ln 5$ 等无理数中出现的次数 n_k 以及相关的验证数据,为便于比较,表中同时列出了 π,E 和 $\sqrt{2}$ 的数据.

表 7 数字 $0\sim 9$ 在若干 100 万位无理数中出现的次数 n_k

无理数	n_0	n_1	n_2	n_3	n_4	n_5	n_6	n_7	n_8	n_9
π	99 959	99 758	100 026	100 229	100 230	100 359	99 548	99 800	99 985	100 106
E	99 425	100 132	99 845	100 228	100 389	100 087	100 479	99 910	99 814	99 691
$\sqrt{2}$	99 814	98 924	100 436	100 191	100 024	100 155	99 886	100 008	100 441	100 121
$\sqrt{3}$	100 234	99 587	99 812	99 818	99 897	100 260	100 558	99 921	100 055	99 858
$\sqrt{5}$	99 382	100 490	99 851	100 470	99 794	99 895	100 482	99 587	99 802	100 247
$\sqrt[3]{2}$	100 282	100 423	99 977	99 959	100 136	99 750	99 407	99 914	100 123	100 029
$\sqrt{\pi}$	100 054	100 448	100 196	100 567	99 746	99 549	99 740	99 660	100 062	99 978
$\tan 1$	100 018	100 519	99 919	99 656	99 888	100 123	99 941	99 472	100 127	100 337
$\arctan 2$	100 010	99 998	100 335	99 734	100 147	100 022	100 301	99 889	99 638	99 926
$\ln 5$	99 739	100 402	99 692	100 151	99 866	99 292	100 271	100 337	100 365	99 885
$E^{\sin 2}$	100 016	99 993	99 799	99 858	100 225	99 845	99 800	99 977	100 403	100 084

表 8　数字 $0 \sim 9$ 在若干 100 万位无理数中出现频率 f_k 的验证数据

无理数	σ	$f_{\max}$	$f_{\min}$	Qf	Δf
π	0.000 247	0.100 359	0.099 548	1.008 147	0.000 811
E	0.000 325	0.100 479	0.099 425	1.010 601	0.001 054
$\sqrt{2}$	0.000 430	0.100 441	0.098 924	1.015 335	0.001 517
$\sqrt{3}$	0.000 281	0.100 558	0.099 587	1.009 750	0.000 971
$\sqrt{5}$	0.000 397	0.100 490	0.099 382	1.011 149	0.001 108
$\sqrt[3]{2}$	0.000 282	0.100 423	0.099 407	1.010 221	0.001 016
$\sqrt{\pi}$	0.000 336	0.100 567	0.099 549	1.010 226	0.001 018
$\tan 1$	0.000 304	0.100 519	0.099 472	1.010 526	0.001 047
$\arctan 2$	0.000 222	0.100 335	0.099 638	1.006 995	0.000 697
$\ln 5$	0.000 365	0.100 402	0.099 292	1.011 179	0.001 110
$E^{\sin 2}$	0.000 196	0.100 403	0.099 799	1.006 052	0.000 604

表 8 中所有的 100 万位无理数的频率标准差 σ、极比 Qf 以及极差 Δf 均以 $\sqrt{2}$ 为最大，但同一参数都属同一数量级. 最大的频率标准差、频率极比和频率极差分别等于 0.000 430，1.015 335 和 0.001 517. 说明数字 $0 \sim 9$ 在各个 100 万位无理数中的出现频率已经相当接近. 仅就最大频率极比为 1.015 335 而言，表明数字 $0 \sim 9$ 在表 8 中的任意一个无理数中最大的出现频率不超过最小出现频率的 1.6%. 这些数据极大地支持了关于无理数的"等可能"猜想，显示无理数的数值序列的排列并不是绝对地"无章可循"，而是遵循这样的规律：数字 $0 \sim 9$ 在无理数数值序列中出现的机会均等.

第 14 章　关于 π 有理逼近的注记

杭州师范大学理学院的王莉、于秀源两位教授 2008 年利用 π 的连分数展开式 $\pi = [3, 1^2 : 6, 3^2 : 6, 5^2 : 6, \cdots] = [3, \overline{(2n-1)^2 : 6}]_{n=1}^{\infty}$ 研究关于 π 有理逼近的下界估计.

§1　引　言

设 $a_i, b_j (i=1,2,\cdots; j=0,1,2,\cdots)$ 是正整数, 用 $[b_0, a_1 : b_1, a_2 : b_2, a_3 : b_3, \cdots]$ 表示连分数

$$\alpha = b_0 + \cfrac{a_1}{b_1 + \cfrac{a_2}{b_2 + \cfrac{a_3}{b_3 + \cdots}}}$$

称 $\dfrac{p_n}{q_n} = [b_0, a_1 : b_1, \cdots, a_n : b_n]$ 为 α 的第 n 个渐近分数, 称 $\alpha'_n = [b_n, a_{n+1} : b_{n+1}, \cdots]$ 为 α 的第 n+1 个完全商.

连分数是数论研究中一个历史悠久的课题, 关于连分数的研究成果, 在信息安全理论研究中有许多应用, 例如, 利用连分数渐近分数的性质, 可以构造破译某些 RSA 加密体制的方法. 由于对伪随机数列的研究, 一些作者研究了连分数的超越性和无理性. 此外, 利用连分数的性质, 可对一些超越数用有理数逼近的程度进行研究. 近年来, A. Horst[1] 和 T. Okano[2][3][4] 等利用某些无理数的连分数展开式, 讨论了它们的有理逼近的下界估计, 例如 e, $e^{1/k}$ 和 tan $1/k$ (k 是正整数). 该文将考虑关于 π 有理逼近的下界估计.

---

[1] HORST A. On rational approximation to e[J]. Journal of Number Theory, 1998, 68:57-62.
[2] OKANO T. A note on the rational approximation to e[J]. Tokyo J. Math., 1992, 15:129-133.
[3] OKANO T. A note on the rational approximation to $e^{1/k}$[J]. Tokyo J. Math., 1995, 18:75-80.
[4] OKANO T. A note on the rational approximation to tan 1/k[J]. Tokyo J. Math., 1995, 18:75-80.

§2 引 理

引理 1[①] $\pi = [3, 1^2 : 6, 3^2 : 6, 5^2 : 6, \cdots] = [3, \overline{(2n-1)^2 : 6}]_{n=1}^{\infty}$.

用数学归纳法容易证明引理 2 和引理 3.

引理 2 $p_0 = b_0, p_1 = b_1 b_0 + a_1, p_n = b_n p_{n-1} + a_n p_{n-2} (n \geqslant 2)$
$q_0 = 1, q_1 = b_1, q_n = b_n q_{n-1} + a_n q_{n-2} (n \geqslant 2)$

引理 3 $\alpha = \alpha'_0, \alpha = \dfrac{b_0 \alpha'_1 + a_1}{\alpha'_1}, \alpha = \dfrac{\alpha'_n p_{n-1} + a_n p_{n-2}}{\alpha'_n q_{n-1} + a_n q_{n-2}} (n \geqslant 2)$.

引理 4 $\left| \alpha - \dfrac{p_n}{q_n} \right| > \dfrac{a_1 a_2 \cdots a_{n+1}}{q_n(q_{n+1} + a_{n+2} q_n)}$.

证明 由引理 3 得

$$\alpha - \frac{p_n}{q_n} = \frac{\alpha'_{n+1} p_n + a_{n+1} p_{n-1}}{\alpha'_{n+1} q_n + a_{n+1} q_{n-1}} - \frac{p_n}{q_n} = (-1) \frac{a_{n+1}(p_n q_{n-1} - p_{n-1} q_n)}{q_n(\alpha'_{n+1} q_n + a_{n+1} q_{n-1})}$$

又

$$p_n q_{n-1} - p_{n-1} q_n = (b_n p_{n-1} + a_n p_{n-2}) q_{n-1} - p_{n-1}(b_n q_{n-1} + a_n q_{n-2}) =$$
$$- a_n (p_{n-1} q_{n-2} - p_{n-2} q_{n-1}) = \cdots = (-1)^{n-1} a_n \cdots a_2 a_1$$

故

$$\alpha - \frac{p_n}{q_n} = (-1)^n \frac{a_{n+1} a_n \cdots a_2 a_1}{q_n(\alpha'_{n+1} q_n + a_{n+1} q_{n-1})}$$

因为

$$\alpha'_{n+1} q_n + a_{n+1} q_{n-1} = \left(b_{n+1} + \frac{a_{n+2}}{\alpha'_{n+2}} \right) q_n + a_{n+1} q_{n-1} = q_{n+1} + \frac{a_{n+2}}{\alpha'_{n+2}} q_n < q_{n+1} + a_{n+2} q_n$$

所以

$$\left| \alpha - \frac{p_n}{q_n} \right| > \frac{a_1 a_2 \cdots a_n a_{n+1}}{q_n(q_{n+1} + a_{n+2} q_n)}$$

§3 主要结论

定理 设 p_n/q_n 是 π 的第 n 个渐近分数,则

[①] LANGE L J. An elegant continued fraction for π[J]. Amer. Math. Monthly, 1999, 106:456-458.

$$\left|\pi - \frac{p_n}{q_n}\right| > \mathrm{e}^{-2.270\,616\,11}\frac{\log\log q_n}{q_n^2 \log q_n}$$

证明 在引理 1 中,设
$$b_0 = 3, b_n = 6, \alpha_n = (2n-1)^2, n = 1, 2, \cdots$$
如果 p_n/q_n 是 π 的第 n 个渐近分数,那么
$$q_{n+1} = b_{n+1}q_n + \alpha_n q_{n-1} = 6q_n + (2n+1)^2 q_{n-1} \leqslant (4n^2 + 4n + 7)q_n \quad (1)$$
由引理 4 和式(1)得
$$\left|\pi - \frac{p_n}{q_n}\right| > \frac{[(2n+1)!!]^2}{8q_n^2(n^2 + 2n + 2)}$$
其中
$$[(2n+1)!!]^2 \geqslant \exp\left\{(2n+1)\log\frac{2n+1}{\mathrm{e}}\right\}$$

(a) 如果 n 是偶数,那么
$$q_n = b_n q_{n-1} + \alpha_n q_{n-2} \geqslant (2n-1)^2 q_{n-2} \geqslant \cdots \geqslant \prod_{k=0}^{n/2-1}(4k+3)^2$$
$$\log q_n \geqslant 2\sum_{k=1}^{n/2}\log(4k-1) \geqslant \left(n - \frac{1}{2}\right)\log\frac{2n-1}{\mathrm{e}} \quad (2)$$

(b) 如果 n 是奇数,那么
$$q_n = b_n q_{n-1} + \alpha_n q_{n-2} \geqslant (2n-1)^2 q_{n-2} \geqslant \cdots \geqslant 6\prod_{k=0}^{(n-3)/2}(4k+5)^2$$
$$\log q_n \geqslant 2\sum_{k=1}^{(n-1)/2}\log(4k+1) \geqslant \left(n - \frac{1}{2}\right)\log\frac{2n-1}{\mathrm{e}} \quad (3)$$

另一方面
$$q_n = b_n q_{n-1} + \alpha_n q_{n-2} \leqslant [6 + (2n-1)^2]q_{n-1} \leqslant \cdots \leqslant \prod_{k=1}^{n}[6 + (2k-1)^2]$$
$$\log q_n \leqslant \int_1^{n+1}\log(4x^2 - 4x + 7)\mathrm{d}x \leqslant (n+2)\log\frac{4n^2 + 4n + 7}{\mathrm{e}^2}$$
$$\leqslant 2(n+2)\log\frac{2(n+2)}{\mathrm{e}}, n \geqslant 5$$
$$\log\log q_n \leqslant \log(n+2) + \log\left(2\log\frac{2(n+2)}{\mathrm{e}}\right), n \geqslant 5 \quad (4)$$

由(2),(3)和(4),对于 $n \geqslant 5$,有
$$\frac{\log\log q_n}{\log q_n} \leqslant \frac{1}{n - 1/2} \cdot \frac{\log(n+2)}{\log((2n-1)/\mathrm{e})} \cdot \left(1 + \frac{\log(2\log(2(n+2)/\mathrm{e}))}{\log(n+2)}\right)$$
$$\leqslant \frac{\mathrm{e}^{(2n+1)\log((2n+1)/\mathrm{e})}}{8(n^2 + 2n + 2)} \cdot \frac{8(n+4)}{\mathrm{e}^{(2n+1)\log((2n+1)/\mathrm{e})}} \cdot$$

$$\frac{\log(n+2)}{\log((2n-1)/e)} \cdot \left(1 + \frac{\log(2\log(2(n+2)/e))}{\log(n+2)}\right)$$

因为

$$u(x) = \frac{8(x+4)}{e^{(2x+1)\log((2x+1)/e)}}, v(x) = \frac{\log(x+2)}{\log((2x-1)/e)}, x \geqslant 1$$

和

$$w(x) = \frac{\log(2\log(2(x+2)/e))}{\log(x+2)}, x \geqslant 5$$

均为严格单调减函数，所以

$$\frac{\log\log q_n}{\log q_n} \leqslant \frac{1}{e^{10.138\,139\,89\cdots}} \cdot \frac{e^{(2n+1)\log((2n+1)/e)}}{8(n^2+2n+2)}, n \geqslant 5$$

从而

$$\left|\pi - \frac{p_n}{q_n}\right| > e^{10.138\,139\,89\cdots} \cdot \frac{\log\log q_n}{q_n^2 \log q_n} \tag{5}$$

令 $\delta_n = \frac{8(n^2+2n+2)}{e^{(2n+1)\log((2n+1)/e)}} \cdot \frac{\log\log q_n}{\log q_n}$，经计算则有

$$\delta_1 = e^{2.270\,616\,11\cdots}, \delta_2 = e^{0.288\,327\,65\cdots}, \delta_3 = e^{-2.920\,239\,27\cdots}, \delta_4 = e^{-6.814\,241\,25\cdots}$$

因此，对所有正整数，都有

$$\left|\pi - \frac{p_n}{q_n}\right| > \frac{e^{(2n+1)\log\frac{2n+1}{e}}}{8q_n^2(n^2+2n+2)} = \frac{\log\log q_n}{\delta_n q_n^2 \log q_n} = e^{-2.270\,616\,11\cdots} \frac{\log\log q_n}{q_n^2 \log q_n} \tag{6}$$

第 15 章 常数 π 的一个级数表示式的余项的渐近结果

§1 引　言

贯穿本章,设 $\mathbf{N}^*$ 表示自然数集,$\mathbf{N}:\mathbf{N}^* \bigcup \{0\}$. 本章的研究开始于一道习题,求下面幂级数的收敛半径与收敛区域

$$\sum_{n=0}^{\infty} \frac{(n!)^2}{(2n)!} x^n = \sum_{n=0}^{\infty} \frac{1}{\binom{2n}{n}} x^n \tag{1}$$

容易求出幂级数(1)的收敛半径为 4,收敛区域为 $(-4,4)$.

河南理工大学数学与信息科学学院的陈超平、张小两位教授 2021 年给出了幂级数(1)的和函数. 为此,我们考虑与级数(1)相关的级数

$$\sum_{n=0}^{\infty} \frac{1}{(2n+1)\binom{2n}{n}} y^{2n+1} \tag{2}$$

张波和陈超平在相关文献[1]中证明了

$$\frac{2\arcsin x}{x^2\sqrt{1-x^2}} = \sum_{n=0}^{\infty} \frac{2^{2n+2}(n+1) \cdot (n!)^2}{(2n+2)!} x^{2n-1}, \quad |x|<1$$

这能被写成

$$\frac{2\arcsin x}{\sqrt{1-x^2}} = \sum_{n=0}^{\infty} \frac{2^{2n+1}}{(2n+1)\binom{2n}{n}} x^{2n+1}, \quad |x|<1 \tag{3}$$

在(3)中用 $y/2$ 替换 x 得到幂级数(2)的和函数

---

[1] ZHANG BO, CHEN CHAOPING. Sharp Wilker and Huygens type inequalities for trigonometric and inverse trigonometric functions[J]. J Math Inequal, 2020, 14(3):673-684.

$$\frac{4\arcsin(y/2)}{\sqrt{4-y^2}} = \sum_{n=0}^{\infty} \frac{1}{(2n+1)\binom{2n}{n}} y^{2n+1}, \quad |y| < 2 \tag{4}$$

在(4)两边对 y 求导数得到

$$\frac{4y\arcsin(y/2)}{(4-y^2)^{3/2}} + \frac{4}{4-y^2} = \sum_{n=0}^{\infty} \frac{1}{\binom{2n}{n}} y^{2n}, \quad |y| < 2 \tag{5}$$

在(5)中令 $y = \sqrt{x}$ 得到幂级数(1)的和函数

$$\frac{4\sqrt{x}\arcsin(\sqrt{x}/2)}{(4-x)^{3/2}} + \frac{4}{4-x} = \sum_{n=0}^{\infty} \frac{1}{\binom{2n}{n}} x^n, \quad |x| < 4 \tag{6}$$

在(4)中分别取 $y = 1, \sqrt{2}, \sqrt{3}$ 得到常数 π 的下面级数表示式

$$\frac{2\pi}{3\sqrt{3}} = \sum_{n=0}^{\infty} \frac{1}{(2n+1)\binom{2n}{n}} \tag{7}$$

$$\frac{\pi}{2} = \sum_{n=0}^{\infty} \frac{2^n}{(2n+1)\binom{2n}{n}} \tag{8}$$

$$\frac{4\pi}{3\sqrt{3}} = \sum_{n=0}^{\infty} \frac{3^n}{(2n+1)\binom{2n}{n}} \tag{9}$$

注记 Ajima Naonobu(1732—1798)是江户时代的一个日本数学家,他获得的级数能够被简化成(8).

在(6)中分别取 $x = 1, 2, 3$ 得到常数 π 的下面级数表示式

$$\frac{2\pi}{9\sqrt{3}} + \frac{4}{3} = \sum_{n=0}^{\infty} \frac{1}{\binom{2n}{n}} \tag{10}$$

$$\frac{\pi}{2} + 2 = \sum_{n=0}^{\infty} \frac{2^n}{\binom{2n}{n}} \tag{11}$$

$$\frac{4\pi}{\sqrt{3}} + 4 = \sum_{n=0}^{\infty} \frac{3^n}{\binom{2n}{n}} \tag{12}$$

SOFO[1] 收集了许多关于 π 的公式. 拉马努金给出了 17 个关于 $1/\pi$ 的级数表示式[2].

对于正项级数(7)~(12),我们这里仅考虑级数(11),级数(7)~(10)以及(12)可以类似考虑. 级数(11)能被写成

$$\frac{\pi}{2} = \sum_{n=2}^{\infty} \frac{2^n}{\binom{2n}{n}} \tag{13}$$

我们现在考虑级数(13)的余项

$$R_n = \frac{\pi}{2} - S_n = \sum_{k=n+1}^{\infty} \frac{2^n}{\binom{2n}{n}}$$

这里

$$S_n = \sum_{k=2}^{n} \frac{2^k}{\binom{2k}{k}}$$

利用 Maple 软件,我们在附录中导出了余项 R_n 的渐近展开式

$$R_n \sim \frac{2^n}{\binom{2n}{n}} \left\{ 1 + \frac{1}{n} - \frac{1}{n^2} + \frac{2}{n^3} - \frac{7}{n^4} + \cdots \right\}, n \to \infty \tag{14}$$

本章第二个目的是给出一个公式来确定展开式(14)中的系数,然后建立余项 R_n 的上下界. 作为应用,给出常数 π 的近似值.

两个伽马函数之比有下面渐近展开式:

$$\frac{\Gamma(x+a)}{\Gamma(x+b)} \sim x^{a-b} \sum_{k=0}^{\infty} \binom{a-b}{k} \frac{B_k^{(a-b+1)}(a)}{x^k}, \quad x \to \infty \tag{15}$$

这里 $B_k^{(a)}(x)$ 是广义的伯努利多项式,由下面生成函数给出

$$\left(\frac{t}{e^t - 1}\right)^a e^{xt} = \sum_{k=0}^{\infty} B_k^{(a)}(x) \frac{t^k}{k!}, \quad |t| < 2\pi \tag{16}$$

根据(15)得到

---

[1] SOFO A. Some representations of π[J]. Austral Math Soc Gaz,2004,31:184-189.
[2] RAMANUJAN S. Modular equations and approximations to π[J]. Q J Math,1914,45:350-372.

$$\frac{2^n}{\binom{2n}{n}} = \frac{\sqrt{\pi}\,\Gamma(n+1)}{2^n \Gamma\left(n+\frac{1}{2}\right)} \sim \frac{\sqrt{\pi n}}{2^n} \sum_{k=0}^{\infty} \binom{\frac{1}{2}}{k} \frac{B_k^{(3/2)}(1)}{n^k}$$

$$= \frac{\sqrt{\pi n}}{2^n}\left\{1 + \frac{1}{8n} + \frac{1}{128n^2} - \frac{5}{1\,024n^3} - \frac{21}{32\,768n^4} + \cdots\right\}, \quad n \to \infty$$

从 (14) 得到

$$R_n \sim \frac{\sqrt{\pi n}}{2^n}\left\{1 + \frac{1}{8n} + \frac{1}{128n^2} - \frac{5}{1\,024n^3} - \frac{21}{32\,768n^4} + \cdots\right\}\left\{1 + \frac{1}{n} - \frac{1}{n^2} + \frac{2}{n^3} - \frac{7}{n^4} + \cdots\right\}$$

$$= \frac{\sqrt{\pi n}}{2^n}\left\{1 + \frac{9}{8n} - \frac{111}{128n^2} + \frac{1\,923}{1\,024n^3} - \frac{221\,621}{32\,768n^4} + \cdots\right\}, \quad n \to \infty \tag{17}$$

本文最后一个目的是给出一个公式来确定展开式 (17) 中的系数.

本文中的数值计算利用 Maple 软件.

§2 余项 R_n 的渐近展开式

定理 1 当 $n \to \infty$ 时,余项 R_n 有渐近展开式

$$R_n \sim \frac{2^n}{\binom{2n}{n}} \sum_{k=0}^{\infty} \frac{r_k}{n^k} = \frac{2^n}{\binom{2n}{n}}\left(1 + \frac{1}{n} - \frac{1}{n^2} + \frac{2}{n^3} - \frac{7}{n^4} + \cdots\right) \tag{18}$$

其中系数 r_k 由下面递推公式给出

$$r_0 = 1$$

$$r_k = \frac{(-1)^{k-1}}{2^k} + \sum_{l=0}^{k-1}(-1)^{k-l} r_l \binom{k-1}{k-l} + \sum_{j=1}^{k}\sum_{l=0}^{k-j}(-1)^{k-l-1}\frac{r_l}{2^j}\binom{k-j-1}{k-j-l}, k \in \mathbf{N}^* \tag{19}$$

证明 设

$$T_n = \frac{2^n}{\binom{2n}{n}} \sum_{k=0}^{\infty} \frac{r_k}{n^k}$$

这里 $r_k (k \in \mathbf{N})$ 是待确定的实数. 观察 (14),我们能设 $R_n \sim T_n$ 以及

$$\Delta R_n := R_{n+1} - R_n \sim T_{n+1} - T_n =: \Delta T_n, \quad n \to \infty$$

简单计算给出

$$\Delta R_n = -\frac{2^{n+1}}{\binom{2n+2}{n+1}} = -\frac{2^n}{\binom{2n}{n}}\left[\left(\frac{1}{2}+\frac{1}{2n}\right)\left(1+\frac{1}{2n}\right)^{-1}\right]$$

$$= -\frac{2^n}{\binom{2n}{n}}\left[\frac{1}{2}+\sum_{k=1}^{\infty}\frac{(-1)^{k-1}}{2^{k+1}}\frac{1}{n^k}\right] = -\frac{2^n}{\binom{2n}{n}}\sum_{k=0}^{\infty}\frac{a_k}{n^k} \quad (20)$$

这里

$$a_0 = \frac{1}{2}, a_k = \frac{(-1)^{k-1}}{2^{k+1}}, \quad k \in \mathbf{N}^*$$

于是获得

$$\frac{\binom{2n}{n}}{2^n}\Delta R_n = \sum_{k=0}^{\infty}\frac{-a_k}{n^k}, \quad n \to \infty$$

直接计算给出

$$\Delta T_n = \frac{2^{n+1}}{\binom{2n+2}{n+1}}\sum_{k=0}^{\infty}\frac{r_k}{(n+1)^k} - \frac{2^n}{\binom{2n}{n}}\sum_{k=0}^{\infty}\frac{r_k}{n^k} = \frac{2^n}{\binom{2n}{n}}\left[\sum_{k=0}^{\infty}\frac{a_k}{n^k}\sum_{k=0}^{\infty}\frac{r_k}{(n+1)^k} - \sum_{k=0}^{\infty}\frac{r_k}{n^k}\right]$$

(21)

以及

$$\sum_{k=0}^{\infty}\frac{r_k}{(n+1)^k} = \sum_{k=0}^{\infty}\frac{r_k}{n^k}\left(1+\frac{1}{n}\right)^{-k} = \sum_{k=0}^{\infty}\frac{r_k}{n^k}\sum_{j=0}^{\infty}\binom{-k}{j}\frac{1}{n^j}$$

$$= \sum_{k=0}^{\infty}\frac{r_k}{n^k}\sum_{j=0}^{\infty}(-1)^j\binom{k+j-1}{j}\frac{1}{n^j} = \sum_{k=0}^{\infty}\frac{b_k}{n^k}$$

这里

$$b_k = \sum_{l=0}^{k}r_l(-1)^{k-l}\binom{k-1}{k-l}$$

从(21)得到

$$\frac{\binom{2n}{n}}{2^n}\Delta T_n = \sum_{k=0}^{\infty}\frac{a_k}{n^k}\sum_{k=0}^{\infty}\frac{b_k}{n^k} - \sum_{k=0}^{\infty}\frac{r_k}{n^k} = \sum_{k=0}^{\infty}\left(\sum_{j=0}^{k}a_jb_{k-j}-r_k\right)\frac{1}{n^k}, \quad n\to\infty \quad (22)$$

比较(20)和(22)右边同次幂的系数得到 $\sum_{j=0}^{k}a_jb_{k-j}-r_k=-a_k, k\in\mathbf{N}.$

当 $k=0$ 时,有 $\frac{1}{2}r_0-r_0=-\frac{1}{2} \Rightarrow r_0=1.$ 当 $k\in\mathbf{N}^*$ 时,有

$$a_0b_k+\sum_{j=1}^{k}a_jb_{k-j}-r_k=-a_k$$

$$\frac{1}{2}\left(\sum_{l=0}^{k-1}r_l(-1)^{k-l}\binom{k-1}{k-l}+r_k\right)+\sum_{j=1}^{k}\frac{(-1)^{j-1}}{2^{j+1}}\sum_{l=0}^{k-j}r_l(-1)^{k-j-l}\binom{k-j-1}{k-j-l}-r_k$$
$$=-\frac{(-1)^{k-1}}{2^{k+1}}$$

这给出需要的公式(19). 定理 1 证毕.

我们现在利用递推公式(19)给出展开式(18)中 r_k 的前 5 个值

$$r_0 = 1$$
$$r_1 = \frac{1}{2} + \frac{1}{2}r_0 = 1$$
$$r_2 = -\frac{1}{4} - \frac{1}{4}r_0 - \frac{1}{2}r_1 = -1$$
$$r_3 = \frac{1}{8} + \frac{1}{8}r_0 + \frac{1}{4}r_1 - \frac{3}{2}r_2 = 2$$
$$r_4 = -\frac{1}{16} - \frac{1}{8}r_1 + \frac{7}{4}r_2 - \frac{5}{2}r_3 - \frac{1}{16}r_0 = -7$$

这里给出 $r_k(k=0,1,2,3,4)$ 的值与展开式(14)中前 5 个系数相同.

定理 2 当 $n \to \infty$ 时,余项 R_n 有下面渐近展开式

$$R_n \sim \frac{\sqrt{\pi n}}{2^n}\sum_{k=0}^{\infty}\frac{p_k}{n^k} = \frac{\sqrt{\pi n}}{2^n}\left(1 + \frac{9}{8n} - \frac{111}{128n^2} + \frac{1\,923}{1\,024n^3} - \frac{221\,621}{32\,768n^4} + \cdots\right) \quad (23)$$

其中系数 p_k 由下面递推公式给出

$$p_0 = 1$$
$$p_k = \binom{\frac{1}{2}}{k}B_k^{(3/2)}(2) + \sum_{l=0}^{k-1}p_l(-1)^{k-l}\binom{k-1}{k-l} +$$
$$\sum_{j=1}^{k}\sum_{l=0}^{k-j}(-1)^{k-l-1}\frac{1}{2j-1}\frac{1}{4^j}\binom{2j}{j}\binom{k-j-1}{k-j-l}p_l, \quad k \in \mathbf{N}^* \quad (24)$$

利用定理 1 的证明方法,我们能够有定理 2. 我们这里省略定理 2 的证明. 注意到

$$B_1^{(3/2)}(x) = x - \frac{3}{4}$$
$$B_2^{(3/2)}(x) = x^2 - \frac{3}{2}x + \frac{7}{16}$$
$$B_3^{(3/2)}(x) = x^3 - \frac{9}{4}x^2 + \frac{21}{16}x - \frac{9}{64}$$
$$B_4^{(3/2)}(x) = x^4 - \frac{9}{16}x + \frac{21}{8}x^2 - 3x^3 - \frac{59}{1\,280}$$

我们现在利用递推公式(24)给出展开式(23)中 p_k 的前 5 个值

$$p_0 = 1$$

$$p_1 = \frac{5}{8} + \frac{1}{2}p_0 = \frac{9}{8}$$

$$p_2 = -\frac{23}{128} - \frac{1}{8}p_0 - \frac{1}{2}p_1 = -\frac{111}{128}$$

$$p_3 = \frac{95}{1\,024} + \frac{1}{16}p_0 + \frac{3}{8}p_1 - \frac{3}{2}p_2 = \frac{1\,923}{1\,024}$$

$$p_4 = -\frac{1\,701}{32\,768} - \frac{5}{128}p_0 - \frac{5}{16}p_1 + \frac{15}{8}p_2 - \frac{5}{2}p_3 = -\frac{221\,621}{32\,768}$$

这里给出的 $p_k (k=0,1,2,3,4)$ 的值与展开式(17)中前 5 个系数相同.

§3 余项 R_n 的不等式及其应用

定理 3 下面不等式对于 $n \in \mathbf{N}^*$ 成立

$$\mathscr{L}_n < R_n < \mathscr{U}_n \tag{25}$$

这里

$$\mathscr{L}_n = \frac{2^n}{\binom{2n}{n}}\left(1 + \frac{1}{n} - \frac{1}{n^2}\right), \quad \mathscr{U}_n = \frac{2^n}{\binom{2n}{n}}\left(1 + \frac{1}{n}\right)$$

证明 对于 $n \in \mathbf{N}^*$,设 $\xi_n = R_n - \mathscr{L}_n$,$\eta_n = R_n - \mathscr{U}_n$. 清楚地,$\lim_{n\to\infty}\xi_n = 0$,$\lim_{n\to\infty}\eta_n = 0$. 为了证明不等式(25),只需证明数列 $\{\xi_n\}$ 严格递减,数列 $\{\eta_n\}$ 严格递增. 直接计算给出

$$\xi_n - \xi_{n+1} = \frac{2^n}{\binom{2n}{n}}\frac{1}{n^2(n+1)} > 0, \quad \eta_n - \eta_{n+1} = -\frac{2^n}{\binom{2n}{n}}\frac{1}{n(2n+1)} < 0$$

因此,不等式 $\xi_n > \xi_{n+1}$ 和 $\eta_n < \eta_{n+1}$ 对所有的 $n \in \mathbf{N}^*$ 成立. 定理 3 证毕.

应用不等式(25)能够给出常数 π 的近似值. 将(25)写成

$$\alpha_n < \pi < \beta_n$$

这里

$$\alpha_n = 2(S_n + L_n), \quad \beta_n = 2(S_n + U_n) \tag{26}$$

在(26)中选择 $n = 100$ 给出

$$\alpha_{100} = 3.141\,592\,653\,589\,793\,238\,462\,643\,383\,279\,502\cdots$$

$$\beta_{100} = 3.141\,592\,653\,589\,793\,238\,462\,643\,383\,279\,505\cdots$$

于是得到常数 π 的近似值
$$\pi \approx 3.141\ 592\ 653\ 589\ 793\ 238\ 462\ 643\ 383\ 279\ 50$$
在(26)中选择 $n=500$ 得到常数 π 的近似值
$\pi \approx 3.141\ 592\ 653\ 589\ 793\ 238\ 462\ 643\ 383\ 279\ 502\ 884\ 197\ 169\ 399\ 375\ 105$
$820\ 974\ 944\ 592\ 307\ 816\ 406\ 286\ 208\ 998\ 628\ 034\ 825\ 342\ 117\ 067\ 982$
$148\ 086\ 513\ 282\ 306\ 647\ 093\ 844\ 609\ 550\ 582\ 231\ 725\ 359\ 408\ 128\ 481$

附录 公式(14)的一个导出

利用 Malpe 软件,我们发现,当 $n \to \infty$ 时,有

$$\frac{2^{n+1}}{\binom{2(n+1)}{n+1}} = \frac{2^n}{\binom{2n}{n}} \frac{n+1}{2n+1} = \frac{2^n}{\binom{2n}{n}} \left\{ \frac{1}{2} + \frac{1}{4n} - \frac{1}{8n^2} + \frac{1}{16n^3} - \frac{1}{32n^4} + \cdots \right\}$$

(A.1)

$$\frac{2^{n+2}}{\binom{2(n+2)}{n+2}} = \frac{2^n}{\binom{2n}{n}} \frac{(n+2)(n+1)}{(2n+3)(2n+1)} = \frac{2^n}{\binom{2n}{n}} \left\{ \frac{1}{4} + \frac{1}{4n} - \frac{3}{16n^2} + \frac{3}{16n^3} - \frac{15}{64n^4} + \cdots \right\}$$

(A.2)

$$\frac{2^{n+3}}{\binom{2(n+3)}{n+3}} = \frac{2^n}{\binom{2n}{n}} \left\{ \frac{1}{8} + \frac{3}{16n} - \frac{3}{16n^2} + \frac{9}{32n^3} - \frac{69}{128n^4} + \cdots \right\} \quad \text{(A.3)}$$

$$\frac{2^{n+4}}{\binom{2(n+4)}{n+4}} = \frac{2^n}{\binom{2n}{n}} \left\{ \frac{1}{16} + \frac{1}{8n} - \frac{5}{32n^2} + \frac{5}{16n^3} - \frac{205}{256n^4} + \cdots \right\} \quad \text{(A.4)}$$

$$\frac{2^{n+5}}{\binom{2(n+5)}{n+5}} = \frac{2^n}{\binom{2n}{n}} \left\{ \frac{1}{32} + \frac{5}{64n} - \frac{15}{128n^2} + \frac{75}{256n^3} - \frac{15}{16n^4} + \cdots \right\} \quad \text{(A.5)}$$

$$\frac{2^{n+6}}{\binom{2(n+6)}{n+6}} = \frac{2^n}{\binom{2n}{n}} \left\{ \frac{1}{64} + \frac{3}{64n} - \frac{21}{256n^2} + \frac{63}{256n^3} - \frac{483}{512n^4} + \cdots \right\} \quad \text{(A.6)}$$

观察(A.1)至(A.6),我们求出下面级数的和:

$$\frac{1}{2} + \frac{1}{4} + \frac{1}{8} + \frac{1}{16} + \frac{1}{32} + \frac{1}{64} + \cdots = \sum_{j=1}^{\infty} \frac{1}{2^j} = 1$$

$$\frac{1}{4} + \frac{2}{8} + \frac{3}{16} + \frac{4}{32} + \frac{5}{64} + \frac{6}{128} + \cdots = \sum_{j=0}^{\infty} \frac{1+j}{4 \cdot 2^j} = 1$$

$$\frac{1}{8} + \frac{3}{16} + \frac{6}{32} + \frac{10}{64} + \frac{15}{128} + \frac{21}{256} + \cdots = \sum_{j=0}^{\infty} \frac{1 + \frac{3}{2}j + \frac{1}{2}j^2}{8 \cdot 2^j} = 1$$

$$\frac{1}{16} + \frac{6}{32} + \frac{18}{64} + \frac{40}{128} + \frac{75}{256} + \frac{126}{512} + \cdots = \sum_{j=0}^{\infty} \frac{1 + \frac{5}{2}j + 2j^2 + \frac{1}{2}j^3}{16 \cdot 2^j} = 2$$

$$\frac{1}{32} + \frac{15}{64} + \frac{69}{128} + \frac{205}{256} + \frac{480}{512} + \frac{966}{1\,024} + \cdots = \sum_{j=0}^{\infty} \frac{1 + \frac{17}{4}j + \frac{47}{8}j^2 + \frac{13}{4}j^3 + \frac{5}{8}j^4}{32 \cdot 2^j} = 7$$

将(A.1)至(A.6)两边相加给出 R_n 的渐近展开式(14).

第 5 编
从物理研究的视角看 π

第16章 对2020年高考全国Ⅲ卷第20题的深入探讨

江苏省海门市证大中学的戴耀东老师2021年由2020年全国Ⅲ卷第20题的"无能量损失的多次碰撞模型"展开,发现在这种特殊模型下,碰撞次数可能会神奇地出现圆周率π,这显然是因为能量守恒方程式其实就是圆的解析式,而这个分析的过程运用到的数学物理方法确实有些巧妙,并且结果也很有意思,有条件的学校可以将此题作为物理兴趣小组探讨的问题.

§1 原题再现

水平冰面上有一固定的竖直板,一滑冰运动员面对挡板静止在冰面上,他把一质量为 4.0 kg 的静止物块以大小为 5.0 m/s 的速度沿与挡板垂直的方向推向挡板,运动员获得推行速度;物体与挡板弹性碰撞,速度反向,追上运动员时,运动员又把物体推向挡板,使其再一次以大小为 5.0 m/s 的速度与挡板弹性碰撞.总共经过 8 次这样推物块后,运动员推行速度的大小大于 5.0 m/s,反弹的物体不能再追上运动员.不计冰面的摩擦力,该运动员的质量可能为(   )

A. 48 kg 　　B. 53 kg 　　C. 58 kg 　　D. 63 kg

§2 解析与思考

解析 前7次推物体运动员获得的速度小于 5 m/s,前 8 次推物体运动员获得的速度大于 5 m/s.

前 7 次:$Mv_1 = mv + 2mv \cdot 6$.

其中,M 为运动员的质量,v_1 为第 7 次推物体运动员获得的速度(< 5.0 m/s);m 为物块的质量 4 kg,v 为物块每次获得的速度 5 m/s.全过程分析,等式右边为 7 次推物块运动员获得的动量.

代入数据可得:$M > 52$ kg.

前 8 次:$Mv_2 = mv + 2mv \cdot 7$.

其中,v_2 为第 8 次推物体后运动员获得的速度(>5.0 m/s).

代入数据可得:$M<60$ kg.

于是运动员的质量满足 $52\text{ kg}<M<60\text{ kg}$,本题选 BC.

本题一共有 8 个过程,从解题时间上考虑显然不宜分过程分析,所以应该全过程考虑.

这类多次碰撞问题让笔者马上想到年前互联网流传的一个关于碰撞次数的问题——"碰撞次数中的 π".

§3 碰撞次数中的 π

问题 如图 1 所示,大物块 M 的初速度为 v_0,与小物块 m 碰撞后,小物块随后与左侧墙壁碰撞反弹,并再次与大物块相碰,不计摩擦阻力和空气阻力,所有的碰撞都是弹性碰撞.分析:当 $M=m,M=10m,M=100m,\cdots\cdots$ 的情况下,所有碰撞发生的次数.

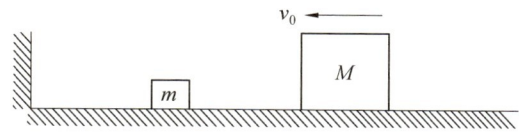

图 1

1. 第 i 次碰撞

假设第 i 次碰撞是两物体间的碰撞(规定向左为正方向),碰撞结束后小物体速度为 u_i,大物体速度为 v_i,如图 2 所示.

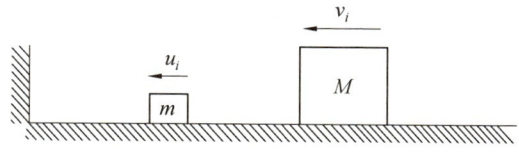

图 2

由于整个过程没有能量损失,易得

$$\frac{1}{2}Mv_0^2=\frac{1}{2}mu_i^2+\frac{1}{2}Mv_i^2$$

不妨假设 $M=nm$,于是有

$$v_i^2 + \left(\frac{u_i}{\sqrt{n}}\right)^2 = v_0^2 \tag{1}$$

显然,第 $i+1$ 次碰撞是小物块与墙壁间的碰撞,小物体速度反向,即 $u_{i+1} = -u_i$,而大物体速度不变,即 $v_{i+1} = v_i$.

为了方便记录分析,现以 v_i 为横坐标,以 $\frac{u_i}{\sqrt{n}}$ 为纵坐标,建立直角坐标系. 由式(1)可得,任何一次碰撞后两物体的速度均在以原点为圆心,v_0 为半径的圆上[①].

如图 3 所示,虚线表示两个物体速度的变化走向,显然碰撞次数与倾斜虚线有关,即与两物体碰撞时的速度变化情况有关.

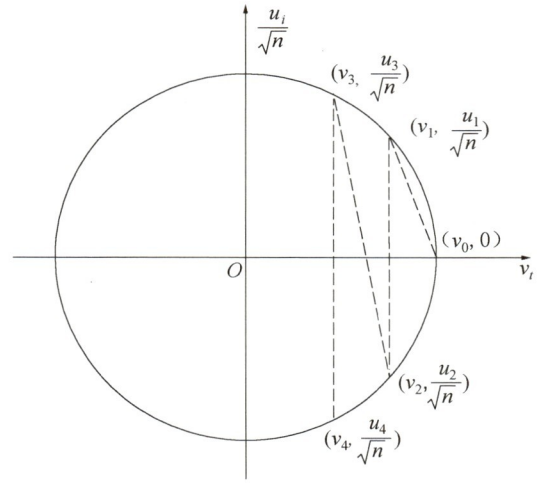

图 3

2. 第 $i+2$ 次碰撞

显然,第 $i+2$ 次碰撞时两物体间的碰撞,由碰撞过程动量守恒有

$$mu_{i+1} + Mv_{i+1} = mu_{i+2} + Mv_{i+2}$$

整理可得

$$u_i + u_{i+2} = n(v_i - v_{i+2}) \tag{2}$$

令

$$v_i = v_0 \cos \alpha, \frac{u_i}{\sqrt{n}} = v_0 \sin \alpha$$

---

① 郭玉翠. 数学物理方法[M]. 北京:清华大学出版社,2006.

$$v_{i+2} = v_0 \cos \beta, \frac{u_{i+2}}{\sqrt{n}} = v_0 \sin \beta$$

代入式(2)得

$$\sin \alpha + \sin \beta = \sqrt{n}(\cos \alpha - \cos \beta)$$

利用三角函数和差化积公式得 $\cot \frac{\beta - \alpha}{2} = \sqrt{n}$,即 $\beta - \alpha = 2\operatorname{arccot}\sqrt{n}$,为定值.

显然,角 α, β 是坐标中对应点与原点连线和 x 轴的夹角,所以 $\beta - \alpha$ 就是第 i 次 → 第 $i+2$ 次坐标相对原点转过的角度,而且这是一个定值.

3. 碰撞结束的条件

易得,当 $u_i < v_i < 0$ 时,小物体向右不可能再追上大物体,碰撞结束.

将此关系换成坐标系中 $y < kx$ 的形式有 $\frac{u_i}{\sqrt{n}} < \frac{1}{\sqrt{n}} v_i$,对应直线的斜率 $\tan \theta < \frac{1}{\sqrt{n}}$.

如图 4 所示,于是碰撞过程在坐标系中表示为:实际中每两次碰撞对应在坐标系中逆时针转过角度 $\beta - \alpha = 2\operatorname{arccot}\sqrt{n}$,且转过的角度不能大于 $\pi - \theta = \pi - \arctan \frac{1}{\sqrt{n}}$.

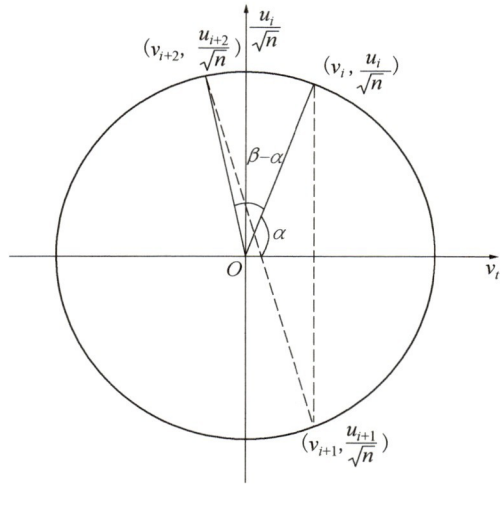

图 4

于是碰撞次数 $N = \left[2 \times \dfrac{\pi - \arctan \dfrac{1}{\sqrt{n}}}{\beta - \alpha} \right]_{\text{进}1\text{取整}}$

化简可得 $N = \left[\dfrac{\pi}{\arctan \dfrac{1}{\sqrt{n}}} - 1 \right]_{\text{进}1\text{取整}}$.

计算器计算可得表 1.

表 1

$n = \dfrac{M}{m}$	1	10	10^4	10^6	10^8	10^{10}	……
碰撞次数 N	3	31	314	3 141	31 415	314 159	……

可以看出,当 n 取不同的值时,碰撞次数在数字上竟然与圆周率 π 不谋而合.

第 17 章 碰撞出来的圆周率 —— 两球与墙壁三者间的碰撞次数与圆周率 π 间关系的讨论

浙江金华第一中学的陈怡老师 2020 年详细讨论了两球与墙壁三者间的碰撞总次数与圆周率 π 之间的关系,阐明圆周率来源于碰撞过程中的能量守恒定律,最后通过动量守恒定律与能量守恒定律得到当两球质量比 N 很大时,两球与墙壁三者间的总碰撞次数为 $[\sqrt{N}\pi]$,即圆周率的前 $\sqrt{N}$ 位.

§1 问题的提出

如图 1 所示,左侧为光滑墙壁,下方为可向右侧无限延伸的光滑地面. A,B 两球大小相等,置于地面上,现给 A 向左的初速度. 假设球与球,球与墙壁之间的碰撞均无动能损失. 如果 A,B 两球质量相等,A 碰上 B,A 停下来 B 继续运动,B 碰到墙后再返回与 A 相碰,球与球、球与墙之间一共发生了 3 次碰撞. 如果球 A 的质量大于 B,那么 A 碰完 B 之后,A 还会继续向墙运动,总共的碰撞次数可能会大于 3 次. 实际上:当 A 的质量是 B 的一万倍时,共碰撞 314 次. 当 A 的质量是 B 的 100 万倍时,共碰撞 3 141 次. 当 A 的质量是 B 的一亿倍时,共碰撞 31 415 次. 很明显地发现,总的碰撞次数会与圆周率的数值有关,那么为何两球与墙壁三者间的总碰撞次数会与圆周率联系在一起?

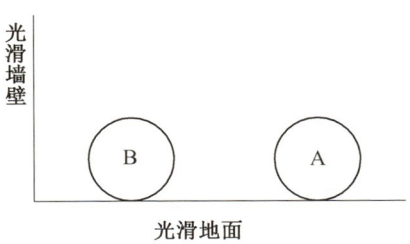

图 1

物理学家理查德·费恩曼在"什么是科学"讲座曾谈到"小时候在看一本书上的公式时,我发现了一个振荡电路的频率公式 $f = 1/(2\pi\sqrt{LC})$,其中,L 是电感,C

是环路的电容. 这儿有个 π,但是圆在哪儿呢? 你们在笑,但是我那时十分严肃. π 原来是与圆相关的一个东西,现在从电路中出来了个 π,那么圆在哪儿? 你们这些在笑的人,你们知道这个怎么来的吗? 我不得不爱这个东西,不得不去寻找它,思考它…… 现在我对 π 的理解比较好了;但是在我心中,我仍然不太清楚那个圆在哪儿,那个 π 是从哪儿来的."[1] 对照费恩曼所说,两球与墙壁三者间的总碰撞次数与圆周率相关,那么"这儿有个 π,但是圆在哪儿呢"?

美国东伊利诺伊大学 Gregory Galperin 教授在 1995 年东伊利诺伊大学数学讨论会上首次报告了两球与墙壁三者间的总碰撞次数与圆周率 π 之间的关系,当他在报告中公布这个结论时,听众们开始都觉得难以置信,但在给出证明后,听众们又纷纷表示信服. 2003 年,Gregory Galperin 教授在论文 *Playing pool with π—The number π from a billiard point of view* 中公布了证明过程,他的主要证明思路是将碰撞次数问题转化为类似于光学中平面镜反射次数问题,将平面横坐标定义为 $\sqrt{m_A l_A}$ (m_A 为 A 球质量;l_A 为 A 球到墙壁的距离),纵坐标定义为 $\sqrt{m_B l_B}$ (m_B 为 B 球质量;l_B 为 B 球到墙壁的距离),在平面上绘制的折线图形类似光线在两个平面镜上的依次反射传播,在平面镜 $y=x$ 上的反射过程表征 A,B 两球之间的碰撞,在平面镜 $y=m_2 l_2$ 上的反射过程表征 B 球与墙壁之间的碰撞,然后进行总碰撞次数的讨论[2]. A,B 两球在碰撞过程中,每个小球均有速度和位置两个参量. Gregory Galperin 教授的讨论方法主要立足于两个小球的位置变换关系,证明过程烦琐繁杂,不够一目了然,关键是没有直接给出"圆在哪里"的回答.

本章立足于两个小球在碰撞过程中速度变换关系而完全舍弃位置参量来解决 A,B 两球与墙壁三者间的总碰撞次数和圆周率的关系问题,采用碰撞过程中的速度变换关系的证明方法可以直接构造出平面直角坐标系下的圆方程,进而利用碰撞前后在单位圆圆周上的变换关系直接得到最后的结论,整个讨论过程物理意义明确,几何关系简单.

§2 分析与论证

为简单起见做如下假设:如图 2 所示,A 球质量为 $m_A = Nm$,B 球质量为 $m_B =$

---

[1] 费曼 R P. 发现的乐趣[M]. 张郁乎,译. 长沙:湖南科学技术出版社,2005.

[2] GALPERIN GREGORY. Playing pool with π(the number π from a billiard point of view)[J]. Regular and Chaotic Dynamics,2003,8(4):375-394.

m,规定向左为正方向,初始时 A 球具有向左的初速度 v_0.

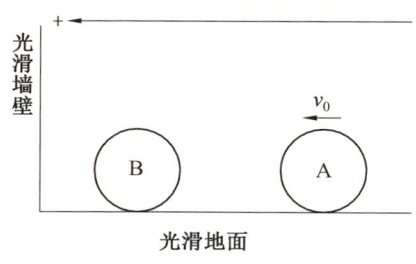

图 2

1. A,B 两球和墙壁三者之间任一次碰撞中的能量动量关系

设某时刻,A,B 两球发生第 n 次碰撞,那么从一开始到第 n 次两球碰撞的时间间隔内,B 球与墙壁共发生了 $n-1$ 次碰撞. 设 A,B 两球第 n 次碰撞之后瞬间的速率分别为 v_{An},v_{Bn},由于 B 球与墙壁之间的碰撞只能使得 B 球的运动方向反向,而不改变 B 球的运动速率,故 A,B 两球第 n 次碰撞之前瞬间的速率也就是 A,B 两球第 $n-1$ 次碰撞之后瞬间的速率 v_{An-1},v_{Bn-1}. A,B 两球第 1 次碰撞之前的速率分别为 $v_{A0}=v_0,v_{B0}=0$.

A,B 两球发生第 n 次碰撞前后满足动量守恒定律,故而有

$$m_A v_{An-1} - m_B v_{Bn-1} = m_A v_{An} + m_B v_{Bn} \Rightarrow$$
$$Nm v_{An-1} - m v_{Bn-1} = Nm v_{An} + m v_{Bn} \tag{1}$$

由于 A,B 两球之间的碰撞是完全弹性碰撞,总动能保持不变. 由于墙壁保持不动,B 球与墙壁之间的碰撞虽然不满足动量守恒定律,但是 B 球与墙壁之间碰撞前后无动能损失,B 球动能保持不变. 因此在 A,B 两球与墙壁三者的碰撞过程中,总动能保持不变,可得

$$\frac{1}{2} m_A v_{An-1}^2 + \frac{1}{2} m_B v_{Bn-1}^2$$
$$= \frac{1}{2} m_A v_{An}^2 + \frac{1}{2} m_B v_{Bn}^2 \left(= \frac{1}{2} m_A v_0^2\right) \Rightarrow \tag{2}$$
$$\frac{1}{2} Nm v_{An-1}^2 + \frac{1}{2} m v_{Bn-1}^2$$
$$= \frac{1}{2} Nm v_{An}^2 + \frac{1}{2} m v_{Bn}^2 \left(= \frac{1}{2} Nm v_0^2\right)$$

联立(1)和(2)两式可以解得

$$\begin{cases} v_{An} = \dfrac{N-1}{N+1} v_{An-1} - \dfrac{2}{N+1} v_{Bn-1} \\ v_{Bn} = \dfrac{N-1}{N+1} v_{Bn-1} - \dfrac{2N}{N+1} v_{An-1} \end{cases} \tag{3}$$

本问题中最后要求出现圆周率，那么圆又在哪里呢？圆就在动能保持不变的方程，即式(2)，将式(2)除以 $\frac{1}{2}Nm$ 可得

$$v_{An}^2 + \left(\frac{v_{Bn}}{\sqrt{N}}\right)^2 = v_{An-1}^2 + \left(\frac{v_{Bn-1}}{\sqrt{N}}\right)^2 = v_0^2 (\text{常量}) \tag{4}$$

这就意味着 $\left(v_{An}, \frac{v_{Bn}}{\sqrt{N}}\right)$ 在半径为 v_0 的圆周上，由于 n 是任意的，因此 A，B 两球任意一次碰撞前后的速率稍做数学处理，便落在半径为 v_0 的圆周上，只是在圆周上的角位置不同而已. 为了简单起见，将式(4)做归一化处理，即有

$$\left(\frac{v_{An}}{v_0}\right)^2 + \left(\frac{v_{Bn}}{v_0\sqrt{N}}\right)^2 = \left(\frac{v_{An-1}}{v_0}\right)^2 + \left(\frac{v_{Bn-1}}{v_0\sqrt{N}}\right)^2 = 1 \tag{5}$$

也就意味着，A，B 两球任意一次碰撞前后的速率可用平面直角坐标系上单位圆上的点来描述，进而可设

$$\cos\alpha = \frac{v_{An}}{v_0}, \quad \sin\alpha = \frac{v_{Bn}}{\sqrt{N}v_0} \tag{6}$$

$$\cos\beta = \frac{v_{An-1}}{v_0}, \quad \sin\beta = \frac{v_{Bn-1}}{\sqrt{N}v_0} \tag{7}$$

将(6)和(7)两式代入式(1)，化简后可得

$$\begin{aligned}Nv_{An} + v_{Bn} = Nv_{An-1} - v_{Bn-1} \Rightarrow \\ N\cos\alpha + \sqrt{N}\sin\alpha = N\cos\beta - \sqrt{N}\sin\beta\end{aligned} \tag{8}$$

因而得到

$$\sqrt{N} = \frac{\sin\beta + \sin\alpha}{\cos\beta - \cos\alpha} = \frac{2\sin\frac{\beta+\alpha}{2}\cos\frac{\beta-\alpha}{2}}{-2\sin\frac{\beta+\alpha}{2}\sin\frac{\beta-\alpha}{2}} \tag{9}$$

$$= \cot\left(\frac{\alpha-\beta}{2}\right)$$

由于 n 是任意的，式(9)表明，A，B 两球碰撞，无论是第几次碰撞，碰前碰后 $\alpha - \beta$ 是定值，即 A，B 两球每碰撞一次，在单位圆上逆时针转过的角度 θ 是定值，$\theta = \alpha - \beta = 2\arctan\frac{1}{\sqrt{N}}$，该定值 θ 只与 A，B 两球的质量比有关，而与 A，B 两球的具体质量、初始速度 v_0、A 球和墙壁之间的初始距离以及第几次碰撞等因素均无关，如图 3 所示. 既然 $\theta = \alpha - \beta = 2\arctan\frac{1}{\sqrt{N}}$ 是定值，我们可以采用最简单碰撞，即第一次碰撞前后的速度关系来计算角度 θ.

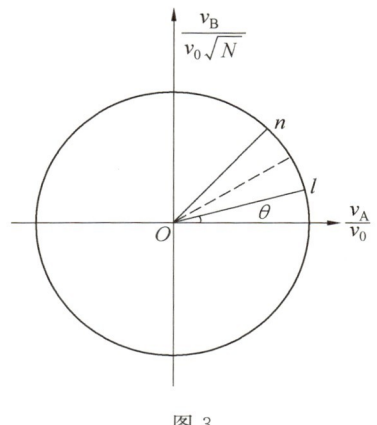

图 3

A,B 两球第一次碰撞之前,A 球和 B 球速率分别为

$$\begin{cases} v_{A0} = v_0 \\ v_{B0} = 0 \end{cases} \Rightarrow \begin{matrix} \cos\beta = 1 \\ \sin\beta = 0 \end{matrix} \Rightarrow \beta = 0 \tag{10}$$

即为单位圆上的点 $(1,0)$.

A,B 两球第一次碰撞之后,根据式(3)可得,A 球和 B 球速率分别为

$$\begin{cases} v_{A1} = \dfrac{N-1}{N+1} v_0 \\ v_{B1} = \dfrac{2N}{N+1} v_0 \end{cases} \Rightarrow \begin{matrix} \cos\alpha = \dfrac{N-1}{N+1} \\ \sin\alpha = \dfrac{2\sqrt{N}}{N+1} \end{matrix} \Rightarrow \alpha = \arcsin\dfrac{2\sqrt{N}}{N+1} \tag{11}$$

即为单位圆上的点 $\left(\dfrac{2\sqrt{N}}{N+1}, \dfrac{N-1}{N+1}\right)$.

因此在第一次碰撞前后,在单位圆上逆时针转过的角度为

$$\theta = \alpha - \beta = \arcsin\dfrac{2\sqrt{N}}{N+1} \tag{12}$$

依此类推,A,B 两球第 n 次碰撞之后瞬间的速度为

$$\begin{cases} v_{An} = v_0 \cos(n\theta) \\ v_{Bn} = \sqrt{N} v_0 \sin(n\theta) \end{cases} \tag{13}$$

即在图 3 的单位圆上以横轴正方向为基准逆时针转过角度 $n\theta$.

2. A,B 两球和墙壁三者间结束碰撞的条件

假定 A,B 两球经过 k 次碰撞后,两者彻底结束碰撞,以后两球不再碰撞. 考察整个碰撞过程中 B 与墙壁的碰撞次数. 若要求 A,B 两球终结碰撞,此后不再碰撞,有以下两种可能的方式:

第一种终结碰撞的方式是 A,B 两球经过 $k-1$ 次碰撞后,A 球向右运动,B 球向

左运动,B球与墙壁碰撞后向右运动并追上向右运动的 A 球,进行第 k 次碰撞,碰后 A,B 两球均向右运动,但 B 球的速率小于 A 球速率,即要求

$$v_{Ak} < 0, v_{Bk} < 0 \text{ 且 } |v_{Ak}| \geqslant |v_{Bk}| \tag{14}$$

A,B 之间碰撞 k 次,B 与墙壁碰撞 $k-1$ 次,共碰撞 $2k-1$ 次.

第二种终结碰撞的方式是 A,B 两球经过 k 次碰撞后,A 球向右运动,B 球向左运动,B 球与墙壁碰撞后虽然向右运动但已经追不上向右运动的 A 球,即要求

$$v_{Ak} < 0, v_{Bk} > 0 \text{ 且 } |v_{Ak}| \geqslant v_{Bk} \tag{15}$$

A,B 之间碰撞 k 次,B 与墙壁碰撞 k 次,共碰撞 $2k$ 次.

3. A,B 两球和墙壁三者间的总碰撞次数

若以第一种方式终结碰撞,要求

$$|v_{Ak}| \geqslant |v_{Bk}| \Rightarrow v_0 \cos(k\theta) \geqslant \sqrt{N} v_0 \sin(k\theta) \tag{16}$$

且

$$\begin{cases} v_{Ak} < 0 \\ v_{Bk} < 0 \end{cases} \Rightarrow \begin{matrix} \cos(k\theta) < 0 \\ \sin(k\theta) < 0 \end{matrix} \tag{17}$$

联立式(16)和(17)可得 $k\theta$ 应位于第三象限,即要求

$$\pi \leqslant k\theta \leqslant \pi + \arctan \frac{1}{\sqrt{N}} \tag{18}$$

再结合式(12),可得

$$k \leqslant \frac{\pi + \arctan \dfrac{1}{\sqrt{N}}}{\arcsin \dfrac{2\sqrt{N}}{N+1}} = \frac{\pi + \arcsin \dfrac{1}{N+1}}{\arcsin \dfrac{2\sqrt{N}}{N+1}} \tag{19}$$

A,B 及墙壁之间的总碰撞次数满足如下条件

$$K = 2k - 1 \leqslant \frac{2\pi + 2\arctan \dfrac{1}{\sqrt{N}} - \arcsin \dfrac{2\sqrt{N}}{N+1}}{\arcsin \dfrac{2\sqrt{N}}{N+1}} \tag{20}$$

即总碰撞次数为

$$K = \left[\frac{2\pi + 2\arctan \dfrac{1}{\sqrt{N}} - \arcsin \dfrac{2\sqrt{N}}{N+1}}{\arcsin \dfrac{2\sqrt{N}}{N+1}} \right]$$

$$= \left[\frac{2\pi}{\arcsin \dfrac{2\sqrt{N}}{N+1}} + \frac{2\arctan \dfrac{1}{\sqrt{N}}}{\arcsin \dfrac{2\sqrt{N}}{N+1}} - 1 \right] \tag{21}$$

其中[ ]表示取整，很显然总碰撞次数与圆周率有关．当 N 很大时，根据近似公式

$$\arcsin\frac{2\sqrt{N}}{N+1}\approx\frac{2\sqrt{N}}{N+1}\approx\frac{2\sqrt{N}}{N}\approx\frac{2}{\sqrt{N}}$$

$$\arctan\frac{1}{\sqrt{N}}\approx\frac{1}{\sqrt{N}} \tag{22}$$

可将式(21)化为

$$K=\left[\frac{2\pi}{\frac{2}{\sqrt{N}}}+\frac{2\frac{1}{\sqrt{N}}}{\frac{2}{\sqrt{N}}}-1\right]=\left[\sqrt{N}\pi\right] \tag{23}$$

即当 N 很大时，总的碰撞次数为 $[\sqrt{N}\pi]$，更精细的讨论表明，质量比 N 即使不是很大，总的碰撞次数几乎为 $[\sqrt{N}\pi]$，最多相差 1 次．

若以第二种方式终结碰撞，要求

$$|v_{Ak}|\geqslant|v_{Bk}|\Rightarrow v_0\cos(k\theta)\geqslant\sqrt{N}v_0\sin(k\theta) \tag{24}$$

且

$$\begin{cases}v_{Ak}<0\\v_{Bk}>0\end{cases}\Rightarrow\begin{matrix}\cos(k\theta)<0\\\sin(k\theta)>0\end{matrix} \tag{25}$$

联立(16)和(17)两式可得 $k\theta$ 应位于第二象限，即要求

$$\frac{\pi}{2}\leqslant k\theta\leqslant\pi-\arctan\frac{1}{\sqrt{N}} \tag{26}$$

再结合式(12)，可得

$$k\leqslant\frac{\pi-\arctan\dfrac{1}{\sqrt{N}}}{\arcsin\dfrac{2\sqrt{N}}{N+1}} \tag{27}$$

A，B 及墙壁之间的总碰撞次数满足如下条件

$$K=2k\leqslant\frac{2\pi-2\arctan\dfrac{1}{\sqrt{N}}}{\arcsin\dfrac{2\sqrt{N}}{N+1}} \tag{28}$$

即总碰撞次数为

$$K=\left[\frac{2\pi-2\arctan\dfrac{1}{\sqrt{N}}}{\arcsin\dfrac{2\sqrt{N}}{N+1}}\right]$$

$$= \left[\frac{2\pi}{\arcsin\dfrac{2\sqrt{N}}{N+1}} - \frac{2\arctan\dfrac{1}{\sqrt{N}}}{\arcsin\dfrac{2\sqrt{N}}{N+1}}\right] \quad (29)$$

其中[ ]表示取整,很显然总碰撞次数与圆周率有关. 当 N 很大时,根据近似公式

$$\arcsin\frac{2\sqrt{N}}{N+1} \approx \frac{2\sqrt{N}}{N+1} \approx \frac{2\sqrt{N}}{N} \approx \frac{2}{\sqrt{N}}$$

$$\arctan\frac{1}{\sqrt{N}} \approx \frac{1}{\sqrt{N}} \quad (30)$$

可将式(29)化为

$$K = \left[\frac{2\pi}{\dfrac{2}{\sqrt{N}}} + \frac{2\dfrac{1}{\sqrt{N}}}{\dfrac{2}{\sqrt{N}}}\right] = [\sqrt{N}\pi] \quad (31)$$

即当 N 很大时,总的碰撞次数为$[\sqrt{N}\pi]$,更精细的讨论表明对质量比 N 即使不是很大,总的碰撞次数几乎为$[\sqrt{N}\pi]$,最多相差 1 次.

§3 结论与启示

综上所述:A,B 与墙壁三者之间总的碰撞次数为$[\sqrt{N}\pi]$,也就是圆周率 π 的前$[\sqrt{N}]$位数字,这就是为什么简单的完全弹性碰撞问题会出人意料却又在情理之中的与圆周率联系在一起,即"碰撞出来的圆周率",这个结论粗粗一看觉得难以置信,这哪里有圆,没有圆哪来的圆周率? 但是给出证明后发现:圆,就在动能不变的特征之中.

第 18 章 《力学与实践》《小问题》2020－3 解答

问题 如图 1 所示,质量为 M 的方块以速度 U 与静止的质量为 m 的方块相撞.然后质量为 m 的方块与侧壁相撞,等等.整个过程完全弹性.求证:当 $M/m \gg 1$ 时,总碰撞次数 N 与圆周率 π 之间有渐近关系式

$$N \sim \lambda \pi \quad (\lambda = \sqrt{M/m})$$

(当 $M/m = 10^{2k}$ ($k=1,2,\cdots$) 时,计算表明,N 就是 π 之小数点向后移 k 位所得之整数.)(问题及以下答案供稿:岳曾元)

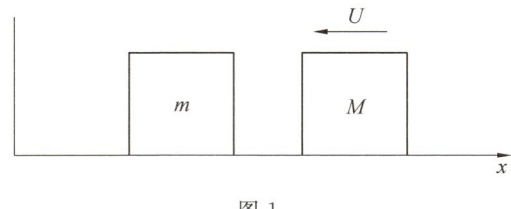

图 1

证明 将 M 与 m 的速度分别记为 V_1 和 V_2.整个过程完全弹性,总动能守恒,故有

$$\frac{1}{2}MV_1^2 + \frac{1}{2}mV_2^2 = \frac{1}{2}MU^2 \tag{1}$$

令

$$\xi = V_1/|U|, \eta = \varepsilon V_2/|U| \quad (\varepsilon = \sqrt{m/M} = 1/\lambda) \tag{2}$$

得到

$$\xi^2 + \eta^2 = 1 \tag{3}$$

用上标 $'$ 和 $''$ 表示碰撞前和碰撞后的量.对于 m 与 M 之间的碰撞,总动量在碰撞前后不变

$$MV_1'' + mV_2'' = MV_1' + mV_2' \tag{4}$$

其无量纲形式为

$$\xi'' + \varepsilon \eta'' = \xi' + \varepsilon \eta' \tag{5}$$

对于 m 与侧壁之间的碰撞,有

$$V_1'' = V_1', \quad V_2'' = -V_2' \tag{6}$$

即

$$\xi'' = \xi', \eta'' = -\eta' \tag{7}$$

图 2 显示了 $M/m=100$ 时的整个碰撞过程.(ξ,η) 从初始状态 $(-1,0)$ 开始,依次轮流进行 m 与 M 之间和 m 与侧壁之间的碰撞.每条斜线的上端和下端分别代表 m 与 M 之间碰撞的碰撞前和碰撞后状态,每条铅直线的下端和上端分别代表 m 与侧壁之间碰撞的碰撞前和碰撞后状态,所有斜线具有共同的斜率,斜线与铅直线所夹锐角

$$\theta = \tan^{-1}\varepsilon \tag{8}$$

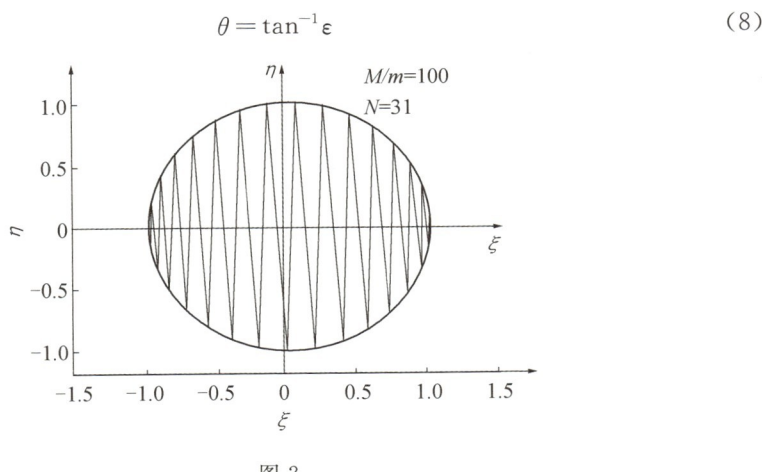

图 2

在 $M/m \to \infty (\varepsilon \to 0)$ 过程中,θ 越来越小,铅直线越来越密(参见图 3,其中 $M/m = 10\,000$),相邻铅直线间的距离 δ 有渐近式

$$\delta \sim 2\tan\theta\sqrt{1-\xi^2} = 2\varepsilon\sqrt{1-\xi^2} \tag{9}$$

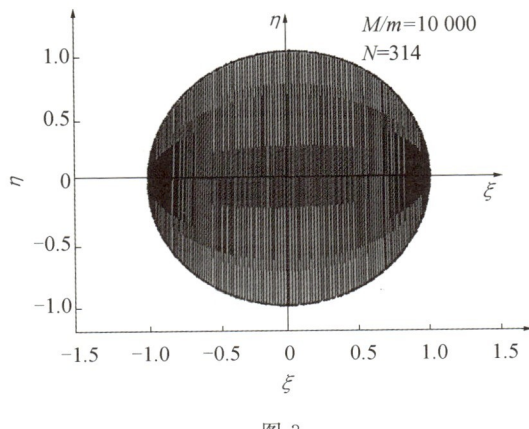

图 3

当 δ 充分小,在满足

$$\delta \ll \Delta\xi \ll 1 \tag{10}$$

的 $\Delta\xi$ 中包含的铅直线根数为

$$\Delta n = \frac{\Delta\xi}{\delta} = \frac{\Delta\xi}{2\varepsilon\sqrt{1-\xi^2}} \tag{11}$$

因此,铅直线总数为

$$n \sim \frac{1}{2\varepsilon}\int_{-1}^{1} \frac{d\xi}{\sqrt{1-\xi^2}} \tag{12}$$

令

$$\xi = \sin\varphi, d\xi = \cos\varphi d\varphi \tag{13}$$

得到

$$n \sim \frac{1}{2\varepsilon}\int_{-\pi/2}^{\pi/2} d\varphi = \frac{\pi}{2\varepsilon} = \frac{\lambda\pi}{2} \tag{14}$$

每根铅直线代表两次碰撞.因此,碰撞总数为

$$N \sim \lambda\pi (\lambda = \sqrt{M/m}) \tag{15}$$

特别,当 $M/m = 10^{2k} (k=1,2,\cdots)$ 时,计算表明,N 就是圆周率 π 之小数点向后移 k 位所得之整数.

第19章 滑块碰撞动力学与圆周率的关联

滑块碰撞是牛顿力学中常见的问题,一般通过动量守恒和能量变化的关系去研究碰撞过程;而圆周率 π 是几何数学的问题,为圆的周长与直径之比,历史上我国数学家刘徽通过割圆术算出 π 的小数点后第5位 3.141 59,之后数学家们计算出的小数点后位数越来越多[1][2]. π 的数字为:

3.141 592 653 589 793 238 462 643 383 279 502 884 197 169 399 375 10…

滑块碰撞与这两者看起来毫无联系,但有趣的是,广东理工学院工业自动化系的李开玮教授2021年在研究碰撞问题时,发现滑块的碰撞次数与 π 极其相似,并分析了它们的内在关联.

§1 问题来源

如图1所示,水平光滑的地面上放置小木块 m,大木块 M,左端是固定的墙壁,初始时刻 m 静止,M 以初速度 v_0 向左运动,将与 m 发生碰撞,之后 m 获得速度向左运动,将与墙壁发生碰撞反弹,所有碰撞均没有动能损失,求碰撞次数.

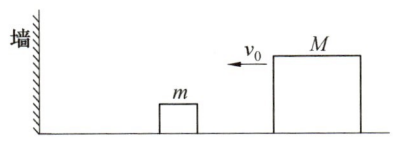

图1 问题示意图

解析 首先考虑最简单情况,若两滑块质量相等 $m = M$,则 M 向左运动第一次与 m 碰撞,根据动量守恒和能量守恒,将发生速度传递,接下来 m 以 v_0 向左运动与墙壁第二次碰撞,速度反向向右,大小不变,之后向右运动,与 M 第三次碰撞,m 停止,M 以 v_0 向右运动.总碰撞次数为3.

---

[1] 鞠实儿,张一杰. 刘徽和祖冲之曾计算圆周率的近似值吗?[J]. 中国科技史杂志,2019(4):389-401.

[2] MIKAMI Y. The Development of Mathematics in China and Japan[M]. New York:Chelsea Publishing Company,1913.

接下来讨论滑块质量不相等的情况,设 $M/m = k$,以水平向左为正方向,为了描述的需要,称两滑块之间的碰撞为碰撞,称 m 与墙壁的碰撞为反射,设第 n 次碰撞(包括反射)后,m 与 M 速度分别为 u_n 和 v_n,对第一次碰撞,根据动量守恒和能量守恒有

$$\left.\begin{array}{l} mu_1 + Mv_1 = Mv_0 \\ \frac{1}{2}mu_1^2 + \frac{1}{2}Mv_1^2 = \frac{1}{2}Mv_0^2 \end{array}\right\} \tag{1}$$

解式(1)得

$$\left.\begin{array}{l} u_1 = \frac{2k}{k+1}v_0 \\ v_1 = \frac{k-1}{k+1}v_0 \end{array}\right\} \tag{2}$$

接下来 m 与墙壁发生第一次反射,速度变为

$$\left.\begin{array}{l} u_2 = -u_1 \\ v_2 = v_1 \end{array}\right\} \tag{3}$$

第一次反射后,m 将向右运动与 M 发生第二次碰撞,同样根据动量守恒和能量守恒

$$\left.\begin{array}{l} mu_3 + Mv_3 = mu_2 + Mv_2 \\ \frac{1}{2}mu_3^2 + \frac{1}{2}Mv_3^2 = \frac{1}{2}mu_2^2 + \frac{1}{2}Mv_2^2 \end{array}\right\} \tag{4}$$

解式(4)得

$$\left.\begin{array}{l} u_3 = \frac{(1-k)u_2 + 2kv_2}{k+1} \\ v_3 = \frac{2u_2 + (k-1)v_2}{k+1} \end{array}\right\} \tag{5}$$

将 u_n, v_n 写成向量 $(u_n v_n)$,式(3)和式(5)可变为矩阵运算形式

$$\begin{Bmatrix} u_2 \\ v_2 \end{Bmatrix} = \begin{bmatrix} -1 & 0 \\ 0 & 1 \end{bmatrix} \begin{Bmatrix} u_1 \\ v_1 \end{Bmatrix} \tag{6}$$

$$\begin{Bmatrix} u_3 \\ v_3 \end{Bmatrix} = \frac{1}{k+1} \begin{bmatrix} 1-k & 2k \\ 2 & k-1 \end{bmatrix} \begin{Bmatrix} u_2 \\ v_2 \end{Bmatrix} \tag{7}$$

对比式(2)与式(7),发现式(2)也可以写为类似式(7)的样子

$$\begin{Bmatrix} u_1 \\ v_1 \end{Bmatrix} = \frac{1}{k+1} \begin{bmatrix} 1-k & 2k \\ 2 & k-1 \end{bmatrix} \begin{Bmatrix} 0 \\ v_0 \end{Bmatrix} \tag{8}$$

接下来第二次反射,第三次碰撞分别与式(3)和式(4)类似,只需将式(3)和式(4)中速度下标加1,因此结论也与式(6)和式(7)相似,因此每次碰撞和反射后,两滑块速度向量变换矩阵分别为

$$\frac{1}{k+1}\begin{bmatrix}1-k & 2k \\ 2 & k-1\end{bmatrix},\begin{bmatrix}-1 & 0 \\ 0 & 1\end{bmatrix} \tag{9}$$

当两滑块碰撞后速度满足 $v_n < 0$ 且 $|u_n| < |v_n|$ 时,碰撞将不再发生.

根据式(1)～式(9),作者编写了 MATLAB 函数文件,如图 2 所示,利用该函数文件,计算了不同 k 值下的碰撞次数 N_collide,如表 1 所示. 根据表 1 数据,发现当 $k = 100^N$,N_collide 与圆周率 π 的小数点后 N 位数字一样.

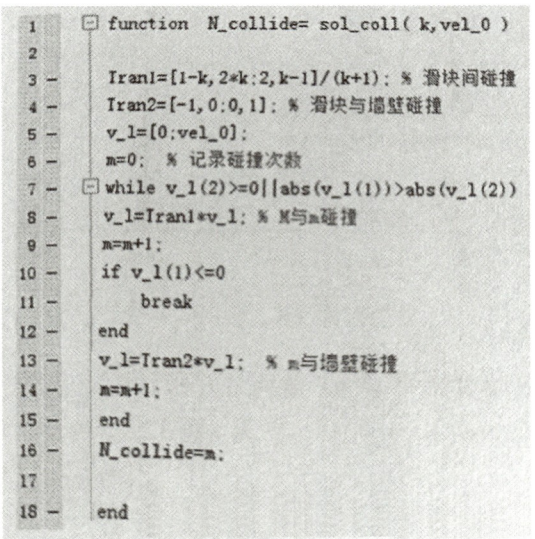

图 2 MATLAB 函数文件

表 1 碰撞次数随着 k 的变化

k	1	100	100^2	100^3	100^4	⋯
N_collide	3	31	314	3 141	31 415	⋯

§2 理论证明

由表 1 可以猜测,N_collide $= [(10^N) \cdot Pi]$,$[x]$ 为小于 x 的最大整数,接下来证明这个猜测.

以水平面与墙壁交点为原点,水平向右为正方向,设初始时刻,m 与 M 位置为 x_0,y_0,t 时刻 m 与 M 位置为 $x(t)$,$y(t)$,根据图 1 有

$$x \leqslant x(t) \leqslant y(t) \tag{10}$$

当 $x(t)=0$ 时,m 与墙壁碰撞;当 $x(t)=y(t)$ 时,m 与 M 碰撞.如图 3 所示,点 $(x(t),y(t))$ 即可描述 t 时刻两滑块的位置,随着时间的推移,点 $(x(t),y(t))$ 的移动形成位置相空间的轨迹图.第一次碰撞前,m 位置不变,M 向左运动,因此轨迹为竖直向下的直线,直至碰到直线 $y=x$,发生碰撞,之后两滑块均向左运动,故 $x(t),y(t)$ 均减小,轨迹变为斜向下,直至 $x(t)=0$,m 与墙壁碰撞反射,反射后 m 速度反向,大小不变,因此在图像中有

$$\varphi = \psi \tag{11}$$

之后,将发生第 2 次滑块间碰撞,反射……当第 n 次碰撞后,轨迹直线方向为斜向右上方,且接近与 $y=x$ 平行时,将不再与 $y=x$ 相交,即碰撞结束,轨迹与 y 轴、直线 $y=x$ 交点个数之和为碰撞发生次数.由图 3 可知

$$\theta_1 = 45°, \tan\varphi = u_1/v_1, \theta_2 = 45° + \varphi, \cdots \tag{12}$$

根据式(12)可以计算出碰撞次数,但计算有点烦琐,主要是因为式(12)中第二式涉及两滑块速度,而每次碰撞后,滑块速度均发生变化,为了计算的简单,接下来我们对相空间 $(x(t),y(t))$ 做一个变形,使式(12)中第二式消失.

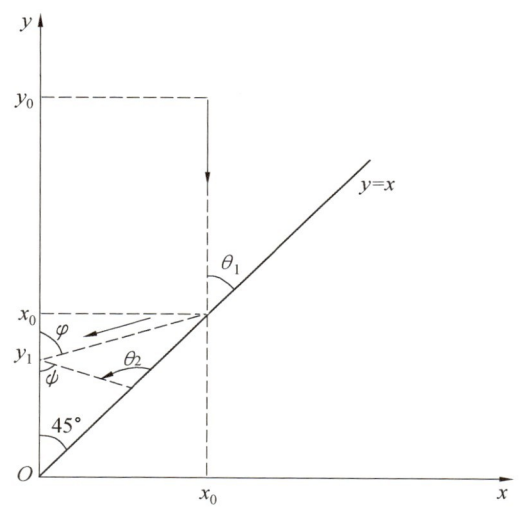

图 3　两滑块相空间轨迹图

将 $(x(t),y(t))$ 变形为 $(X(t),Y(t))$,变换关系为

$$(X \quad Y) = (x \quad y)\begin{bmatrix}\sqrt{m} & 0 \\ 0 & \sqrt{M}\end{bmatrix} \tag{13}$$

故 $X(t)=\sqrt{m}x(t),Y(t)=\sqrt{M}y(t)$,$X-Y$ 相空间轨迹如图 4 所示,$x-y$ 相空间中的直线 $y=x$ 变为 $X-Y$ 中的 $Y=\sqrt{M/m}X$,它与 Y 轴夹角为

$$\tan \alpha = \sqrt{\frac{m}{M}} \tag{14}$$

当 m 与墙壁碰撞后，m 速度反向，故图 4 中 $\beta_1 = \beta_2$，当两滑块碰撞时，如图 4(a)，r 为直线 $Y = \sqrt{M/m}\,x$ 方向向量 $(\sqrt{m}, \sqrt{M})$，w 为碰前入射向量 $(\sqrt{m}\,u, \sqrt{M}\,v)$，$w'$ 为碰后反射向量 $(\sqrt{m}\,u', \sqrt{M}\,v')$，根据动量守恒，能量守恒式(4)可以改写为

$$\left. \begin{array}{l} \boldsymbol{r} \cdot \boldsymbol{w} = \boldsymbol{r} \cdot \boldsymbol{w}' = \text{cons 1} \\ |\boldsymbol{w}| = |\boldsymbol{w}'| = \text{cons 2} \end{array} \right\} \tag{15}$$

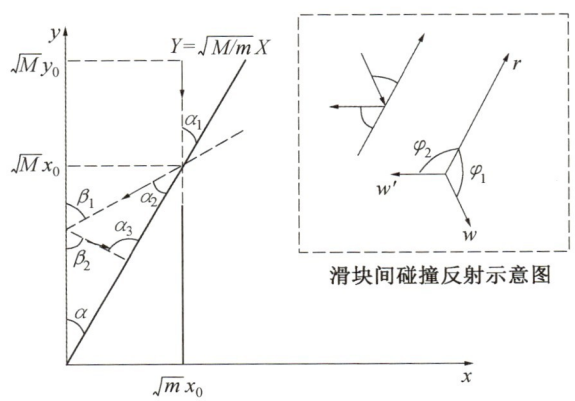

图 4　$X-Y$ 相空间轨迹图

由式(15)可得入射向量 w 与 r 夹角同反射向量 w' 与 r 夹角相等，即

$$\varphi_1 = \varphi_2 \tag{16}$$

由以上分析可以得到图 4 中各个角度关系

$$\left. \begin{array}{l} \alpha_1 = \alpha_2 = \alpha \\ \beta_1 = \alpha + \alpha_2 = 2\alpha \\ \alpha_3 = \alpha + \beta_2 = 3\alpha \\ \vdots \end{array} \right\} \tag{17}$$

由式(17)可知第 n 次碰撞前，轨迹方向与直线 $Y = \sqrt{M/m}\,x$ 夹角为 $n\alpha$，应满足条件

$$n\alpha < \pi \tag{18}$$

因此碰撞次数应为

$$n = \left[\frac{\pi}{\alpha} \right] \tag{19}$$

由式(14)和式(19)可得

$$n = \left[\frac{\pi}{\arctan\sqrt{m/M}} \right] = \left[\frac{\pi}{\arctan\sqrt{1/k}} \right] \tag{20}$$

将 $k = 100^N$ 代入式(20) 得

$$n = \left[\frac{\pi}{\arctan(10^{-N})}\right] \tag{21}$$

将 $\arctan x$ 在 $x = 0$ 附近作泰勒展开可得

$$\arctan x = x - \frac{x^3}{3} + \frac{x^5}{5} - \frac{x^7}{7} + \cdots \tag{22}$$

则

$$\frac{1}{\arctan x} - \frac{1}{x} = \frac{x - \arctan x}{\arctan x \cdot x} =$$

$$\frac{\dfrac{1}{3}x^3 - \dfrac{1}{5}x^5 + \dfrac{1}{7}x^7 - \cdots}{x\left(x - \dfrac{1}{3}x^3 + \dfrac{1}{5}x^5 - \cdots\right)} =$$

$$x\,\frac{\dfrac{1}{3} - \dfrac{1}{5}x^2 + \dfrac{1}{7}x^4 - \cdots}{1 - x^2\left(\dfrac{1}{3} - \dfrac{1}{5}x^2 + \cdots\right)} \tag{23}$$

由式(23) 可得

$$\lim_{x \to 0}\left(\frac{1}{\arctan x} - \frac{1}{x}\right) = 0,\, 0 < \frac{1}{\arctan x} - \frac{1}{x} < x$$

因此式(21) 变为 $n = [\pi \cdot 10^N]$.

§3 结 语

本文通过 MATLAB 计算了滑块碰撞次数,发现当 $k = 100^N$,碰撞次数为 $[\pi \times 10^N]$,即碰撞次数与圆周率小数点后数字一样,并利用相空间轨迹法巧妙地证明了该联系.将力学过程用几何图像表示出来有助于清晰理解整个运动过程,使计算变得简化.

第 20 章　用矩阵研究一维弹性碰撞与圆周率的关系

六盘水市第三中学的岳国联、黄绍书、周奎、张利纯、赵庆文 5 位老师 2022 年 8 月采用二阶矩阵高次幂计算一维完全弹性碰撞中多次碰撞后速度的一般表达式,并对碰撞次数分两种情形进行分析,得出实际碰撞总次数与圆周率对应的关系,在此基础上导出用碰撞总次数与两弹性滑块的质量比来近似计算圆周率的表达式及误差估计.

在靠光滑竖直墙壁的光滑水平面上放置一质量为 m_1 的弹性滑块,在滑块 m_1 与光滑竖直墙壁之间另放置一质量为 m_2 的弹性滑块. 现给 m_1 一个水平向左的初速度, m_1 与 m_2 之间以及 m_2 与竖起墙壁之间将会发生若干次弹性碰撞. 如果 m_1 是 m_2 的 10 倍,100 倍,10 000 倍,1 000 000 倍,100 000 000 倍,…… 那么总碰撞次数分别为 3,31,314,3 141,31 415,…… 也就是说,一维完全弹性碰撞次数蕴含着圆周率.

2003 年,美国东伊利诺伊大学 Gregory Galperin 教授根据这一类似的碰撞模型撰文提出了一维弹性碰撞与圆周率的关系,其主要证明思路是将碰撞次数问题转化为类似于光学中平面镜反射次数问题来对碰撞过程进行阐述[1][2]. 这一碰撞模型的相关视频及讨论近年来风靡国内外的一些网站,从而引起诸多学者对该问题的研究兴趣,也有不少文献利用速度相空间将此问题转化为圆的问题进行研究[3][4][5][6]. 也有文献采用二阶矩阵对此问题进行计算研究[2][6],但仅做了两次碰撞的计算,不够彻底.

实践表明,用二阶矩阵对这一连续多次碰撞问题进行计算和严密的分析处理,显得更为完善和更具普适性,且更为方便.

---

[1] GALPERIN G. Playing pool with π(The number π from a billiard point of view)[J]. Regular & Chaotic Dynamics,2003,8(4):375-394.
[2] 李开玮. 滑块碰撞动力学与圆周率的关联[J]. 力学与实践,2021,43(1):108-111.
[3] 岳曾元. 小问题 2020－3 胡誊[J]. 力学与实践,2020,42(4):533-534,394;2012,11(1):87-94.
[4] 陈怡. 碰撞出来的圆周率——两球与墙壁三者间的碰撞次数与圆周率 π 间关系的讨论[J]. 物理与工程,2020,30(1):68-72.
[5] 戴耀东. 对 2020 年高考全国Ⅲ卷第 20 题的深入探讨[J]. 湖南中学物理,2021,36(1):91-92.
[6] 李开玮. 滑块碰撞次数与圆周率 π 的联系[J]. 物理教师,2021,42(1):63-64.

§1 重构模型

不失一般性,假定两个弹性模块的质量 m_1,m_2 之间满足 $m_1=km_2$,其中 $k>0$.设初始状态 m_1,m_2 的初速度分别为 u_0,v_0,m_1,m_2 间第 $n+1$ 次碰撞前的速度分别为 u_n,v_n,如图 1 所示.

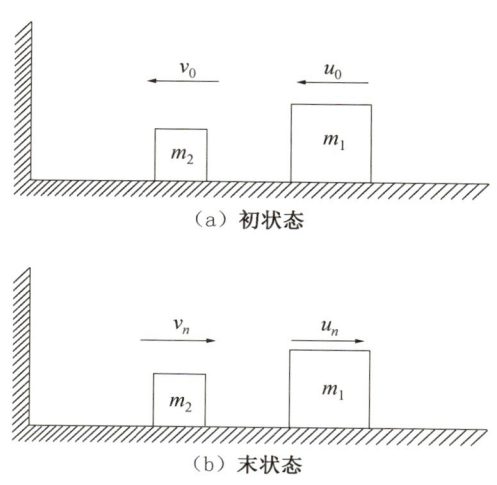

图 1 一般化碰撞模型

基于这一模型,我们要研究 m_1,m_2 间及 m_2 与墙壁间总碰撞次数与 k 之间的关系以及总碰撞次数与圆周率 π 之间的关系.

§2 一维弹性碰撞完全解

根据系统动量守恒和动能守恒,m_1,m_2 之间第 1 次碰撞过程满足

$$m_1 u_0 + m v_0 = m_1 u_1 + m v'_1 \tag{1}$$

$$\frac{1}{2}m_1 u_0^2 + \frac{1}{2}m_2 v_0^2 = \frac{1}{2}m_1 u_1^2 + \frac{1}{2}m_2 v'^2_1 \tag{2}$$

在 m_1,m_2 间第 2 次碰撞前,若 $v'_1 \neq 0$,则 m_2 还要与墙壁碰撞,导致速度反向,若 $v'_1=0$,实际上 m_2 不会与墙壁碰撞,实际碰撞次数会少一次,这种现象发生在最后一次碰撞结束后,所以作为一般性考虑,假设都与墙壁碰撞,速度反向,最后根据速度是否为

零来排除多计算的一次碰撞即可. 设 m_2 还要与墙壁碰撞,则有
$$v_1 = -v'_1 \tag{3}$$
由于
$$m_1 = km_2 \tag{4}$$
由式(1)～式(4)得 m_1, m_2 间第 2 次碰撞前各自速度为
$$\begin{cases} u_1 = \dfrac{k-1}{k+1}u_0 + \dfrac{2}{k+1}v_0 \\ v_1 = \dfrac{-2k}{k+1}u_0 + \dfrac{k-1}{k+1}v_0 \end{cases} \tag{5}$$
连续的两次碰撞可看成是一种对速度的变换,因此,可将式(5)写成矩阵形式,即为
$$\begin{bmatrix} u_1 \\ v_1 \end{bmatrix} = \begin{bmatrix} \dfrac{k-1}{k+1} & \dfrac{2}{k+1} \\ -\dfrac{2k}{k+1} & -\dfrac{1-k}{k+1} \end{bmatrix} \begin{bmatrix} u_0 \\ v_0 \end{bmatrix} \tag{6}$$

同理,m_1, m_2 间第 $n+1$ 次碰撞前速度与初速度之间的关系可写成矩阵高次幂形式,即
$$\begin{bmatrix} u_n \\ v_n \end{bmatrix} = \begin{bmatrix} \dfrac{k-1}{k+1} & \dfrac{2}{k+1} \\ -\dfrac{2k}{k+1} & -\dfrac{1-k}{k+1} \end{bmatrix} \begin{bmatrix} u_0 \\ v_0 \end{bmatrix} \tag{7}$$

令
$$\boldsymbol{A} = \begin{bmatrix} \dfrac{k-1}{k+1} & \dfrac{2}{k+1} \\ -\dfrac{2k}{k+1} & -\dfrac{1-k}{k+1} \end{bmatrix} \tag{8}$$

设 λ_1, λ_2 分别为行列式 $|\lambda \boldsymbol{E} - \boldsymbol{A}| = 0$ 的两个特征根
$$\lambda^2 - 2(k-1)\lambda + (k-1)^2 + 4k = 0 \tag{9}$$
因为 $k > 0$,式(9) 有两个不相同的复根
$$\lambda_1 = (k-1) + 2\mathrm{i}\sqrt{k} = (1+k)\mathrm{e}^{\mathrm{i}\theta} \tag{10}$$
$$\lambda_1 = (k-1) - 2\mathrm{i}\sqrt{k} = (1+k)\mathrm{e}^{-\mathrm{i}\theta} \tag{11}$$
式中 $\theta = \arccos \dfrac{k-1}{k+1}$. 根据哈密尔顿－凯莱(Hamilton-Cayley)定理,可得到
$$\boldsymbol{A}^n = \lambda_1^n \boldsymbol{P} + \lambda_2^n \boldsymbol{Q} \tag{12}$$
其中,待定矩阵 $\boldsymbol{P}, \boldsymbol{Q}$ 由下式确定
$$\begin{cases} \boldsymbol{A}^0 = \lambda_1^0 \boldsymbol{P} + \lambda_2^0 \boldsymbol{Q} \\ \boldsymbol{A}^1 = \lambda_1^1 \boldsymbol{P} + \lambda_2^1 \boldsymbol{Q} \end{cases} \tag{13}$$

将式(8),式(10) ~ 式(13) 整理并用三角函数表示,化简可得

$$A^n = \begin{bmatrix} \cos n\theta & \dfrac{\sin n\theta}{\sqrt{k}} \\ -\sqrt{k}\sin n\theta & \cos n\theta \end{bmatrix} \quad (14)$$

式中,$0 \leqslant n\theta < 2\pi$,由式(7)(14) 得到速度关系为

$$\begin{bmatrix} u_n \\ v_n \end{bmatrix} = A^n \begin{bmatrix} u_0 \\ v_0 \end{bmatrix} = \begin{bmatrix} \cos n\theta & \dfrac{\sin n\theta}{\sqrt{k}} \\ -\sqrt{k}\sin n\theta & \cos n\theta \end{bmatrix} \begin{bmatrix} u_0 \\ v_0 \end{bmatrix} \quad (15)$$

所以,m_1,m_2 间第 $n+1$ 次碰撞前速度的三角函数形式表示式为

$$\begin{cases} u_n = u_0 \cos n\theta + v_0 \dfrac{\sin n\theta}{\sqrt{k}} \\ v_n = -u_0 \sqrt{k} \sin n\theta + v_0 \cos n\theta \end{cases} \quad (16)$$

式(16) 为 m_1,m_2 之间第 n 次碰撞后 m_1 的速度 u_n 的表达式,及 m_2 与墙壁之间的第 n 次碰撞(若 $v_n = 0$,则 m_2 与墙壁间 $n-1$ 次),碰撞后 m_2 的速度 v_n 的表达式,此结论与相关文献[①]结论一致,具有普适性。

§3 碰撞总次数与 π 的关系

取向左为所有矢量的正方向,显然 m_2 与 m_1 最后一次碰撞后的速度一定满足如下关系

$$\begin{cases} v_n \leqslant 0 \\ u_n < 0 \\ u_n \leqslant v_n \end{cases} \quad (17)$$

现在结合式(16)(17) 分两种情况讨论 m_2 与 m_1 及墙壁碰撞总次数 N 与圆周率 π 之间的关系,并通过一些数据进行计算验证。

1. m_2 初始状态静止

这里考虑 m_2 初始状态静止,m_1 先向左碰撞 m_2,如图 2 所示。
初始条件:

---

① 陈怡. 碰撞出来的圆周率 —— 两球与墙壁三者间的碰撞次数与圆周率 π 间关系的讨论[J]. 物理与工程,2020,30(1):68-72.

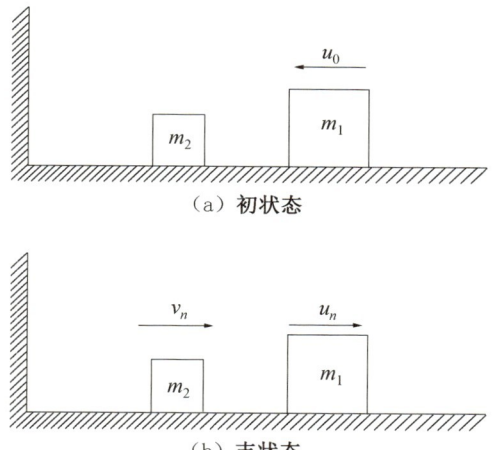

(a) 初状态

(b) 末状态

图 2 m_1 先向左碰撞静止的 m_2

$$\begin{cases} v_0 = 0 \\ u_0 > 0 \end{cases} \tag{18}$$

由式(16)(17)(18)得

$$\begin{cases} \cos n\theta < 0 \\ \sin n\theta > 0 \\ \cos n\theta \leqslant -\sqrt{k}\sin n\theta \end{cases} \tag{19}$$

因为

$$\theta = \arccos\frac{k-1}{k+1} = 2\arctan\frac{1}{\sqrt{k}} \tag{20}$$

所以有

$$n \geqslant \frac{\pi - \arctan\dfrac{1}{\sqrt{k}}}{\theta} = \frac{\pi - \arctan\dfrac{1}{\sqrt{k}}}{2\arctan\dfrac{1}{\sqrt{k}}} \tag{21}$$

由式(21)得 m 与 m_1 和墙壁总碰撞次数为

$$N_1 = \lceil 2n \rceil = \left\lceil \frac{\pi}{\arctan\dfrac{1}{\sqrt{k}}} - 1 \right\rceil \tag{22}$$

式中"⌈ ⌉"表示向上取整数(下同). 此结论与相关文献[1][2]结论一致. 式(22)已经包含了 $v_n = 0$ 时,m 不再与墙壁相碰撞的情形在内,具有普适性. 从式(22)不难看出,碰撞次数 N_1 与圆周率 π 之间存在紧密关系.

当 $\dfrac{\pi}{\arctan \dfrac{1}{\sqrt{k}}}$ 不为整数时,有

$$N_1 = \left\lceil \dfrac{\pi}{\arctan \dfrac{1}{\sqrt{k}}} - 1 \right\rceil = \left\lfloor \dfrac{\pi}{\arctan \dfrac{1}{\sqrt{k}}} \right\rfloor \tag{23}$$

式中,"⌊ ⌋"表示向下取整(下同),式(23)具有特殊性,当 k 比较大时,$\arctan \dfrac{1}{\sqrt{k}} \approx \dfrac{1}{\sqrt{k}}$,再由式(23),有

$$\dfrac{N_1}{\sqrt{k}} \approx \pi \tag{24}$$

式(24)揭示了碰撞次数 N_1 与 $\sqrt{k}$ 之间的紧密关系,利用此关系,理论上可以通过一维弹性碰撞实验测出圆周率 π 的数值.

2. m_1 初始状态静止

这里考虑 m_1 初始状态静止,m_2 先向右碰撞 m_1,如图 3 所示.

初始条件

$$\begin{cases} v_0 < 0 \\ u_0 = 0 \end{cases} \tag{25}$$

设 m_1,m_2 间最多能碰撞 n 次,由式(16)(17)(25)得

$$\begin{cases} \cos n\theta > 0 \\ \sin n\theta > 0 \\ \dfrac{\sin n\theta}{\sqrt{k}} \geq \cos n\theta \end{cases} \tag{26}$$

化简式(26),将 $\theta = 2\arctan \dfrac{1}{\sqrt{k}}$ 代入得

---

① 陈怡. 碰撞出来的圆周率 —— 两球与墙壁三者间的碰撞次数与圆周率 π 间关系的讨论[J]. 物理与工程,2020,30(1):68-72.

② 戴耀东. 对 2020 年高考全国 Ⅲ 卷第 20 题的深入探讨[J]. 湖南中学物理,2021,36(1):91-92.

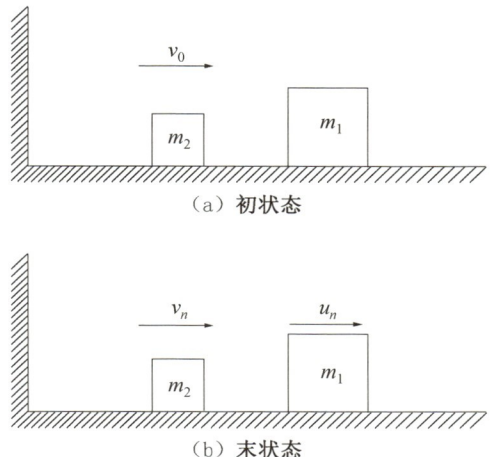

图 3 m_2 先向右碰撞静止的 m_1

$$n \geqslant \frac{\arctan\sqrt{k}}{\theta} = \frac{\frac{\pi}{2} - \arctan\frac{1}{\sqrt{k}}}{2\arctan\frac{1}{\sqrt{k}}} \tag{27}$$

又由式(27),可得 m_1,m_2 和墙壁间总碰撞次数为

$$N_2 = \lceil 2n \rceil = \left\lceil \frac{\pi}{2\arctan\frac{1}{\sqrt{k}}} - 1 \right\rceil \tag{28}$$

式(28)包含了 $v_n = 0$ 时,m_2 不再与墙壁相碰撞的情形在内,当 $\frac{\pi}{2\arctan\frac{1}{\sqrt{k}}}$ 不为整数时,有

$$N_2 = \left\lceil \frac{\pi}{2\arctan\frac{1}{\sqrt{k}}} - 1 \right\rceil = \left\lfloor \frac{\pi}{2\arctan\frac{1}{\sqrt{k}}} \right\rfloor \tag{29}$$

当 k 较大时,$\arctan\frac{1}{\sqrt{k}} \approx \frac{1}{\sqrt{k}}$.

由式(29)得

$$\frac{2N_2}{\sqrt{k}} \approx \pi \tag{30}$$

式(30)也揭示了碰撞次数 N_2 与 $\sqrt{k}$ 之间的紧密关系,利用此关系,理论上可以通过一维弹性碰撞实验测出圆周率 π 的数值.

在 m_2 初始状态静止、m_1 初始状态静止这两种情形下，m_2 与 m_1，m_2 与墙壁之间总的碰撞次数，也存在一定的关系，由式(22)，(28)可得此两种情形下，碰撞次数之间的关系为

$$N_2 = \begin{cases} \dfrac{N_1}{2}, & N_1 \text{ 为偶数} \\ \dfrac{N_1-1}{2}, & N_1 \text{ 为奇数} \end{cases} \tag{31}$$

§4 验证计算

式(22)(24)(28)(30)及其相应的推导过程，都诠释了一维弹性碰撞与圆周率之间存在的必然关系。为了直观体现这种关系，这里仅分别取 $k=1\times 10^{2s}(s=0,1,2,3,\cdots)$，$k=4\times 10^{2s}(s=0,1,2,3,\cdots)$，以及 k 取其他几个任意值用计算机进行计算验证，对应的计算结果见表1、表2、表3。

表1 $k=1\times 10^{2s}(s=0,1,2,3,\cdots)$

k	N_1	$\dfrac{N_1}{\sqrt{k}}$	N_2	$\dfrac{2N_2}{\sqrt{k}}$
1×10^0	3	3	1	2
1×10^2	31	3.1	15	3.0
1×10^4	314	3.14	157	3.14
1×10^6	3 141	3.141	1 570	3.140
1×10^8	31 415	3.141 5	15 707	3.141 4
1×10^{10}	314 159	3.141 59	157 079	3.141 58
1×10^{12}	3 141 592	3.141 592	1 570 796	3.141 592
1×10^{14}	3 141 592 6	3.141 592 6	15 707 963	3.141 592 6
1×10^{16}	314 159 265	3.141 592 65	157 079 632	3.141 592 64
1×10^{18}	3 141 592 653	3.141 592 653	1 570 796 326	3.141 592 652
1×10^{20}	31 415 926 535	3.141 592 653 5	15 707 963 267	3.141 592 653 4

续表1

k	N_1	$\dfrac{N_1}{\sqrt{k}}$	N_2	$\dfrac{2N_2}{\sqrt{k}}$
1×10^{100}	31 415 926 535 897 932 384 626 433 832 795 028 841 971 693 993 751 058 209 749 445 923 078 164 062 862 089 986 280 348 253 421 170 679	3.141 592 653 589 793 238 462 643 383 279 502 884 197 169 399 375 105 820 974 944 592 307 816 406 286 208 998 628 034 825 342 117 067 9	15 707 963 267 948 966 192 313 216 916 397 514 420 985 846 996 875 529 104 874 722 961 539 082 031 431 044 993 140 174 126 710 585 339	3.141 592 653 589 793 238 462 643 383 279 502 884 197 169 399 375 105 820 974 944 592 307 816 406 286 208 998 628 034 825 342 117 067 8

表 2 $k = 4\times 10^{2s}\,(s = 0,1,2,3,\cdots)$

k	N_1	$\dfrac{N_1}{\sqrt{k}}$	N_2	$\dfrac{2N_2}{\sqrt{k}}$
4×10^{0}	6	3	3	3
4×10^{2}	62	3.1	31	3.1
4×10^{4}	628	3.14	314	3.14
4×10^{6}	6 283	3.142	3 141	3.141
4×10^{8}	62 831	3.141 6	31 415	3.141 5
4×10^{10}	628 318	3.141 59	314 159	3.141 59
4×10^{12}	6 283 185	3.141 593	3 141 592	3.141 592
4×10^{14}	6 283 185	3.141 592 7	31 415 926	3.141 592 6
4×10^{16}	628 318 530	3.141 592 65	314 159 265	3.141 592 65
4×10^{18}	6 283 185 307	3.141 592 654	3 141 592 653	3.141 592 653
4×10^{20}	62 831 853 071	3.141 592 653 6	31 415 926 535	3.141 592 653 5
4×10^{100}	62 831 853 071 795 864 769 252 867 665 590 057 683 943 387 987 502 116 419 498 891 846 156 328 125 724 179 972 560 696 506 842 341 359	3.141 592 653 589 793 238 462 643 383 279 502 884 197 169 399 375 105 820 974 944 592 307 816 406 286 208 998 628 034 825 342 117 068 0	3 141 592 653 589 793 238 462 643 383 279 502 884 197 169 399 375 105 820 974 944 592 307 816 406 286 208 998 628 034 825 342 117 067 9	3.141 592 653 589 793 238 462 643 383 279 502 884 197 169 399 375 105 820 974 944 592 307 816 406 286 208 998 628 034 825 342 117 067 9

表 3 其他情况

k	N_1	$\dfrac{N_1}{\sqrt{k}}$	N_2	$\dfrac{2N_2}{\sqrt{k}}$
7.00×10^0	8	3	4	3
2.53×10^2	50	3.1	25	3.1
3.56×10^4	592	3.14	296	3.14
4.12×10^6	6 376	3.141	3 188	3.141
5.12×10^8	71 086	3.141 6	35 543	3.141 6
2.01×10^{10}	445 397	3.141 59	222 698	3.141 58

计算结果表明了式(24)和式(30)的合理性. 从总体上来看,k 的大小决定碰撞次数的多少即圆周率 π 的精确位数. k 越大,计算所得的圆周率的值就越精确,但是精度存在一定周期性变化,原因在于连续无穷多个不同的 k 值对应了相同的碰撞次数. 当 $k = 1 \times 10^{2s}(s = 0,1,2,3,\cdots)$ 时,式(22)或式(23)计算碰撞次数正好是 $10^s \pi$ 的整数部分,式(24)计算的圆周率 π 也精确到了小数点 s 位;当 $k = 4 \times 10^{2s}$ $(s = 0,1,2,3,\cdots)$ 时,式(28)或式(29)计算碰撞次数正好是 $10^s \pi$ 的整数部分,式(30)计算的圆周率 π 也精确到了小数点 s 位.

$\pi, N_1, \dfrac{N_1}{\sqrt{k}}$ 及 $\pi, N_2, \dfrac{N_2}{\sqrt{k}}$ 与 k 取值之间的约束关系可分别用图 4、图 5 的图像表示.

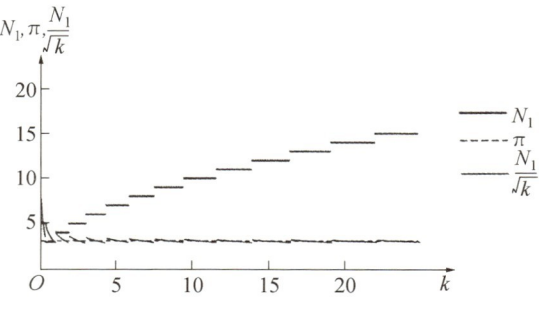

图 4 $N_1, \pi, \dfrac{N_1}{\sqrt{k}}$ 与 k 的关系图

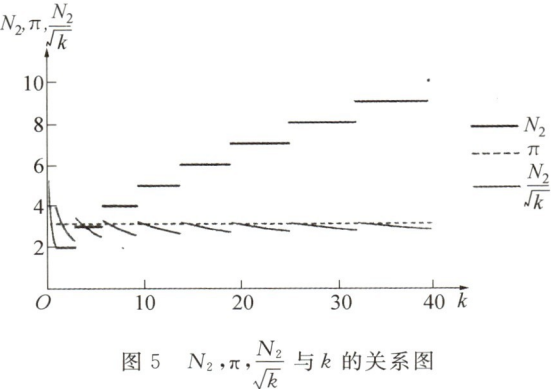

图 5 $N_2, \pi, \dfrac{N_2}{\sqrt{k}}$ 与 k 的关系图

§5 碰撞次数与圆周率 π 关系的进一步分析

仅以 $k=1\times 10^{2s}(s=0,1,2,3,\cdots)$ 情形为例,分析 N_1 是否为 $10^s\pi$ 的整数部分.

(1) 当 $s=0$ 时,因为 $\dfrac{\pi}{\arctan\dfrac{1}{\sqrt{k}}}$ 为整数,所以式(23)不成立,由式(22)有

$$N_1=\left\lceil \dfrac{\pi}{\arctan\dfrac{1}{\sqrt{k}}}-1\right\rceil=\left\lceil \dfrac{\pi}{\arctan\dfrac{1}{\sqrt{1}}}-1\right\rceil=3 \tag{32}$$

显然,N_1 为 $10^s\pi$ 的整数部分.

(2) 当 $s\geqslant 1$ 时,$\dfrac{\pi}{\arctan\dfrac{1}{\sqrt{k}}}$ 不为整数,式(23)成立,有

$$N_1=\left\lfloor \dfrac{\pi}{\arctan\dfrac{1}{\sqrt{k}}}\right\rfloor \tag{33}$$

且 $0<\dfrac{1}{\sqrt{k}}<1$. 对 $\dfrac{1}{\arctan\left(\dfrac{1}{\sqrt{k}}\right)}$ 进行麦克劳林展开得到

$$\dfrac{1}{\arctan\left(\dfrac{1}{\sqrt{k}}\right)}=\sqrt{k}+\dfrac{1}{3}\dfrac{1}{\sqrt{k}}-\dfrac{1}{45}\left(\dfrac{1}{\sqrt{k}}\right)^3+\dfrac{44}{945}\left(\dfrac{1}{\sqrt{k}}\right)^5-$$

$$\frac{428}{14\ 175}\left(\frac{1}{\sqrt{k}}\right)^7 + \frac{10\ 196}{467\ 775}\left(\frac{1}{\sqrt{k}}\right)^9 + \cdots$$

$$=\sqrt{k} + \frac{1}{3}\frac{1}{\sqrt{k}} - \left[\frac{4}{45}\left(\frac{1}{\sqrt{k}}\right)^3 - \frac{44}{945}\left(\frac{1}{\sqrt{k}}\right)^5\right] -$$

$$\left[\frac{428}{14\ 175}\left(\frac{1}{\sqrt{k}}\right)^7 - \frac{10\ 196}{467\ 775}\left(\frac{1}{\sqrt{k}}\right)^9\right] + \cdots =$$

$$\sqrt{k} + \left[\frac{1}{3}\frac{1}{\sqrt{k}} - \frac{4}{45}\left(\frac{1}{\sqrt{k}}\right)^3\right] +$$

$$\left[\frac{44}{945}\left(\frac{1}{\sqrt{k}}\right)^5 - \frac{428}{14\ 175}\left(\frac{1}{\sqrt{k}}\right)^7\right] + \cdots \qquad (34)$$

因为"[ ]"内部分均大于 0,所以显然有

$$\sqrt{k} < \frac{1}{\arctan\left(\frac{1}{\sqrt{k}}\right)} < \sqrt{k} + \frac{1}{3}\frac{1}{\sqrt{k}} \qquad (35)$$

即

$$10^s\pi < \frac{\pi}{\arctan\left(\frac{1}{\sqrt{k}}\right)} < 10^s\pi + \frac{10^{-s}}{3}\pi \qquad (36)$$

当 $s=1$ 时,有

$$\frac{10^{-s}}{3}\pi = \frac{1}{3}\times 0.314\ 159\cdots = 0.104\ 719\ 7\cdots \qquad (37)$$

将式(37)代入式(36)得

$$31.415\ 9\cdots < \frac{\pi}{\arctan\left(\frac{1}{\sqrt{k}}\right)} < 31.520\ 6\cdots \qquad (38)$$

所以由式(23)(38)得到

$$N_1 = \left\lfloor \frac{\pi}{\arctan\frac{1}{\sqrt{k}}} \right\rfloor = 31 \qquad (39)$$

显然,N_1 是为 $10^s\pi$ 的整数部分.

当 $s \geqslant 2$ 时,设 π 小数部分各位数字分别为 $a_1, a_2, a_3, \cdots$ 即

$$\pi = 3.a_1 a_2 a_3 \cdots a_{s-1} a_s a_{s+1} \cdots a_{2s-1} a_{2s} a_{2s+1} \qquad (40)$$

由式(40)得

$$\sqrt{k}\pi = 10^s\pi = 3 a_1 a_2 a_3 \cdots a_{s-1} a_s a_{s+1} \cdots a_{2s-1} a_{2s} a_{2s+1} \cdots \qquad (41)$$

为了便于讨论,将式(35)范围进一步扩大,即

$$\sqrt{k}\pi < \frac{\pi}{\arctan\left(\frac{1}{\sqrt{k}}\right)} < \left(\sqrt{k}+\frac{1}{\sqrt{k}}\right)\pi \quad (42)$$

$$\left(\sqrt{k}+\frac{1}{\sqrt{k}}\right)\pi = 3a_1a_2a_3\cdots a_{s-1}a_sa_{s+1}\cdots a_{2s-1}a_{2s}a_{2s+1}\cdots + =$$
$$0.\underbrace{0\cdots 0}_{(s-1)\uparrow 0}3a_1a_2a_3\cdots a_{s-1}a_sa_{s+1}\cdots \quad (43)$$
$$3a_1a_2a_3\cdots a_{s-1}a_sa_{s+1}+\cdots+a_{2s-1}a_{2s}(a_{2s+1}+3)$$
$$(a_{2s+2}+a_1)(a_{2s+3}+a_2)\cdots$$

由式(33)(42)(43)可知,N_1 不为 $10^s\pi$ 的整数部分的必要条件是:$a_{s+1},\cdots,a_{2s-1},a_{2s}$ 全为数字 9,即圆周率小数点后 $(s+1)$ 位到 $2s$ 位数字全是 9,在已知的 π 的数值里,这种情况是不存在的,而且 s 越大,这种可能性更低,因此,可猜想此必要条件必不成立,所以有

$$N_1 = \left\lfloor \frac{\pi}{\arctan\frac{1}{\sqrt{k}}} \right\rfloor = 3a_1a_2a_3\cdots a_{s-1}a_s \quad (44)$$

也就是,仍满足 N_1 为 $10^s\pi$ 的整数部分.

综上所述,当 $k=1\times 10^{2s}(s=0,1,2,3,\cdots)$ 时,可猜想,N_1 为 $10^s\pi$ 的整数部分. 此结论与相关文献[①]相比更加明确.

同理,可分析得出 N_2 为 $2\times 10^s\pi$ 的整数部分.

由此结合式(24)和式(30)可以说明:当 $k=1\times 10^{2s}(s=0,1,2,3,\cdots)$ 时,N_1 为 $10^s\pi$ 的整数部分,$\frac{N_1}{\sqrt{k}}$ 表示的 π 值在小数点后 s 位是准确的;当 $k=4\times 10^{2s}(s=0,1,2,3,\cdots)$ 时,N_2 为 $10^s\pi$ 的整数部分,$\frac{2N_2}{\sqrt{k}}$ 表示的 π 值在小数点后 s 位是准确的.

§6 结 论

本章充分验证了一维弹性碰撞与圆周率之间的必然关系,根据给定的一维弹性碰撞模型推导出式(24)和式(30)精确计算 π 的可行方法,并对相应的误差范围

---

① GALPERIN G. Playing pool with π(The number π from a billiard point of view)[J]. Regular & Chaotic Dynamics,2003,8(4):375-394.

进行了式(32)~(44)的合理推导分析.

§7 讨 论

（1）结合给定的一维弹性碰撞模型，将两滑块之间及滑块与墙壁之间的连续两次碰撞视为一个周期，多次碰撞的过程就是不断重复这种周期性过程，于是得到矩阵关系，并通过矩阵高次幂计算了连续多次碰撞后的一般速度关系式(16).实践计算表明了这种逻辑分析方法的合理性.

（2）一维弹性碰撞与圆周率之间存在着必然关系，且只与碰撞的次序和发生碰撞的弹性体的质量比有关，式(22)和式(28)揭示了碰撞次数与 m_1,m_2 质量比 k 之间深刻的关系，对任意 k 均成立，不受 $k=10^{2s}(s=0,1,2,3,\cdots)$ 的条件约束.

（3）有一质量为 m_1 且 $m_1 > m_2$ 的弹性滑块取代图3或图4的碰撞模型中的竖起墙壁，碰撞次数与圆周率之间仍然可得到类似于式(24)或式(30)的简洁约束表达式.

（4）在图4所示的模型中，若 m_2 首先向左运动与竖直墙壁碰撞，那么碰撞总次数 N_3 与圆周率 π 之间的关系式为 $\dfrac{2(N_3-1)}{\sqrt{k}} \approx \pi$，并且当 $k=4\times 10^{2s}(s=0,1,2,3,\cdots)$ 时，$\dfrac{2(N_3-1)}{\sqrt{k}}$ 表示的 π 值在小数点后前 s 位是准确的.

（5）一维弹性碰撞与圆周率之间存在的必然关系，亦或可以在给定的二维弹性碰撞模型中予以推广拓展.

参 考 文 献

[1] 日本数学会.数学百科辞典[M].北京:科学出版社,1984.
[2] 夏道行.π和e[M].上海:上海教育出版社,1964.
[3] 钱宝琮.中国数学史[M].北京:科学出版社,1981.
[4] 朱学志.数学史数学方法论选讲[D].哈尔滨:黑龙江林业教育学院,1984.
[5] 复旦大学.概率论(第一册)[M].北京:人民教育出版社,1979.
[6] 梁之舜.数学古今纵横谈[M].广州:科学普及出版社广州分社,1982.
[7] 鲁又文.数学古今谈[M].天津:天津科学技术出版社,1981.
[8] 蒋术亮.中国在数学上的贡献[M].太原:山西人民出版社,1984.
[9] 菲赫金玺哥尔茨 T M.数学分析教程(第二卷第三分册)[M].徐献瑜,冷生明,梁文骐,译.北京:人民教育出版社,1987.
[10] 徐方瞿.圆周率π是怎样计算的(初等数学论丛,第二辑)[M].上海:上海教育出版社,1981.
[11] 布拉特纳.神奇的π[M].汕头:汕头大学出版社,2003.
[12] 陈仁政.说不尽的π[M].北京:科学出版社,2005.
[13] 泽布罗夫斯基.圆的历史[M].李大强,译.北京:北京理工大学出版社,2003.
[14] 堀场芳数.π的奥秘:从圆周率到统计[M].林玉芬,译.北京:科学出版社,1998.

刘培杰数学工作室
已出版(即将出版)图书目录——初等数学

书　　名	出版时间	定　价	编号
新编中学数学解题方法全书(高中版)上卷(第2版)	2018—08	58.00	951
新编中学数学解题方法全书(高中版)中卷(第2版)	2018—08	68.00	952
新编中学数学解题方法全书(高中版)下卷(一)(第2版)	2018—08	58.00	953
新编中学数学解题方法全书(高中版)下卷(二)(第2版)	2018—08	58.00	954
新编中学数学解题方法全书(高中版)下卷(三)(第2版)	2018—08	68.00	955
新编中学数学解题方法全书(初中版)上卷	2008—01	28.00	29
新编中学数学解题方法全书(初中版)中卷	2010—07	38.00	75
新编中学数学解题方法全书(高考复习卷)	2010—01	48.00	67
新编中学数学解题方法全书(高考真题卷)	2010—01	38.00	62
新编中学数学解题方法全书(高考精华卷)	2011—03	68.00	118
新编平面解析几何解题方法全书(专题讲座卷)	2010—01	18.00	61
新编中学数学解题方法全书(自主招生卷)	2013—08	88.00	261
数学奥林匹克与数学文化(第一辑)	2006—05	48.00	4
数学奥林匹克与数学文化(第二辑)(竞赛卷)	2008—01	48.00	19
数学奥林匹克与数学文化(第二辑)(文化卷)	2008—07	58.00	36′
数学奥林匹克与数学文化(第三辑)(竞赛卷)	2010—01	48.00	59
数学奥林匹克与数学文化(第四辑)(竞赛卷)	2011—08	58.00	87
数学奥林匹克与数学文化(第五辑)	2015—06	98.00	370
世界著名平面几何经典著作钩沉——几何作图专题卷(共3卷)	2022—01	198.00	1460
世界著名平面几何经典著作钩沉——民国平面几何老课本	2011—03	38.00	113
世界著名平面几何经典著作钩沉——建国初期平面三角老课本	2015—08	38.00	507
世界著名解析几何经典著作钩沉——平面解析几何卷	2014—01	38.00	264
世界著名数论经典著作钩沉——算术卷	2012—01	28.00	125
世界著名数学经典著作钩沉——立体几何卷	2011—02	28.00	88
世界著名三角学经典著作钩沉——平面三角卷Ⅰ	2010—06	28.00	69
世界著名三角学经典著作钩沉——平面三角卷Ⅱ	2011—01	38.00	78
世界著名初等数论经典著作钩沉——理论和实用算术卷	2011—07	38.00	126
世界著名几何经典著作钩沉——解析几何卷	2022—10	68.00	1564
发展你的空间想象力(第3版)	2021—01	98.00	1464
空间想象力进阶	2019—05	68.00	1062
走向国际数学奥林匹克的平面几何试题诠释.第1卷	2019—07	88.00	1043
走向国际数学奥林匹克的平面几何试题诠释.第2卷	2019—09	78.00	1044
走向国际数学奥林匹克的平面几何试题诠释.第3卷	2019—03	78.00	1045
走向国际数学奥林匹克的平面几何试题诠释.第4卷	2019—09	98.00	1046
平面几何证明方法全书	2007—08	48.00	1
平面几何证明方法全书习题解答(第2版)	2006—12	18.00	10
平面几何天天练上卷·基础篇(直线型)	2013—01	58.00	208
平面几何天天练中卷·基础篇(涉及圆)	2013—01	28.00	234
平面几何天天练下卷·提高篇	2013—01	58.00	237
平面几何专题研究	2013—07	98.00	258
平面几何解题之道.第1卷	2022—05	38.00	1494
几何学习题集	2020—10	48.00	1217
通过解题学习代数几何	2021—04	88.00	1301
最新世界各国数学奥林匹克中的平面几何试题	2007—09	38.00	14

刘培杰数学工作室
已出版（即将出版）图书目录——初等数学

书　名	出版时间	定　价	编号
数学竞赛平面几何典型题及新颖解	2010—07	48.00	74
初等数学复习及研究(平面几何)	2008—09	68.00	38
初等数学复习及研究(立体几何)	2010—06	38.00	71
初等数学复习及研究(平面几何)习题解答	2009—01	58.00	42
几何学教程(平面几何卷)	2011—03	68.00	90
几何学教程(立体几何卷)	2011—07	68.00	130
几何变换与几何证题	2010—06	88.00	70
计算方法与几何证题	2011—06	28.00	129
立体几何技巧与方法(第2版)	2022—10	168.00	1572
几何瑰宝——平面几何500名题暨1500条定理(上、下)	2021—07	168.00	1358
三角形的解法与应用	2012—07	18.00	183
近代的三角形几何学	2012—07	48.00	184
一般折线几何学	2015—08	48.00	503
三角形的五心	2009—06	28.00	51
三角形的六心及其应用	2015—10	68.00	542
三角形趣谈	2012—08	28.00	212
解三角形	2014—01	28.00	265
三角函数	2024—10	38.00	1744
探秘三角形:一次数学旅行	2021—10	68.00	1387
三角学专门教程	2014—09	28.00	387
图天下几何新题试卷.初中(第2版)	2017—11	58.00	855
圆锥曲线习题集(上册)	2013—06	68.00	255
圆锥曲线习题集(中册)	2015—01	78.00	434
圆锥曲线习题集(下册·第1卷)	2016—10	78.00	683
圆锥曲线习题集(下册·第2卷)	2018—01	98.00	853
圆锥曲线习题集(下册·第3卷)	2019—10	128.00	1113
圆锥曲线的思想方法	2021—08	48.00	1379
圆锥曲线的八个主要问题	2021—10	48.00	1415
圆锥曲线的奥秘	2022—06	88.00	1541
论九点圆	2015—05	88.00	645
论圆的几何学	2024—06	48.00	1736
近代欧氏几何学	2012—03	48.00	162
罗巴切夫斯基几何学及几何基础概要	2012—07	28.00	188
罗巴切夫斯基几何学初步	2015—06	28.00	474
用三角、解析几何、复数、向量计算解数学竞赛几何题	2015—03	48.00	455
用解析法研究圆锥曲线的几何理论	2022—05	48.00	1495
美国中学几何教程	2015—04	88.00	458
三线坐标与三角形特征点	2015—04	98.00	460
坐标几何学基础.第1卷,笛卡儿坐标	2021—08	48.00	1398
坐标几何学基础.第2卷,三线坐标	2021—09	28.00	1399
平面解析几何方法与研究(第1卷)	2015—05	28.00	471
平面解析几何方法与研究(第2卷)	2015—06	38.00	472
平面解析几何方法与研究(第3卷)	2015—07	28.00	473
解析几何研究	2015—01	38.00	425
解析几何学教程.上	2016—01	38.00	574
解析几何学教程.下	2016—01	38.00	575
几何学基础	2016—01	58.00	581
初等几何研究	2015—02	58.00	444
十九和二十世纪欧氏几何学中的片段	2017—01	58.00	696
平面几何中考.高考.奥数一本通	2017—07	28.00	820
几何学简史	2017—08	28.00	833
四面体	2018—01	48.00	880
平面几何证明方法思路	2018—12	68.00	913
折纸中的几何练习	2022—09	48.00	1559
中学新几何学(英文)	2022—10	98.00	1562
线性代数与几何	2023—04	68.00	1633
四面体几何学引论	2023—06	68.00	1648

刘培杰数学工作室
已出版(即将出版)图书目录——初等数学

书　名	出版时间	定　价	编号
平面几何图形特性新析.上篇	2019—01	68.00	911
平面几何图形特性新析.下篇	2018—06	88.00	912
平面几何范例多解探究.上篇	2018—04	48.00	910
平面几何范例多解探究.下篇	2018—12	68.00	914
从分析解题过程学解题:竞赛中的几何问题研究	2018—07	68.00	946
从分析解题过程学解题:竞赛中的向量几何与不等式研究(全2册)	2019—06	138.00	1090
从分析解题过程学解题:竞赛中的不等式问题	2021—01	48.00	1249
二维、三维欧氏几何的对偶原理	2018—12	38.00	990
星形大观及闭折线论	2019—03	68.00	1020
立体几何的问题和方法	2019—11	58.00	1127
三角代换论	2021—05	58.00	1313
俄罗斯平面几何问题集	2009—08	88.00	55
俄罗斯立体几何问题集	2014—03	58.00	283
俄罗斯几何大师——沙雷金论数学及其他	2014—01	48.00	271
来自俄罗斯的5000道几何习题及解答	2011—03	58.00	89
俄罗斯初等数学问题集	2012—05	38.00	177
俄罗斯函数问题集	2011—03	38.00	103
俄罗斯组合分析问题集	2011—01	48.00	79
俄罗斯初等数学万题选——三角卷	2012—11	38.00	222
俄罗斯初等数学万题选——代数卷	2013—08	68.00	225
俄罗斯初等数学万题选——几何卷	2014—01	68.00	226
俄罗斯《量子》杂志数学征解问题100题选	2018—08	48.00	969
俄罗斯《量子》杂志数学征解问题又100题选	2018—08	48.00	970
俄罗斯《量子》杂志数学征解问题	2020—05	48.00	1138
463个俄罗斯几何老问题	2012—01	28.00	152
《量子》数学短文精粹	2018—09	38.00	972
用三角、解析几何等计算解来自俄罗斯的几何题	2019—11	88.00	1119
基谢廖夫平面几何	2022—01	48.00	1461
基谢廖夫立体几何	2023—04	48.00	1599
数学:代数,数学分析和几何(10—11年级)	2021—01	48.00	1250
直观几何学:5—6年级	2022—04	58.00	1508
几何学:第2版.7—9年级	2023—08	68.00	1684
平面几何:9—11年级	2022—10	48.00	1571
立体几何.10—11年级	2022—01	58.00	1472
几何快递	2024—05	48.00	1697
谈谈素数	2011—03	18.00	91
平方和	2011—03	18.00	92
整数论	2011—05	38.00	120
从整数谈起	2015—10	28.00	538
数与多项式	2016—01	38.00	558
谈谈不定方程	2011—05	28.00	119
质数漫谈	2022—07	68.00	1529
解析不等式新论	2009—06	68.00	48
建立不等式的方法	2011—03	98.00	104
数学奥林匹克不等式研究(第2版)	2020—07	68.00	1181
不等式研究(第三辑)	2023—08	198.00	1673
不等式的秘密(第一卷)(第2版)	2014—02	38.00	286
不等式的秘密(第二卷)	2014—01	38.00	268
初等不等式的证明方法	2010—06	38.00	123
初等不等式的证明方法(第二版)	2014—11	38.00	407
不等式·理论·方法(基础卷)	2015—07	38.00	496
不等式·理论·方法(经典不等式卷)	2015—07	38.00	497
不等式·理论·方法(特殊类型不等式卷)	2015—07	48.00	498
不等式探究	2016—03	38.00	582
不等式探秘	2017—01	88.00	689

刘培杰数学工作室
已出版(即将出版)图书目录——初等数学

书　　名	出版时间	定　价	编号
四面体不等式	2017—01	68.00	715
数学奥林匹克中常见重要不等式	2017—09	38.00	845
三正弦不等式	2018—09	98.00	974
函数方程与不等式:解法与稳定性结果	2019—04	68.00	1058
数学不等式.第1卷,对称多项式不等式	2022—05	78.00	1455
数学不等式.第2卷,对称有理不等式与对称无理不等式	2022—05	88.00	1456
数学不等式.第3卷,循环不等式与非循环不等式	2022—05	88.00	1457
数学不等式.第4卷,Jensen不等式的扩展与加细	2022—05	88.00	1458
数学不等式.第5卷,创建不等式与解不等式的其他方法	2022—05	88.00	1459
不定方程及其应用.上	2018—12	58.00	992
不定方程及其应用.中	2019—01	78.00	993
不定方程及其应用.下	2019—02	98.00	994
Nesbitt 不等式加强式的研究	2022—06	128.00	1527
最值定理与分析不等式	2023—02	78.00	1567
一类积分不等式	2023—02	88.00	1579
邦费罗尼不等式及概率应用	2023—05	58.00	1637
同余理论	2012—05	38.00	163
[x]与{x}	2015—04	48.00	476
极值与最值.上卷	2015—06	28.00	486
极值与最值.中卷	2015—06	38.00	487
极值与最值.下卷	2015—06	28.00	488
整数的性质	2012—11	38.00	192
完全平方数及其应用	2015—08	78.00	506
多项式理论	2015—10	88.00	541
奇数、偶数、奇偶分析法	2018—01	98.00	876
历届美国中学生数学竞赛试题及解答(第1卷)1950~1954	2014—07	18.00	277
历届美国中学生数学竞赛试题及解答(第2卷)1955~1959	2014—04	18.00	278
历届美国中学生数学竞赛试题及解答(第3卷)1960~1964	2014—06	18.00	279
历届美国中学生数学竞赛试题及解答(第4卷)1965~1969	2014—04	28.00	280
历届美国中学生数学竞赛试题及解答(第5卷)1970~1972	2014—06	18.00	281
历届美国中学生数学竞赛试题及解答(第6卷)1973~1980	2017—07	18.00	768
历届美国中学生数学竞赛试题及解答(第7卷)1981~1986	2015—01	18.00	424
历届美国中学生数学竞赛试题及解答(第8卷)1987~1990	2017—05	18.00	769
历届国际数学奥林匹克试题集	2023—09	158.00	1701
历届中国数学奥林匹克试题集(第3版)	2021—10	58.00	1440
历届加拿大数学奥林匹克试题集	2012—08	38.00	215
历届美国数学奥林匹克试题集	2023—08	98.00	1681
历届波兰数学竞赛试题集.第1卷,1949~1963	2015—03	18.00	453
历届波兰数学竞赛试题集.第2卷,1964~1976	2015—03	18.00	454
历届巴尔干数学奥林匹克试题集	2015—05	38.00	466
历届CGMO试题及解答	2024—03	48.00	1717
保加利亚数学奥林匹克	2014—10	38.00	393
圣彼得堡数学奥林匹克试题集	2015—01	38.00	429
匈牙利奥林匹克数学竞赛题解.第1卷	2016—05	28.00	593
匈牙利奥林匹克数学竞赛题解.第2卷	2016—05	28.00	594
历届美国数学邀请赛试题集(第2版)	2017—10	78.00	851
全美高中数学竞赛:纽约州数学竞赛(1989—1994)	2024—08	48.00	1740
普林斯顿大学数学竞赛	2016—06	38.00	669
亚太地区数学奥林匹克竞赛题	2015—07	18.00	492
日本历届(初级)广中杯数学竞赛试题及解答.第1卷(2000~2007)	2016—05	28.00	641
日本历届(初级)广中杯数学竞赛试题及解答.第2卷(2008~2015)	2016—05	38.00	642
越南数学奥林匹克题选:1962—2009	2021—07	48.00	1370
罗马尼亚大师杯数学竞赛试题及解答	2024—09	48.00	1746
欧洲女子数学奥林匹克	2024—04	48.00	1723
360个数学竞赛问题	2016—08	58.00	677

— 4 —

刘培杰数学工作室
已出版(即将出版)图书目录——初等数学

书　　名	出版时间	定　价	编号
奥数最佳实战题.上卷	2017—06	38.00	760
奥数最佳实战题.下卷	2017—05	58.00	761
解决问题的策略	2024—08	48.00	1742
哈尔滨市早期中学数学竞赛试题汇编	2016—07	28.00	672
全国高中数学联赛试题及解答:1981—2019(第4版)	2020—07	138.00	1176
2024年全国高中数学联合竞赛模拟题集	2024—01	38.00	1702
20世纪50年代全国部分城市数学竞赛试题汇编	2017—07	28.00	797
国内外数学竞赛题及精解:2018—2019	2020—08	45.00	1192
国内外数学竞赛题及精解:2019—2020	2021—11	58.00	1439
许康华竞赛优学精选集.第一辑	2018—08	68.00	949
天问叶班数学问题征解100题.Ⅰ,2016—2018	2019—05	88.00	1075
天问叶班数学问题征解100题.Ⅱ,2017—2019	2020—07	98.00	1177
美国初中数学竞赛:AMC8准备(共6卷)	2019—07	138.00	1089
美国高中数学竞赛:AMC10准备(共6卷)	2019—08	158.00	1105
王连笑教你怎样学数学:高考选择题解题策略与客观题实用训练	2014—01	48.00	262
王连笑教你怎样学数学:高考数学高层次讲座	2015—02	48.00	432
高考数学的理论与实践	2009—08	38.00	53
高考数学核心题型解题方法与技巧	2010—01	28.00	86
高考思维新平台	2014—03	38.00	259
高考数学压轴题解题诀窍(上)(第2版)	2018—01	58.00	874
高考数学压轴题解题诀窍(下)(第2版)	2018—01	48.00	875
突破高考数学新定义创新压轴题	2024—08	88.00	1741
北京市五区文科数学三年高考模拟题详解:2013～2015	2015—08	48.00	500
北京市五区理科数学三年高考模拟题详解:2013～2015	2015—09	68.00	505
向量法巧解数学高考题	2009—08	28.00	54
高中数学课堂教学的实践与反思	2021—11	48.00	791
数学高考参考	2016—01	78.00	589
新课程标准高考数学解答题各种题型解法指导	2020—08	78.00	1196
全国及各省市高考数学试题审题要津与解法研究	2015—02	48.00	450
高中数学章节起始课的教学研究与案例设计	2019—05	28.00	1064
新课标高考数学——五年试题分章详解(2007～2011)(上、下)	2011—10	78.00	140,141
全国中考数学压轴题审题要津与解法研究	2013—04	78.00	248
新编全国及各省市中考数学压轴题审题要津与解法研究	2014—05	58.00	342
全国及各省市5年中考数学压轴题审题要津与解法研究(2015版)	2015—04	58.00	462
中考数学专题总复习	2007—04	28.00	6
中考数学较难题常考题型解题方法与技巧	2016—09	48.00	681
中考数学难题常考题型解题方法与技巧	2016—09	48.00	682
中考数学中档题常考题型解题方法与技巧	2017—08	68.00	835
中考数学选择填空压轴好题妙解365	2024—01	80.00	1698
中考数学:三类重点考题的解法例析与习题	2020—04	48.00	1140
中小学数学的历史文化	2019—11	48.00	1124
小升初衔接数学	2024—06	68.00	1734
赢在小升初——数学	2024—08	78.00	1739
初中平面几何百题多思创新解	2020—01	58.00	1125
初中数学中考备考	2020—01	58.00	1126
高考数学之九章演义	2019—08	68.00	1044
高考数学之难题谈笑间	2022—06	68.00	1519
化学可以这样学:高中化学知识方法智慧感悟疑难辨析	2019—07	58.00	1103
如何成为学习高手	2019—09	58.00	1107
高考数学:经典真题分类解析	2020—04	78.00	1134
高考数学解答题破解策略	2020—11	58.00	1221
从分析解题过程学解题:高考压轴题与竞赛题之关系探究	2020—08	88.00	1179
从分析解题过程学解题:数学高考与竞赛的互联通探究	2024—06	88.00	1735
教学新思考:单元整体视角下的初中数学教学设计	2021—03	58.00	1278
思维再拓展:2020年经典几何题的多解探究与思考	即将出版		1279
中考数学小压轴汇编初讲	2017—07	48.00	788
中考数学大压轴专题微言	2017—09	48.00	846

— 5 —

刘培杰数学工作室
已出版（即将出版）图书目录——初等数学

书　　名	出版时间	定　价	编号
怎么解中考平面几何探索题	2019—06	48.00	1093
北京中考数学压轴题解题方法突破(第9版)	2024—01	78.00	1645
助你高考成功的数学解题智慧:知识是智慧的基础	2016—01	58.00	596
助你高考成功的数学解题智慧:错误是智慧的试金石	2016—04	58.00	643
助你高考成功的数学解题智慧:方法是智慧的推手	2016—04	68.00	657
高考数学奇思妙解	2016—04	38.00	610
高考数学解题策略	2016—05	48.00	670
数学解题泄天机(第2版)	2017—10	48.00	850
高中物理教学讲义	2018—01	48.00	871
高中物理教学讲义:全模块	2022—03	98.00	1492
高中物理答疑解惑65篇	2021—11	48.00	1462
中学物理基础问题解析	2020—08	48.00	1183
初中数学、高中数学脱节知识补缺教材	2017—06	48.00	766
高考数学客观题解题方法和技巧	2017—10	38.00	847
十年高考数学精品试题审题要津与解法研究	2021—10	98.00	1427
中国历届高考数学试题及解答.1949—1979	2018—01	38.00	877
历届中国高考数学试题及解答.第二卷,1980—1989	2018—10	28.00	975
历届中国高考数学试题及解答.第三卷,1990—1999	2018—10	48.00	976
跟我学解高中数学题	2018—07	58.00	926
中学数学研究的方法及案例	2018—05	58.00	869
高考数学抢分技能	2018—07	68.00	934
高一新生常用数学方法和重要数学思想提升教材	2018—06	38.00	921
高考数学全国卷六道解答题常考题型解题诀窍:理科(全2册)	2019—07	78.00	1101
高考数学全国卷16道选择、填空题常考题型解题诀窍.理科	2018—09	88.00	971
高考数学全国卷16道选择、填空题常考题型解题诀窍.文科	2020—01	88.00	1123
高中数学一题多解	2019—06	58.00	1087
历届中国高考数学试题及解答:1917—1999	2021—08	118.00	1371
2000～2003年全国及各省市高考数学试题及解答	2022—05	88.00	1499
2004年全国及各省市高考数学试题及解答	2023—08	78.00	1500
2005年全国及各省市高考数学试题及解答	2023—08	78.00	1501
2006年全国及各省市高考数学试题及解答	2023—08	88.00	1502
2007年全国及各省市高考数学试题及解答	2023—08	98.00	1503
2008年全国及各省市高考数学试题及解答	2023—08	88.00	1504
2009年全国及各省市高考数学试题及解答	2023—08	88.00	1505
2010年全国及各省市高考数学试题及解答	2023—08	98.00	1506
2011～2017年全国及各省市高考数学试题及解答	2024—01	78.00	1507
2018～2023年全国及各省市高考数学试题及解答	2024—03	78.00	1709
突破高原:高中数学解题思维探究	2021—08	48.00	1375
高考数学中的"取值范围"	2021—10	48.00	1429
新课程标准高中数学各种题型解法大全.必修一分册	2021—06	58.00	1315
新课程标准高中数学各种题型解法大全.必修二分册	2022—01	68.00	1471
高中数学各种题型解法大全.选择性必修一分册	2022—06	68.00	1525
高中数学各种题型解法大全.选择性必修二分册	2023—01	58.00	1600
高中数学各种题型解法大全.选择性必修三分册	2023—04	48.00	1643
高中数学专题研究	2024—05	88.00	1722
历届全国初中数学竞赛经典试题详解	2023—04	88.00	1624
孟祥礼高考数学精刷精解	2023—06	98.00	1663
新编640个世界著名数学智力趣题	2014—01	88.00	242
500个最新世界著名数学智力趣题	2008—06	48.00	3
400个最新世界著名数学最值问题	2008—09	48.00	36
500个世界著名数学征解问题	2009—06	48.00	52
400个中国最佳初等数学征解老问题	2010—01	48.00	60
500个俄罗斯数学经典老题	2011—01	28.00	81
1000个国外中学物理好题	2012—04	48.00	174
300个日本高考数学题	2012—05	38.00	142
700个早期日本高考数学试题	2017—02	88.00	752

刘培杰数学工作室
已出版(即将出版)图书目录——初等数学

书 名	出版时间	定 价	编号
500个前苏联早期高考数学试题及解答	2012—05	28.00	185
546个早期俄罗斯大学生数学竞赛题	2014—03	38.00	285
548个来自美苏的数学好问题	2014—11	28.00	396
20所苏联著名大学早期入学试题	2015—02	18.00	452
161道德国工科大学生必做的微分方程习题	2015—05	28.00	469
500个德国工科大学生必做的高数习题	2015—06	28.00	478
360个数学竞赛问题	2016—08	58.00	677
200个趣味数学故事	2018—02	48.00	857
470个数学奥林匹克中的最值问题	2018—10	88.00	985
德国讲义日本考题.微积分卷	2015—04	48.00	456
德国讲义日本考题.微分方程卷	2015—04	38.00	457
二十世纪中叶中、英、美、日、法、俄高考数学试题精选	2017—06	38.00	783
中国初等数学研究 2009卷(第1辑)	2009—05	20.00	45
中国初等数学研究 2010卷(第2辑)	2010—05	30.00	68
中国初等数学研究 2011卷(第3辑)	2011—07	60.00	127
中国初等数学研究 2012卷(第4辑)	2012—07	48.00	190
中国初等数学研究 2014卷(第5辑)	2014—02	48.00	288
中国初等数学研究 2015卷(第6辑)	2015—06	68.00	493
中国初等数学研究 2016卷(第7辑)	2016—04	68.00	609
中国初等数学研究 2017卷(第8辑)	2017—01	98.00	712
初等数学研究在中国.第1辑	2019—03	158.00	1024
初等数学研究在中国.第2辑	2019—10	158.00	1116
初等数学研究在中国.第3辑	2021—05	158.00	1306
初等数学研究在中国.第4辑	2022—06	158.00	1520
初等数学研究在中国.第5辑	2023—07	158.00	1635
几何变换(Ⅰ)	2014—07	28.00	353
几何变换(Ⅱ)	2015—06	28.00	354
几何变换(Ⅲ)	2015—01	38.00	355
几何变换(Ⅳ)	2015—12	38.00	356
初等数论难题集(第一卷)	2009—05	68.00	44
初等数论难题集(第二卷)(上、下)	2011—02	128.00	82,83
数论概貌	2011—03	18.00	93
代数数论(第二版)	2013—08	58.00	94
代数多项式	2014—06	38.00	289
初等数论的知识与问题	2011—02	28.00	95
超越数论基础	2011—03	28.00	96
数论初等教程	2011—03	28.00	97
数论基础	2011—03	18.00	98
数论基础与维诺格拉多夫	2014—03	18.00	292
解析数论基础	2012—08	28.00	216
解析数论基础(第二版)	2014—01	48.00	287
解析数论问题集(第二版)(原版引进)	2014—05	88.00	343
解析数论问题集(第二版)(中译本)	2016—04	88.00	607
解析数论基础(潘承洞,潘承彪著)	2016—07	98.00	673
解析数论导引	2016—07	58.00	674
数论入门	2011—03	38.00	99
代数数论入门	2015—03	38.00	448

刘培杰数学工作室
已出版(即将出版)图书目录——初等数学

书　名	出版时间	定　价	编号
数论开篇	2012—07	28.00	194
解析数论引论	2011—03	48.00	100
Barban Davenport Halberstam 均值和	2009—01	40.00	33
基础数论	2011—03	28.00	101
初等数论 100 例	2011—05	18.00	122
初等数论经典例题	2012—07	18.00	204
最新世界各国数学奥林匹克中的初等数论试题(上、下)	2012—01	138.00	144,145
初等数论(Ⅰ)	2012—01	18.00	156
初等数论(Ⅱ)	2012—01	18.00	157
初等数论(Ⅲ)	2012—01	28.00	158
平面几何与数论中未解决的新老问题	2013—01	68.00	229
代数数论简史	2014—11	28.00	408
代数数论	2015—09	88.00	532
代数、数论及分析习题集	2016—11	98.00	695
数论导引提要及习题解答	2016—01	48.00	559
素数定理的初等证明.第 2 版	2016—09	48.00	686
数论中的模函数与狄利克雷级数(第二版)	2017—11	78.00	837
数论:数学导引	2018—01	68.00	849
范氏大代数	2019—02	98.00	1016
解析数学讲义.第一卷,导来式及微分、积分、级数	2019—04	88.00	1021
解析数学讲义.第二卷,关于几何的应用	2019—04	68.00	1022
解析数学讲义.第三卷,解析函数论	2019—04	78.00	1023
分析・组合・数论纵横谈	2019—04	58.00	1039
Hall 代数:民国时期的中学数学课本:英文	2019—08	88.00	1106
基谢廖夫初等代数	2022—07	38.00	1531
基谢廖夫算术	2024—05	48.00	1725
数学精神巡礼	2019—01	58.00	731
数学眼光透视(第 2 版)	2017—06	78.00	732
数学思想领悟(第 2 版)	2018—01	68.00	733
数学方法溯源(第 2 版)	2018—08	68.00	734
数学解题引论	2017—05	58.00	735
数学史话览胜(第 2 版)	2017—01	48.00	736
数学应用展观(第 2 版)	2017—08	68.00	737
数学建模尝试	2018—04	48.00	738
数学竞赛采风	2018—01	68.00	739
数学测评探营	2019—05	58.00	740
数学技能操握	2018—03	48.00	741
数学欣赏拾趣	2018—02	48.00	742
从毕达哥拉斯到怀尔斯	2007—10	48.00	9
从迪利克雷到维斯卡尔迪	2008—01	48.00	21
从哥德巴赫到陈景润	2008—05	98.00	35
从庞加莱到佩雷尔曼	2011—08	138.00	136
博弈论精粹	2008—03	58.00	30
博弈论精粹.第二版(精装)	2015—01	88.00	461
数学 我爱你	2008—01	28.00	20
精神的圣徒　别样的人生——60 位中国数学家成长的历程	2008—09	48.00	39
数学史概论	2009—06	78.00	50

— 8 —

刘培杰数学工作室
已出版(即将出版)图书目录——初等数学

书　名	出版时间	定　价	编号
数学史概论(精装)	2013—03	158.00	272
数学史选讲	2016—01	48.00	544
斐波那契数列	2010—02	28.00	65
数学拼盘和斐波那契魔方	2010—07	38.00	72
斐波那契数列欣赏(第2版)	2018—08	58.00	948
Fibonacci 数列中的明珠	2018—06	58.00	928
数学的创造	2011—02	48.00	85
数学美与创造力	2016—01	48.00	595
数海拾贝	2016—01	48.00	590
数学中的美(第2版)	2019—04	68.00	1057
数论中的美学	2014—12	38.00	351
数学王者　科学巨人——高斯	2015—01	28.00	428
振兴祖国数学的圆梦之旅:中国初等数学研究史话	2015—06	98.00	490
二十世纪中国数学史料研究	2015—10	48.00	536
《九章算法比类大全》校注	2024—06	198.00	1695
数字谜、数阵图与棋盘覆盖	2016—01	58.00	298
数学概念的进化:一个初步的研究	2023—07	68.00	1683
数学发现的艺术:数学探索中的合情推理	2016—07	58.00	671
活跃在数学中的参数	2016—07	48.00	675
数海趣史	2021—05	98.00	1314
玩转幻中之幻	2023—08	88.00	1682
数学艺术品	2023—09	98.00	1685
数学博弈与游戏	2023—10	68.00	1692
数学解题——靠数学思想给力(上)	2011—07	38.00	131
数学解题——靠数学思想给力(中)	2011—07	48.00	132
数学解题——靠数学思想给力(下)	2011—07	38.00	133
我怎样解题	2013—01	48.00	227
数学解题中的物理方法	2011—06	28.00	114
数学解题的特殊方法	2011—06	48.00	115
中学数学计算技巧(第2版)	2020—10	48.00	1220
中学数学证明方法	2012—01	58.00	117
数学趣题巧解	2012—03	28.00	128
高中数学教学通鉴	2015—05	58.00	479
和高中生漫谈:数学与哲学的故事	2014—08	28.00	369
算术问题集	2017—03	38.00	789
张教授讲数学	2018—07	38.00	933
陈永明实话实说数学教学	2020—04	68.00	1132
中学数学学科知识与教学能力	2020—06	58.00	1155
怎样把课讲好:大罕数学教学随笔	2022—03	58.00	1484
中国高考评价体系下高考数学探秘	2022—03	48.00	1487
数苑漫步	2024—01	58.00	1670
自主招生考试中的参数方程问题	2015—01	28.00	435
自主招生考试中的极坐标问题	2015—04	28.00	463
近年全国重点大学自主招生数学试题全解及研究.华约卷	2015—02	38.00	441
近年全国重点大学自主招生数学试题全解及研究.北约卷	2016—05	38.00	619
自主招生数学解证宝典	2015—09	48.00	535
中国科学技术大学创新班数学真题解析	2022—03	48.00	1488
中国科学技术大学创新班物理真题解析	2022—03	58.00	1489
格点和面积	2012—07	18.00	191
射影几何趣谈	2012—04	28.00	175
斯潘纳尔引理——从一道加拿大数学奥林匹克试题谈起	2014—01	28.00	228
李普希兹条件——从几道近年高考数学试题谈起	2012—10	18.00	221
拉格朗日中值定理——从一道北京高考试题的解法谈起	2015—10	18.00	197

刘培杰数学工作室
已出版（即将出版）图书目录——初等数学

书　名	出版时间	定　价	编号
闵科夫斯基定理——从一道清华大学自主招生试题谈起	2014—01	28.00	198
哈尔测度——从一道冬令营试题的背景谈起	2012—08	28.00	202
切比雪夫逼近问题——从一道中国台北数学奥林匹克试题谈起	2013—04	38.00	238
伯恩斯坦多项式与贝齐尔曲面——从一道全国高中数学联赛试题谈起	2013—03	38.00	236
卡塔兰猜想——从一道普特南竞赛试题谈起	2013—06	18.00	256
麦卡锡函数和阿克曼函数——从一道前南斯拉夫数学奥林匹克试题谈起	2012—08	18.00	201
贝蒂定理与拉姆贝克莫斯尔定理——从一个拣石子游戏谈起	2012—08	18.00	217
皮亚诺曲线与豪斯道夫分球定理——从无限集谈起	2012—08	18.00	211
平面凸图形与凸多面体	2012—10	28.00	218
斯坦因豪斯问题——从一道二十五省市自治区中学数学竞赛试题谈起	2012—07	18.00	196
纽结理论中的亚历山大多项式与琼斯多项式——从一道北京市高一数学竞赛试题谈起	2012—07	28.00	195
原则与策略——从波利亚"解题表"谈起	2013—04	38.00	244
转化与化归——从三大尺规作图不能问题谈起	2012—08	28.00	214
代数几何中的贝祖定理（第一版）——从一道IMO试题的解法谈起	2013—08	18.00	193
成功连贯理论与约当块理论——从一道比利时数学竞赛试题谈起	2012—04	18.00	180
素数判定与大数分解	2014—08	18.00	199
置换多项式及其应用	2012—10	18.00	220
椭圆函数与模函数——从一道美国加州大学洛杉矶分校（UCLA）博士资格考题谈起	2012—10	28.00	219
差分方程的拉格朗日方法——从一道2011年全国高考理科试题的解法谈起	2012—08	28.00	200
力学在几何中的一些应用	2013—01	38.00	240
从根式解到伽罗华理论	2020—01	48.00	1121
康托洛维奇不等式——从一道全国高中联赛试题谈起	2013—03	28.00	337
拉克斯定理和阿廷定理——从一道IMO试题的解法谈起	2014—01	58.00	246
毕卡大定理——从一道美国大学数学竞赛试题谈起	2014—07	18.00	350
拉格朗日乘子定理——从一道2005年全国高中联赛试题的高等数学解法谈起	2015—05	28.00	480
雅可比定理——从一道日本数学奥林匹克试题谈起	2013—04	48.00	249
李天岩—约克定理——从一道波兰数学竞赛试题谈起	2014—06	28.00	349
受控理论与初等不等式：从一道IMO试题的解法谈起	2023—03	48.00	1601
布劳维不动点定理——从一道前苏联数学奥林匹克试题谈起	2014—01	38.00	273
莫德尔—韦伊定理——从一道日本数学奥林匹克试题谈起	2024—10	48.00	1602
斯蒂尔杰斯积分——从一道国际大学生数学竞赛试题的解法谈起	2024—10	68.00	1605
切博塔廖夫猜想——从一道1978年全国高中数学竞赛试题谈起	2024—10	38.00	1606
卡西尼卵形线：从一道高中数学期中考试试题谈起	2024—10	48.00	1607
格罗斯问题：亚纯函数的唯一性问题	2024—10	48.00	1608
布格尔问题——从一道第6届全国中学生物理竞赛预赛试题谈起	2024—09	68.00	1609
多项式逼近问题——从一道美国大学生数学竞赛试题谈起	2024—10	48.00	1748
中国剩余定理：总数法构建中国历史年表	2015—01	28.00	430
牛顿程序与方程求根——从一道全国高考试题解法谈起	即将出版		
库默尔定理——从一道IMO预选试题谈起	即将出版		
卢丁定理——从一道冬令营试题的解法谈起	即将出版		
沃斯滕霍姆定理——从一道IMO预选试题谈起	即将出版		
卡尔松不等式——从一道莫斯科数学奥林匹克试题谈起	即将出版		
信息论中的香农熵——从一道近年高考压轴题谈起	即将出版		

刘培杰数学工作室
已出版（即将出版）图书目录——初等数学

书　　名	出版时间	定　价	编号
约当不等式——从一道希望杯竞赛试题谈起	即将出版		
拉比诺维奇定理	即将出版		
刘维尔定理——从一道《美国数学月刊》征解问题的解法谈起	即将出版		
卡塔兰恒等式与级数求和——从一道IMO试题的解法谈起	即将出版		
勒让德猜想与素数分布——从一道爱尔兰竞赛试题谈起	即将出版		
天平称重与信息论——从一道基辅市数学奥林匹克试题谈起	即将出版		
哈密尔顿-凯莱定理：从一道高中数学联赛试题的解法谈起	2014—09	18.00	376
艾思特曼定理——从一道CMO试题的解法谈起	即将出版		
阿贝尔恒等式与经典不等式及应用	2018—06	98.00	923
迪利克雷除数问题	2018—07	48.00	930
幻方、幻立方与拉丁方	2019—08	48.00	1092
帕斯卡三角形	2014—03	18.00	294
蒲丰投针问题——从2009年清华大学的一道自主招生试题谈起	2014—01	38.00	295
斯图姆定理——从一道"华约"自主招生试题的解法谈起	2014—01	18.00	296
许瓦兹引理——从一道加利福尼亚大学伯克利分校数学系博士生试题谈起	2014—08	18.00	297
拉姆塞定理——从王诗宬院士的一个问题谈起	2016—04	48.00	299
坐标法	2013—12	28.00	332
数论三角形	2014—04	38.00	341
毕克定理	2014—07	18.00	352
数林掠影	2014—09	48.00	389
我们周围的概率	2014—10	38.00	390
凸函数最值定理：从一道华约自主招生题的解法谈起	2014—10	28.00	391
易学与数学奥林匹克	2014—10	38.00	392
生物数学趣谈	2015—01	18.00	409
反演	2015—01	28.00	420
因式分解与圆锥曲线	2015—01	18.00	426
轨迹	2015—01	28.00	427
面积原理：从常庚哲命的一道CMO试题的积分解法谈起	2015—01	48.00	431
形形色色的不动点定理：从一道28届IMO试题谈起	2015—01	38.00	439
柯西函数方程：从一道上海交大自主招生的试题谈起	2015—02	28.00	440
三角恒等式	2015—02	28.00	442
无理性判定：从一道2014年"北约"自主招生试题谈起	2015—01	38.00	443
数学归纳法	2015—03	18.00	451
极端原理与解题	2015—04	28.00	464
法雷级数	2014—08	18.00	367
摆线族	2015—01	38.00	438
函数方程及其解法	2015—05	38.00	470
含参数的方程和不等式	2012—09	28.00	213
希尔伯特第十问题	2016—01	38.00	543
无穷小量的求和	2016—01	28.00	545
切比雪夫多项式：从一道清华大学金秋营试题谈起	2016—01	38.00	583
泽肯多夫定理	2016—03	38.00	599
代数等式证题法	2016—01	28.00	600
三角等式证题法	2016—01	28.00	601
吴大任教授藏书中的一个因式分解公式：从一道美国数学邀请赛试题的解法谈起	2016—06	28.00	656
易卦——类万物的数学模型	2017—08	68.00	838
"不可思议"的数与数系可持续发展	2018—01	38.00	878
最短线	2018—01	38.00	879
数学在天文、地理、光学、机械力学中的一些应用	2023—03	88.00	1576
从阿基米德三角形谈起	2023—01	28.00	1578

刘培杰数学工作室
已出版(即将出版)图书目录——初等数学

书　名	出版时间	定价	编号
幻方和魔方(第一卷)	2012—05	68.00	173
尘封的经典——初等数学经典文献选读(第一卷)	2012—07	48.00	205
尘封的经典——初等数学经典文献选读(第二卷)	2012—07	38.00	206
初级方程式论	2011—03	28.00	106
初等数学研究(Ⅰ)	2008—09	68.00	37
初等数学研究(Ⅱ)(上、下)	2009—05	118.00	46,47
初等数学专题研究	2022—10	68.00	1568
趣味初等方程妙题集锦	2014—09	48.00	388
趣味初等数论选美与欣赏	2015—02	48.00	445
耕读笔记(上卷):一位农民数学爱好者的初数探索	2015—04	28.00	459
耕读笔记(中卷):一位农民数学爱好者的初数探索	2015—05	28.00	483
耕读笔记(下卷):一位农民数学爱好者的初数探索	2015—05	28.00	484
几何不等式研究与欣赏.上卷	2016—01	88.00	547
几何不等式研究与欣赏.下卷	2016—01	48.00	552
初等数列研究与欣赏·上	2016—01	48.00	570
初等数列研究与欣赏·下	2016—01	48.00	571
趣味初等函数研究与欣赏.上	2016—09	48.00	684
趣味初等函数研究与欣赏.下	2018—09	48.00	685
三角不等式研究与欣赏	2020—10	68.00	1197
新编平面解析几何解题方法研究与欣赏	2021—10	78.00	1426
火柴游戏(第2版)	2022—05	38.00	1493
智力解谜.第1卷	2017—07	38.00	613
智力解谜.第2卷	2017—07	38.00	614
故事智力	2016—07	48.00	615
名人们喜欢的智力问题	2020—01	48.00	616
数学大师的发现、创造与失误	2018—01	48.00	617
异曲同工	2018—09	48.00	618
数学的味道(第2版)	2023—10	68.00	1686
数学千字文	2018—10	68.00	977
数贝偶拾——高考数学题研究	2014—04	28.00	274
数贝偶拾——初等数学研究	2014—04	38.00	275
数贝偶拾——奥数题研究	2014—04	48.00	276
钱昌本教你快乐学数学(上)	2011—12	48.00	155
钱昌本教你快乐学数学(下)	2012—03	58.00	171
集合、函数与方程	2014—01	28.00	300
数列与不等式	2014—01	38.00	301
三角与平面向量	2014—01	28.00	302
平面解析几何	2014—01	38.00	303
立体几何与组合	2014—01	28.00	304
极限与导数、数学归纳法	2014—01	38.00	305
趣味数学	2014—03	28.00	306
教材教法	2014—04	68.00	307
自主招生	2014—05	58.00	308
高考压轴题(上)	2015—01	48.00	309
高考压轴题(下)	2014—10	68.00	310

刘培杰数学工作室
已出版（即将出版）图书目录——初等数学

书 名	出版时间	定 价	编号
从费马到怀尔斯——费马大定理的历史	2013—10	198.00	I
从庞加莱到佩雷尔曼——庞加莱猜想的历史	2013—10	298.00	II
从切比雪夫到爱尔特希（上）——素数定理的初等证明	2013—07	48.00	III
从切比雪夫到爱尔特希（下）——素数定理100年	2012—12	98.00	III
从高斯到盖尔方特——二次域的高斯猜想	2013—10	198.00	IV
从库默尔到朗兰兹——朗兰兹猜想的历史	2014—01	98.00	V
从比勃巴赫到德布朗斯——比勃巴赫猜想的历史	2014—02	298.00	VI
从麦比乌斯到陈省身——麦比乌斯变换与麦比乌斯带	2014—02	298.00	VII
从布尔到豪斯道夫——布尔方程与格论漫谈	2013—10	198.00	VIII
从开普勒到阿诺德——三体问题的历史	2014—05	298.00	IX
从华林到华罗庚——华林问题的历史	2013—10	298.00	X
美国高中数学竞赛五十讲.第1卷（英文）	2014—08	28.00	357
美国高中数学竞赛五十讲.第2卷（英文）	2014—08	28.00	358
美国高中数学竞赛五十讲.第3卷（英文）	2014—09	28.00	359
美国高中数学竞赛五十讲.第4卷（英文）	2014—09	28.00	360
美国高中数学竞赛五十讲.第5卷（英文）	2014—10	28.00	361
美国高中数学竞赛五十讲.第6卷（英文）	2014—11	28.00	362
美国高中数学竞赛五十讲.第7卷（英文）	2014—12	28.00	363
美国高中数学竞赛五十讲.第8卷（英文）	2015—01	28.00	364
美国高中数学竞赛五十讲.第9卷（英文）	2015—01	28.00	365
美国高中数学竞赛五十讲.第10卷（英文）	2015—02	38.00	366
三角函数（第2版）	2017—04	38.00	626
不等式	2014—01	38.00	312
数列	2014—01	38.00	313
方程（第2版）	2017—04	38.00	624
排列和组合	2014—01	28.00	315
极限与导数（第2版）	2016—04	38.00	635
向量（第2版）	2018—08	58.00	627
复数及其应用	2014—08	28.00	318
函数	2014—01	38.00	319
集合	2020—01	48.00	320
直线与平面	2014—01	28.00	321
立体几何（第2版）	2016—04	38.00	629
解三角形	即将出版		323
直线与圆（第2版）	2016—11	38.00	631
圆锥曲线（第2版）	2016—09	48.00	632
解题通法（一）	2014—07	38.00	326
解题通法（二）	2014—07	38.00	327
解题通法（三）	2014—05	38.00	328
概率与统计	2014—01	28.00	329
信息迁移与算法	即将出版		330

刘培杰数学工作室
已出版（即将出版）图书目录——初等数学

书 名	出版时间	定 价	编号
IMO 50 年.第 1 卷(1959—1963)	2014—11	28.00	377
IMO 50 年.第 2 卷(1964—1968)	2014—11	28.00	378
IMO 50 年.第 3 卷(1969—1973)	2014—09	28.00	379
IMO 50 年.第 4 卷(1974—1978)	2016—04	38.00	380
IMO 50 年.第 5 卷(1979—1984)	2015—04	38.00	381
IMO 50 年.第 6 卷(1985—1989)	2015—04	58.00	382
IMO 50 年.第 7 卷(1990—1994)	2016—01	48.00	383
IMO 50 年.第 8 卷(1995—1999)	2016—06	38.00	384
IMO 50 年.第 9 卷(2000—2004)	2015—04	58.00	385
IMO 50 年.第 10 卷(2005—2009)	2016—01	48.00	386
IMO 50 年.第 11 卷(2010—2015)	2017—03	48.00	646
数学反思(2006—2007)	2020—09	88.00	915
数学反思(2008—2009)	2019—01	68.00	917
数学反思(2010—2011)	2018—05	58.00	916
数学反思(2012—2013)	2019—01	58.00	918
数学反思(2014—2015)	2019—03	78.00	919
数学反思(2016—2017)	2021—03	58.00	1286
数学反思(2018—2019)	2023—01	88.00	1593
历届美国大学生数学竞赛试题集.第一卷(1938—1949)	2015—01	28.00	397
历届美国大学生数学竞赛试题集.第二卷(1950—1959)	2015—01	28.00	398
历届美国大学生数学竞赛试题集.第三卷(1960—1969)	2015—01	28.00	399
历届美国大学生数学竞赛试题集.第四卷(1970—1979)	2015—01	18.00	400
历届美国大学生数学竞赛试题集.第五卷(1980—1989)	2015—01	28.00	401
历届美国大学生数学竞赛试题集.第六卷(1990—1999)	2015—01	28.00	402
历届美国大学生数学竞赛试题集.第七卷(2000—2009)	2015—08	18.00	403
历届美国大学生数学竞赛试题集.第八卷(2010—2012)	2015—01	18.00	404
新课标高考数学创新题解题诀窍:总论	2014—09	28.00	372
新课标高考数学创新题解题诀窍:必修 1～5 分册	2014—08	38.00	373
新课标高考数学创新题解题诀窍:选修 2—1,2—2,1—1,1—2 分册	2014—09	38.00	374
新课标高考数学创新题解题诀窍:选修 2—3,4—4,4—5 分册	2014—09	18.00	375
全国重点大学自主招生英文数学试题全攻略:词汇卷	2015—07	48.00	410
全国重点大学自主招生英文数学试题全攻略:概念卷	2015—01	28.00	411
全国重点大学自主招生英文数学试题全攻略:文章选读卷(上)	2016—09	38.00	412
全国重点大学自主招生英文数学试题全攻略:文章选读卷(下)	2017—01	58.00	413
全国重点大学自主招生英文数学试题全攻略:试题卷	2015—07	38.00	414
全国重点大学自主招生英文数学试题全攻略:名著欣赏卷	2017—03	48.00	415
劳埃德数学趣题大全.题目卷.1:英文	2016—01	18.00	516
劳埃德数学趣题大全.题目卷.2:英文	2016—01	18.00	517
劳埃德数学趣题大全.题目卷.3:英文	2016—01	18.00	518
劳埃德数学趣题大全.题目卷.4:英文	2016—01	18.00	519
劳埃德数学趣题大全.题目卷.5:英文	2016—01	18.00	520
劳埃德数学趣题大全.答案卷:英文	2016—01	18.00	521

刘培杰数学工作室
已出版(即将出版)图书目录——初等数学

书 名	出版时间	定 价	编号
李成章教练奥数笔记.第1卷	2016—01	48.00	522
李成章教练奥数笔记.第2卷	2016—01	48.00	523
李成章教练奥数笔记.第3卷	2016—01	38.00	524
李成章教练奥数笔记.第4卷	2016—01	38.00	525
李成章教练奥数笔记.第5卷	2016—01	38.00	526
李成章教练奥数笔记.第6卷	2016—01	38.00	527
李成章教练奥数笔记.第7卷	2016—01	38.00	528
李成章教练奥数笔记.第8卷	2016—01	48.00	529
李成章教练奥数笔记.第9卷	2016—01	28.00	530
第19~23届"希望杯"全国数学邀请赛试题审题要津详细评注(初一版)	2014—03	28.00	333
第19~23届"希望杯"全国数学邀请赛试题审题要津详细评注(初二、初三版)	2014—03	38.00	334
第19~23届"希望杯"全国数学邀请赛试题审题要津详细评注(高一版)	2014—03	28.00	335
第19~23届"希望杯"全国数学邀请赛试题审题要津详细评注(高二版)	2014—03	38.00	336
第19~25届"希望杯"全国数学邀请赛试题审题要津详细评注(初一版)	2015—01	38.00	416
第19~25届"希望杯"全国数学邀请赛试题审题要津详细评注(初二、初三版)	2015—01	58.00	417
第19~25届"希望杯"全国数学邀请赛试题审题要津详细评注(高一版)	2015—01	48.00	418
第19~25届"希望杯"全国数学邀请赛试题审题要津详细评注(高二版)	2015—01	48.00	419
物理奥林匹克竞赛大题典——力学卷	2014—11	48.00	405
物理奥林匹克竞赛大题典——热学卷	2014—04	28.00	339
物理奥林匹克竞赛大题典——电磁学卷	2015—07	48.00	406
物理奥林匹克竞赛大题典——光学与近代物理卷	2014—06	28.00	345
历届中国东南地区数学奥林匹克试题及解答	2024—06	68.00	1724
历届中国西部地区数学奥林匹克试题集(2001~2012)	2014—07	18.00	347
历届中国女子数学奥林匹克试题集(2002~2012)	2014—08	18.00	348
数学奥林匹克在中国	2014—06	98.00	344
数学奥林匹克问题集	2014—01	38.00	267
数学奥林匹克不等式散论	2010—06	38.00	124
数学奥林匹克不等式欣赏	2011—09	38.00	138
数学奥林匹克超级题库(初中卷上)	2010—01	58.00	66
数学奥林匹克不等式证明方法和技巧(上、下)	2011—08	158.00	134,135
他们学什么:原民主德国中学数学课本	2016—09	38.00	658
他们学什么:英国中学数学课本	2016—09	38.00	659
他们学什么:法国中学数学课本.1	2016—09	38.00	660
他们学什么:法国中学数学课本.2	2016—09	28.00	661
他们学什么:法国中学数学课本.3	2016—09	38.00	662
他们学什么:苏联中学数学课本	2016—09	28.00	679

刘培杰数学工作室
已出版（即将出版）图书目录——初等数学

书　　　　名	出版时间	定　价	编号
高中数学题典——集合与简易逻辑·函数	2016—07	48.00	647
高中数学题典——导数	2016—07	48.00	648
高中数学题典——三角函数·平面向量	2016—07	48.00	649
高中数学题典——数列	2016—07	58.00	650
高中数学题典——不等式·推理与证明	2016—07	38.00	651
高中数学题典——立体几何	2016—07	48.00	652
高中数学题典——平面解析几何	2016—07	78.00	653
高中数学题典——计数原理·统计·概率·复数	2016—07	48.00	654
高中数学题典——算法·平面几何·初等数论·组合数学·其他	2016—07	68.00	655
台湾地区奥林匹克数学竞赛试题.小学一年级	2017—03	38.00	722
台湾地区奥林匹克数学竞赛试题.小学二年级	2017—03	38.00	723
台湾地区奥林匹克数学竞赛试题.小学三年级	2017—03	38.00	724
台湾地区奥林匹克数学竞赛试题.小学四年级	2017—03	38.00	725
台湾地区奥林匹克数学竞赛试题.小学五年级	2017—03	38.00	726
台湾地区奥林匹克数学竞赛试题.小学六年级	2017—03	38.00	727
台湾地区奥林匹克数学竞赛试题.初中一年级	2017—03	38.00	728
台湾地区奥林匹克数学竞赛试题.初中二年级	2017—03	38.00	729
台湾地区奥林匹克数学竞赛试题.初中三年级	2017—03	28.00	730
不等式证题法	2017—04	28.00	747
平面几何培优教程	2019—08	88.00	748
奥数鼎级培优教程.高一分册	2018—09	88.00	749
奥数鼎级培优教程.高二分册.上	2018—04	68.00	750
奥数鼎级培优教程.高二分册.下	2018—04	68.00	751
高中数学竞赛冲刺宝典	2019—04	68.00	883
初中尖子生数学超级题典.实数	2017—07	58.00	792
初中尖子生数学超级题典.式、方程与不等式	2017—08	58.00	793
初中尖子生数学超级题典.圆、面积	2017—08	38.00	794
初中尖子生数学超级题典.函数、逻辑推理	2017—08	48.00	795
初中尖子生数学超级题典.角、线段、三角形与多边形	2017—07	58.00	796
数学王子——高斯	2018—01	48.00	858
坎坷奇星——阿贝尔	2018—01	48.00	859
闪烁奇星——伽罗瓦	2018—01	58.00	860
无穷统帅——康托尔	2018—01	48.00	861
科学公主——柯瓦列夫斯卡娅	2018—01	48.00	862
抽象代数之母——埃米·诺特	2018—01	48.00	863
电脑先驱——图灵	2018—01	58.00	864
昔日神童——维纳	2018—01	48.00	865
数坛怪侠——爱尔特希	2018—01	68.00	866
传奇数学家徐利治	2019—09	88.00	1110

刘培杰数学工作室
已出版(即将出版)图书目录——初等数学

书 名	出版时间	定 价	编号
当代世界中的数学.数学思想与数学基础	2019—01	38.00	892
当代世界中的数学.数学问题	2019—01	38.00	893
当代世界中的数学.应用数学与数学应用	2019—01	38.00	894
当代世界中的数学.数学王国的新疆域(一)	2019—01	38.00	895
当代世界中的数学.数学王国的新疆域(二)	2019—01	38.00	896
当代世界中的数学.数林撷英(一)	2019—01	38.00	897
当代世界中的数学.数林撷英(二)	2019—01	48.00	898
当代世界中的数学.数学之路	2019—01	38.00	899

书 名	出版时间	定 价	编号
105个代数问题:来自AwesomeMath夏季课程	2019—02	58.00	956
106个几何问题:来自AwesomeMath夏季课程	2020—07	58.00	957
107个几何问题:来自AwesomeMath全年课程	2020—07	58.00	958
108个代数问题:来自AwesomeMath全年课程	2019—01	68.00	959
109个不等式:来自AwesomeMath夏季课程	2019—04	58.00	960
110个几何问题:选自各国数学奥林匹克竞赛	2024—04	58.00	961
111个代数和数论问题	2019—05	58.00	962
112个组合问题:来自AwesomeMath夏季课程	2019—05	58.00	963
113个几何不等式:来自AwesomeMath夏季课程	2020—08	58.00	964
114个指数和对数问题:来自AwesomeMath夏季课程	2019—09	48.00	965
115个三角问题:来自AwesomeMath夏季课程	2019—09	58.00	966
116个代数不等式:来自AwesomeMath全年课程	2019—04	58.00	967
117个多项式问题:来自AwesomeMath夏季课程	2021—09	58.00	1409
118个数学竞赛不等式	2022—08	78.00	1526
119个三角问题	2024—05	58.00	1726
119个三角问题	2024—05	58.00	1726

书 名	出版时间	定 价	编号
紫色彗星国际数学竞赛试题	2019—02	58.00	999
数学竞赛中的数学:为数学爱好者、父母、教师和教练准备的丰富资源.第一部	2020—04	58.00	1141
数学竞赛中的数学:为数学爱好者、父母、教师和教练准备的丰富资源.第二部	2020—07	48.00	1142
和与积	2020—10	38.00	1219
数论:概念和问题	2020—12	68.00	1257
初等数学问题研究	2021—03	48.00	1270
数学奥林匹克中的欧几里得几何	2021—10	68.00	1413
数学奥林匹克题解新编	2022—01	58.00	1430
图论入门	2022—09	58.00	1554
新的、更新的、最新的不等式	2023—07	58.00	1650
几何不等式相关问题	2024—04	58.00	1721
数学归纳法——一种高效而简捷的证明方法	2024—06	48.00	1738
数学竞赛中奇妙的多项式	2024—01	78.00	1646
120个奇妙的代数问题及20个奖励问题	2024—04	48.00	1647
几何不等式相关问题	2024—04	58.00	1721
数学竞赛中的十个代数主题	2024—10	58.00	1745

刘培杰数学工作室
已出版(即将出版)图书目录——初等数学

书　名	出版时间	定　价	编号
澳大利亚中学数学竞赛试题及解答(初级卷)1978～1984	2019—02	28.00	1002
澳大利亚中学数学竞赛试题及解答(初级卷)1985～1991	2019—02	28.00	1003
澳大利亚中学数学竞赛试题及解答(初级卷)1992～1998	2019—02	28.00	1004
澳大利亚中学数学竞赛试题及解答(初级卷)1999～2005	2019—02	28.00	1005
澳大利亚中学数学竞赛试题及解答(中级卷)1978～1984	2019—03	28.00	1006
澳大利亚中学数学竞赛试题及解答(中级卷)1985～1991	2019—03	28.00	1007
澳大利亚中学数学竞赛试题及解答(中级卷)1992～1998	2019—03	28.00	1008
澳大利亚中学数学竞赛试题及解答(中级卷)1999～2005	2019—03	28.00	1009
澳大利亚中学数学竞赛试题及解答(高级卷)1978～1984	2019—05	28.00	1010
澳大利亚中学数学竞赛试题及解答(高级卷)1985～1991	2019—05	28.00	1011
澳大利亚中学数学竞赛试题及解答(高级卷)1992～1998	2019—05	28.00	1012
澳大利亚中学数学竞赛试题及解答(高级卷)1999～2005	2019—05	28.00	1013
天才中小学生智力测验题.第一卷	2019—03	38.00	1026
天才中小学生智力测验题.第二卷	2019—03	38.00	1027
天才中小学生智力测验题.第三卷	2019—03	38.00	1028
天才中小学生智力测验题.第四卷	2019—03	38.00	1029
天才中小学生智力测验题.第五卷	2019—03	38.00	1030
天才中小学生智力测验题.第六卷	2019—03	38.00	1031
天才中小学生智力测验题.第七卷	2019—03	38.00	1032
天才中小学生智力测验题.第八卷	2019—03	38.00	1033
天才中小学生智力测验题.第九卷	2019—03	38.00	1034
天才中小学生智力测验题.第十卷	2019—03	38.00	1035
天才中小学生智力测验题.第十一卷	2019—03	38.00	1036
天才中小学生智力测验题.第十二卷	2019—03	38.00	1037
天才中小学生智力测验题.第十三卷	2019—03	38.00	1038
重点大学自主招生数学备考全书:函数	2020—05	48.00	1047
重点大学自主招生数学备考全书:导数	2020—08	48.00	1048
重点大学自主招生数学备考全书:数列与不等式	2019—10	78.00	1049
重点大学自主招生数学备考全书:三角函数与平面向量	2020—08	68.00	1050
重点大学自主招生数学备考全书:平面解析几何	2020—07	58.00	1051
重点大学自主招生数学备考全书:立体几何与平面几何	2019—08	48.00	1052
重点大学自主招生数学备考全书:排列组合·概率统计·复数	2019—09	48.00	1053
重点大学自主招生数学备考全书:初等数论与组合数学	2019—08	48.00	1054
重点大学自主招生数学备考全书:重点大学自主招生真题.上	2019—04	68.00	1055
重点大学自主招生数学备考全书:重点大学自主招生真题.下	2019—04	58.00	1056
高中数学竞赛培训教程:平面几何问题的求解方法与策略.上	2018—05	68.00	906
高中数学竞赛培训教程:平面几何问题的求解方法与策略.下	2018—06	78.00	907
高中数学竞赛培训教程:整除与同余以及不定方程	2018—01	88.00	908
高中数学竞赛培训教程:组合计数与组合极值	2018—04	48.00	909
高中数学竞赛培训教程:初等代数	2019—04	78.00	1042
高中数学讲座:数学竞赛基础教程(第一册)	2019—06	48.00	1094
高中数学讲座:数学竞赛基础教程(第二册)	即将出版		1095
高中数学讲座:数学竞赛基础教程(第三册)	即将出版		1096
高中数学讲座:数学竞赛基础教程(第四册)	即将出版		1097

刘培杰数学工作室
已出版(即将出版)图书目录——初等数学

书 名	出版时间	定 价	编号
新编中学数学解题方法1000招丛书.实数(初中版)	2022—05	58.00	1291
新编中学数学解题方法1000招丛书.式(初中版)	2022—05	48.00	1292
新编中学数学解题方法1000招丛书.方程与不等式(初中版)	2021—04	58.00	1293
新编中学数学解题方法1000招丛书.函数(初中版)	2022—05	38.00	1294
新编中学数学解题方法1000招丛书.角(初中版)	2022—05	48.00	1295
新编中学数学解题方法1000招丛书.线段(初中版)	2022—05	48.00	1296
新编中学数学解题方法1000招丛书.三角形与多边形(初中版)	2021—04	48.00	1297
新编中学数学解题方法1000招丛书.圆(初中版)	2022—05	48.00	1298
新编中学数学解题方法1000招丛书.面积(初中版)	2021—07	28.00	1299
新编中学数学解题方法1000招丛书.逻辑推理(初中版)	2022—06	48.00	1300
高中数学题典精编.第一辑.函数	2022—01	58.00	1444
高中数学题典精编.第一辑.导数	2022—01	68.00	1445
高中数学题典精编.第一辑.三角函数·平面向量	2022—01	68.00	1446
高中数学题典精编.第一辑.数列	2022—01	58.00	1447
高中数学题典精编.第一辑.不等式·推理与证明	2022—01	58.00	1448
高中数学题典精编.第一辑.立体几何	2022—01	58.00	1449
高中数学题典精编.第一辑.平面解析几何	2022—01	68.00	1450
高中数学题典精编.第一辑.统计·概率·平面几何	2022—01	58.00	1451
高中数学题典精编.第一辑.初等数论·组合数学·数学文化·解题方法	2022—01	58.00	1452
历届全国初中数学竞赛试题分类解析.初等代数	2022—09	98.00	1555
历届全国初中数学竞赛试题分类解析.初等数论	2022—09	48.00	1556
历届全国初中数学竞赛试题分类解析.平面几何	2022—09	38.00	1557
历届全国初中数学竞赛试题分类解析.组合	2022—09	38.00	1558
从三道高三数学模拟题的背景谈起:兼谈傅里叶三角级数	2023—03	48.00	1651
从一道日本东京大学的入学试题谈起:兼谈π的方方面面	即将出版		1652
从两道2021年福建高三数学测试题谈起:兼谈球面几何学与球面三角学	即将出版		1653
从一道湖南高考数学试题谈起:兼谈有界变差数列	2024—01	48.00	1654
从一道高校自主招生试题谈起:兼谈詹森函数方程	即将出版		1655
从一道上海高考数学试题谈起:兼谈有界变差函数	即将出版		1656
从一道北京大学金秋营数学试题的解法谈起:兼谈伽罗瓦理论	2024—10	38.00	1657
从一道北京高考数学试题的解法谈起:兼谈毕克定理	即将出版		1658
从一道北京大学金秋营数学试题的解法谈起:兼谈帕塞瓦尔恒等式	2024—10	68.00	1659
从一道高三数学模拟测试题的背景谈起:兼谈等周问题与等周不等式	即将出版		1660
从一道2020年全国高考数学试题的解法谈起:兼谈斐波那契数列和纳卡穆拉定理及奥斯图达定理	即将出版		1661
从一道高考数学附加题谈起:兼谈广义斐波那契数列	即将出版		1662

刘培杰数学工作室
已出版(即将出版)图书目录——初等数学

书 名	出版时间	定 价	编号
从一道普通高中学业水平考试中数学卷的压轴题谈起——兼谈最佳逼近理论	2024—10	58.00	1759
从一道高考数学试题谈起——兼谈李普希兹条件	即将出版		1760
从一道北京市朝阳区高三期末数学考试题的解法谈起——兼谈希尔宾斯基垫片和分形几何	即将出版		1761
从一道高考数学试题谈起——兼谈巴拿赫压缩不动点定理	即将出版		1762
从一道中国台湾地区高考数学试题谈起——兼谈费马数与计算数论	即将出版		1763
从2022年全国高考数学压轴题的解法谈起——兼谈数值计算中的帕德逼近	即将出版		1764
从一道清华大学2022年强基计划数学测试题的解法谈起——兼谈拉马努金恒等式	即将出版		1765
从一篇有关数学建模的讲义谈起——兼谈信息熵与信息论	即将出版		1766
从一道清华大学自主招生的数学试题谈起——兼谈格点与闵可夫斯基定理	即将出版		1767
从一道1979年高考数学试题谈起——兼谈勾股定理和毕达哥拉斯定理	即将出版		1768
从一道2020年北京大学"强基计划"数学试题谈起——兼谈微分几何中的包络问题	即将出版		1769
从一道高考数学试题谈起——兼谈香农的信息理论	即将出版		1770
代数学教程.第一卷,集合论	2023—08	58.00	1664
代数学教程.第二卷,抽象代数基础	2023—08	68.00	1665
代数学教程.第三卷,数论原理	2023—08	58.00	1666
代数学教程.第四卷,代数方程式论	2023—08	48.00	1667
代数学教程.第五卷,多项式理论	2023—08	58.00	1668
代数学教程.第六卷,线性代数原理	2024—06	98.00	1669
中考数学培优教程——二次函数卷	2024—05	78.00	1718
中考数学培优教程——平面几何最值卷	2024—05	58.00	1719
中考数学培优教程——专题讲座卷	2024—05	58.00	1720

联系地址:哈尔滨市南岗区复华四道街10号 哈尔滨工业大学出版社刘培杰数学工作室
邮 编:150006
联系电话:0451—86281378 13904613167
E-mail:lpj1378@163.com